新世纪高职高专云计算技术应用专业系列教材

虚拟化技术与应用
Virtualization Technology and Application

主　编　谭　阳　彭治湘
副主编　王　进　周　虹　姜　鹏
参　编　李小庆
主　审　方　颂

微课版

- "互联网+"创新型教材
- 微视频讲解重点、难点，通俗易懂
- 实训、课件、习题等配套资源丰富

大连理工大学出版社

图书在版编目(CIP)数据

虚拟化技术与应用 / 谭阳，彭治湘编. -- 大连：大连理工大学出版社，2023.1
新世纪高职高专云计算技术应用专业系列规划教材
ISBN 978-7-5685-3308-9

Ⅰ. ①虚… Ⅱ. ①谭… ②彭… Ⅲ. ①数字技术－高等职业教育－教材 Ⅳ. ①TP3

中国版本图书馆 CIP 数据核字(2021)第 260301 号

大连理工大学出版社出版
地址：大连市软件园路 80 号　邮政编码：116023
发行：0411-84708842　邮购：0411-84708943　传真：0411-84701466
E-mail:dutp@dutp.cn　URL:https://www.dutp.cn
大连图腾彩色印刷有限公司印刷　大连理工大学出版社发行

幅面尺寸:185mm×260mm	印张:19.25	字数:443 千字
2023 年 1 月第 1 版		2023 年 1 月第 1 次印刷
责任编辑：马　双		责任校对：李　红
	封面设计：张　莹	

ISBN 978-7-5685-3308-9　　　　　　　　　　定　价：59.80 元

本书如有印装质量问题，请与我社发行部联系更换。

前　言

随着云计算的快速兴起和发展，虚拟化技术已经成为构建私有云、公有云和混合云必不可少的关键技术，虚拟化技术是确保云计算中心持续稳定、高效和安全运营的关键技术。熟练掌握和运用虚拟化技术已成为云计算技术与应用、计算机网络技术、大数据技术与应用、信息安全与管理、物联网应用技术、计算机应用技术等专业学生的核心技能。《虚拟化技术与应用》以VMware vSphere 7.0为例，通过8个教学项目全面地介绍了虚拟化技术与应用，其中：

项目1 部署与配置vSphere ESXi 7.0：讲述了VMware vSphere核心组件ESXi的安装、管理、使用和升级。

项目2 部署与配置vCenter Server 7.0：讲述了VMware vSphere核心组件vCenter Server的安装、管理、使用和升级。

项目3 管理与使用vSphere网络：讲述了vSphere网络架构，vSphere网络重要虚拟网络设备vSphere标准交换机（vSS）和vSphere分布式交换机（vDS）的创建、使用和管理。

项目4 管理与使用vSphere虚拟化环境中的存储：讲述了iSCSI和NFS等传统存储和Virtual SAN软件定义存储的基本概念和原理，重点讲解了vSphere虚拟化环境中存储的管理和使用。

项目5 管理与使用虚拟机：讲述了虚拟机及其虚拟化硬件的基本概念和原理，虚拟机的创建、管理和使用。

项目6 管理与使用虚拟化高级功能：讲述了VMware vSphere虚拟化高级功能vSphere vMotion、vSphere DRS、vSphere HA、vSphere FT等的管理和使用。

项目7 管理与使用vSphere with Tanzu：讲述了vSphere with Tanzu的概念和架构，vSphere with Tanzu的部署、管理和使用。

项目8 监控vSphere数据中心：讲述了vRealize

Operations Manager、vRealize Log Insight 等高性能的监控与运维管理平台的部署、管理和使用。

本教材从云计算中虚拟化技术的应用与实践角度出发,按照高等职业教育"理论够用、注重实践"的原则,遵循"教学做合一"教学模式的要求,采用"任务驱动"的编写方式,以培养高端技能型专门人才为目的来进行编写。

本教材的编写特点如下:

1. 建设基于项目导向、任务驱动的工学结合教材。本教材以 8 个教学项目、24 个典型工作任务为内容载体,力求体现"以企业需求为导向,注重学生技能的培养",学生学习完本教材内容后能较容易地构建虚拟化技术的知识和技能体系。

2. 本教材以工程实践为基础,将理论知识与实际操作融为一体,按照"项目背景概述"→"项目学习目标"→"项目环境需求"→"项目规划设计"→"项目知识储备"→"项目任务实施"→"项目实战练习"的梯次,充分体现"教学做合一"的内容组织与安排,为实施"教学做合一"的教学模式提供有力支撑。

3. 力求语言精练,浅显易懂,书中采用图文并茂的方式,以完整清晰的操作过程,配以大量演示图例,读者对照正文内容即可上机实践。

4. 按照职业教育学历证书与职业资格证书相互贯通的"双证"人才培养要求,本教材的编写内容覆盖了计算机技术与软件专业技术资格(水平)考试网络工程师和网络规划设计师有关虚拟化技术的大部分考试内容和 VMware 虚拟化工程师认证的主要内容。

本教材编写人员有来自教学第一线的教师,也有来自企业第一线的教师。其中,湖南网络工程职业学院谭阳和彭治湘任主编,湖南网络工程职业学院王进、湖南网络工程职业学院周虹、中国移动通信集团湖南有限公司信息技术中心姜鹏任副主编,长沙卫生职业学院李小庆参与编写。

本教材可作为高等职业院校云计算技术与应用、计算机网络技术、信息安全与管理、大数据技术与应用、物联网应用技术、计算机应用技术等专业学生的虚拟化技术课程教材,也可供从事计算云数据中心设计、管理和维护等工程技术人员使用,同时还可作为虚拟化技术爱好者的自学读本或虚拟化技术培训班的培训教材。

本教材编写得到了湖南省社科联项目,XSP21YBC469,基于区域产业需求的退役士兵1+X证书开放式培训机制研究;湖南省教育厅科学研究项目,20C1252,基于深度强化学习的文档自动分类方法研究;湖南省社科联委托项目,XSP2020WT007,"中国制造 2025"视域下区域优势产业对高职专业群产教融合的影响及对策研究的共同资助,在此一并致谢!

在编写本教材的过程中,编者参考、引用和改编了国内外出版物中的相关资料以及网络资源,在此表示深深的谢意!相关著作权人看到本教材后,请与出版社联系,出版社将按照相关法律的规定支付稿酬。

由于编者的水平有限,书中难免还有疏漏之处,恳请读者批评、指正,万分感谢。

编 者

2022 年 12 月

所有意见和建议请发往:dutpgz@163.com
欢迎访问我们的网站:https://www.dutp.cn/sve/
联系电话:0411-84706671　84707492

目 录

项目 1　部署与配置 vSphere ESXi 7.0 ·················· 1
　　任务 1-1　使用 VMware Workstation 搭建 vSphere 虚拟化环境 ·················· 5
　　任务 1-2　管理单台 vSphere ESXi 主机 ·················· 12
　　任务 1-3　升级至 vSphere ESXi 7.0 ·················· 17
　　项目实战练习 ·················· 19

项目 2　部署与配置 vCenter Server 7.0 ·················· 20
　　任务 2-1　部署 vCenter Server 7.0 ·················· 26
　　任务 2-2　使用 vCenter Server 7.0 创建和管理 ESXi 主机集群 ·················· 38
　　任务 2-3　升级至 vCenter Server 7.0 ·················· 39
　　项目实战练习 ·················· 43

项目 3　管理与使用 vSphere 网络 ·················· 44
　　任务 3-1　管理与使用 vSphere 标准交换机 ·················· 57
　　任务 3-2　管理与使用 vSphere 分布式交换机 ·················· 73
　　项目实战练习 ·················· 91

项目 4　管理与使用 vSphere 虚拟化环境中的存储 ·················· 92
　　任务 4-1　管理与使用 vSphere 环境中的 iSCSI 存储 ·················· 101
　　任务 4-2　管理与使用 vSphere 环境中的 NFS 存储 ·················· 112
　　任务 4-3　管理与使用 Virtual SAN ·················· 116
　　项目实战练习 ·················· 135

项目 5　管理与使用虚拟机 ·················· 136
　　任务 5-1　创建与使用虚拟机 ·················· 145
　　任务 5-2　使用模板创建虚拟机 ·················· 161
　　任务 5-3　创建与管理虚拟机快照 ·················· 178
　　任务 5-4　备份与恢复虚拟机 ·················· 184
　　项目实战练习 ·················· 197

项目 6　管理与使用虚拟化高级功能 ·················· 198
　　任务 6-1　管理与使用 vSphere vMotion ·················· 208
　　任务 6-2　管理与使用 vSphere DRS ·················· 213
　　任务 6-3　管理与使用 vSphere HA ·················· 218
　　任务 6-4　管理与使用 vSphere FT ·················· 221
　　项目实战练习 ·················· 229

项目 7　管理与使用 vSphere with Tanzu ·· 230
任务 7-1　部署与配置主管集群 vSphere 网络连接和 HAProxy 负载均衡器 ··· 241
任务 7-2　启用与配置主管集群 ··· 250
任务 7-3　创建与使用 Tanzu Kubernetes 集群 ··· 259
项目实战练习 ·· 275

项目 8　监控 vSphere 数据中心 ··· 276
任务 8-1　部署与配置 vRealize Operations Manager ································· 282
任务 8-2　部署与配置 vRealize Log Insight ·· 293
项目实战练习 ·· 299

数字资源索引

序号	资源名称	页码	资源类型
1	安装 VMware Workstation 16 Pro	5	视频
2	安装 VMware Workstation 16 Pro	5	文本
3	创建 vSphere ESXi 7.0 虚拟机	6	视频
4	创建 vSphere ESXi 7.0 虚拟机	6	文本
5	导出 vSphere ESXi 虚拟机文件	12	视频
6	导出 vSphere ESXi 虚拟机文件	12	文本
7	使用交互式方式将 ESXi 6.5 升级至 ESXi 7.0	19	视频
8	使用交互式方式将 ESXi 6.5 升级至 ESXi 7.0	19	文本
9	使用 vCenter Server 7.0 创建 ESX 主机集群	39	视频
10	使用 vCenter Server 7.0 创建 ESX 主机集群	39	文本
11	使用 vCenter Server 7.0 管理集群中的 ESXi 主机	39	视频
12	使用 vCenter Server 7.0 管理集群中的 ESXi 主机	39	文本
13	vCenter Server 6.7 升级至 vCenter Server 7.0－第一阶段	42	视频
14	vCenter Server 6.7 升级至 vCenter Server 7.0－第一阶段	42	文本
15	vCenter Server 6.7 升级至 vCenter Server 7.0－第二阶段	43	视频
16	vCenter Server 6.7 升级至 vCenter Server 7.0－第二阶段	43	文本
17	使用 Windows Server 2019 创建 iSCSI 存储	102	视频
18	使用 Windows Server 2019 创建 iSCSI 存储	102	文本
19	使用 Windows Server 2019 创建 NFS 存储	113	视频
20	使用 Windows Server 2019 创建 NFS 存储	113	文本
21	创建和使用 Linux 虚拟机	161	视频
22	创建和使用 Linux 虚拟机	161	文本
23	创建 Linux 虚拟机模板	178	视频
24	创建 Linux 虚拟机模板	178	文本
25	使用模板创建 Linux 虚拟机	178	视频
26	使用模板创建 Linux 虚拟机	178	文本
27	创建与管理虚拟机快照	184	视频
28	创建与管理虚拟机快照	184	文本
29	使用 OVF 文件创建 vSphere Replication 虚拟机	185	视频

续表

序号	资源名称	页码	资源类型
30	使用 OVF 文件创建 vSphere Replication 虚拟机	185	文本
31	迁移虚拟机存储（vSphere Storage vMotion）	213	视频
32	迁移虚拟机存储（vSphere Storage vMotion）	213	文本
33	配置和使用 vSphere DRS 反关联性规则	218	视频
34	配置和使用 vSphere DRS 反关联性规则	218	文本
35	配置和使用 vSphere DRS 关联性规则	218	视频
36	配置和使用 vSphere DRS 关联性规则	218	文本
37	测试 vSphere HA	221	视频
38	测试 vSphere HA	221	文本
39	分配标记至数据存储	244	视频
40	分配标记至数据存储	244	文本
41	创建存储策略	244	视频
42	创建存储策略	244	文本
43	创建 Tanzu Kubernetes 版本内容库	250	视频
44	创建 Tanzu Kubernetes 版本内容库	250	文本
45	安装 Octant 监控系统	275	视频
46	安装 Octant 监控系统	275	文本
47	使用 Octant 监控系统监控 Tanzu Kubernetes 集群负载	275	视频
48	使用 Octant 监控系统监控 Tanzu Kubernetes 集群负载	275	文本
49	部署 vRealize Operations Manager	283	视频
50	部署 vRealize Operations Manager	283	文本
51	使用 vRealize Operations Manager 监控 vSphere 数据中心	292	视频
52	使用 vRealize Operations Manager 监控 vSphere 数据中心	292	文本
53	部署 vRealize Log Insight	293	视频
54	部署 vRealize Log Insight	293	文本
55	使用 vRealize Log Insight 查询 vSphere 日志	298	视频
56	使用 vRealize Log Insight 查询 vSphere 日志	298	文本

项目 1
部署与配置 vSphere ESXi 7.0

项目背景概述

ESXi 是 VMware vSphere 虚拟化产品两大核心组件之一,是虚拟机创建和运行的载体。ESXi 采用裸金属(Bare-metal)架构方式进行安装,直接将 ESXi 安装于硬件服务器上,由 ESXi 管理和调度底层硬件资源,支撑上层虚拟机的运行。

项目学习目标

知识目标:
1. 了解 VMware Workstation Pro 16
2. 熟悉 vSphere ESXi 7.0 主要组件和数据中心架构
3. 熟悉 vSphere Host Client 功能和适用的浏览器

技能目标:
1. 会 ESXi 7.0 部署和配置
2. 会单台 ESXi 7.0 主机的管理方法
3. 会将 ESXi 6.X 升级至 ESXi 7.0

素养目标:
通过课程中操作实践逐步培养学生自主学习和乐于实践的学习习惯。

项目环境需求

1. 硬件环境需求

实验计算机双核及以上 CPU,8 GB 及以上内存,不低于 500 GB 硬盘,主板 BIOS 开启硬件虚拟化支持。

2. 操作系统环境需求

实验计算机安装 Windows 10 64 位专业版操作系统。

3. 软件环境需求

实验计算机安装 VMware Workstation 16 Pro。

项目规划设计

（见表 1-1、表 1-2）

表 1-1 网络规划设计

设备名称	操作系统	网络适配器	网络适配器模式	IP 地址/掩码长度	网关
实验计算机	Windows 10 Pro	—	—	192.168.100.1/24	—
ESXi 7.0-1	ESXi 7.0	网络适配器 1	仅主机（VMnet1）	192.168.100.128/24	192.168.100.1
		网络适配器 2	仅主机（VMnet1）		
ESXi 6.7-1	ESXi 6.7	网络适配器 1	仅主机（VMnet1）	192.168.100.148/24	192.168.100.1
		网络适配器 2	仅主机（VMnet1）		
ESXi 6.5-1	ESXi 6.5	网络适配器 1	仅主机（VMnet1）	192.168.100.138/24	192.168.100.1
		网络适配器 2	仅主机（VMnet1）		

表 1-2 设备配置规划设计

设备名称	操作系统	CPU 核数	内存/GB	硬盘/GB	用户名	密码
实验计算机	Windows 10 Pro	4	16	500	Administrator	
ESXi 7.0-1	ESXi 7.0	4	8	500	root	Root！@2021
ESXi 6.7-1	ESXi 6.7	4	8	200	root	Root！@2021
ESXi 6.5-1	ESXi 6.5	4	8	200	root	Root！@2021

项目知识储备

1. VMware Workstation Pro

VMware Workstation Pro 是一款流行的虚拟化软件，它支持在同一台 PC 上同时运行多个基于 x86 的 Windows、Linux 和其他操作系统的虚拟机，可以很方便地在虚拟机上进行开发、测试、演示和部署软件。

VMware Workstation 当前最新的版本是 VMware Workstation 16 Pro，该版本于 2020 年 9 月发布，新增的主要功能包括：

（1）支持新的客户机操作系统

RHEL 8.2

Debian 10.5

Fedora 32

CentOS 8.2

SLE 15 SP2 正式发布版

FreeBSD 11.4

ESXi 7.0

(2) 支持更大的虚拟机

主机和客户机操作系统都支持 32 个逻辑处理器,支持创建 32 个虚拟 CPU、128 GB 虚拟内存、8 GB 虚拟图形内存的单台虚拟机。

(3) 支持 vSphere 7.0

在 VMware Workstation 16 Pro 中,您可以执行以下操作:连接到 vSphere 7.0,将本地虚拟机上载到 vSphere 7.0,将在 vSphere 7.0 上运行的远程虚拟机下载到本地桌面。

2. ESXi 7.0

VMware vSphere 是 VMware 的虚拟化平台,可将数据中心转换为包括 CPU、存储和网络资源的聚合计算基础架构。vSphere 将这些基础架构作为一个统一的运行环境进行管理,并为您提供工具来管理加入该环境的数据中心。VMware vSphere 数据中心架构如图 1-1 所示。

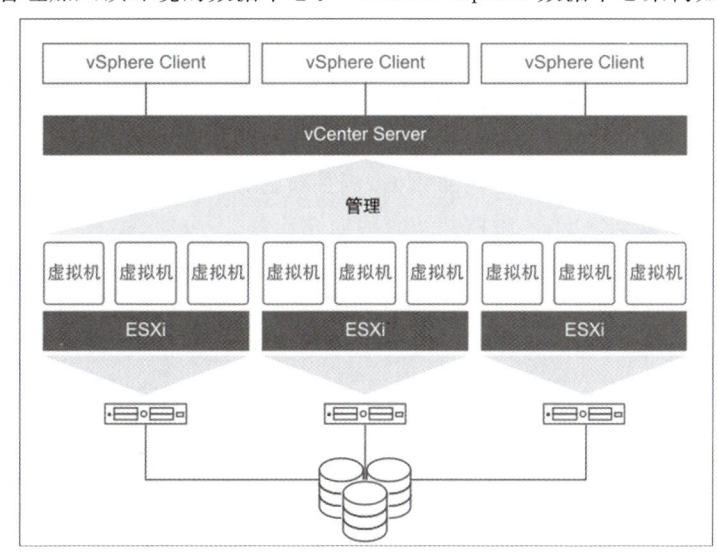

图 1-1 VMware vSphere 数据中心架构

vSphere 的两个核心组件是 ESXi 和 vCenter Server。ESXi 是用于创建并运行虚拟机和虚拟设备的虚拟化平台。vCenter Server 是一项服务,用于管理网络中连接的多台主机,并将主机资源池化。当前,ESXi 最新版本是 7.0 版本,该版本引入的新的特性和要求如下:

(1) 新的系统存储布局

ESXi 7.0 为了方便虚拟化系统的分区管理和故障调试,将 ESXi 6.x 的系统分区整合为更少且更大的可扩展分区,具体取决于所使用的引导介质及其容量。ESXi 7.0 整合后系统分区与 ESXi 6.x 系统分区对比如图 1-2 所示。

ESXi 7.0 的系统引导扩展到 100 MB,引导槽 0 和引导槽 1 根据物理引导介质的大小最大可创建 4 GB 的分区空间;ESXi 7.0 最大的改变是将 ESXi 6.x 中的小型核心转储、

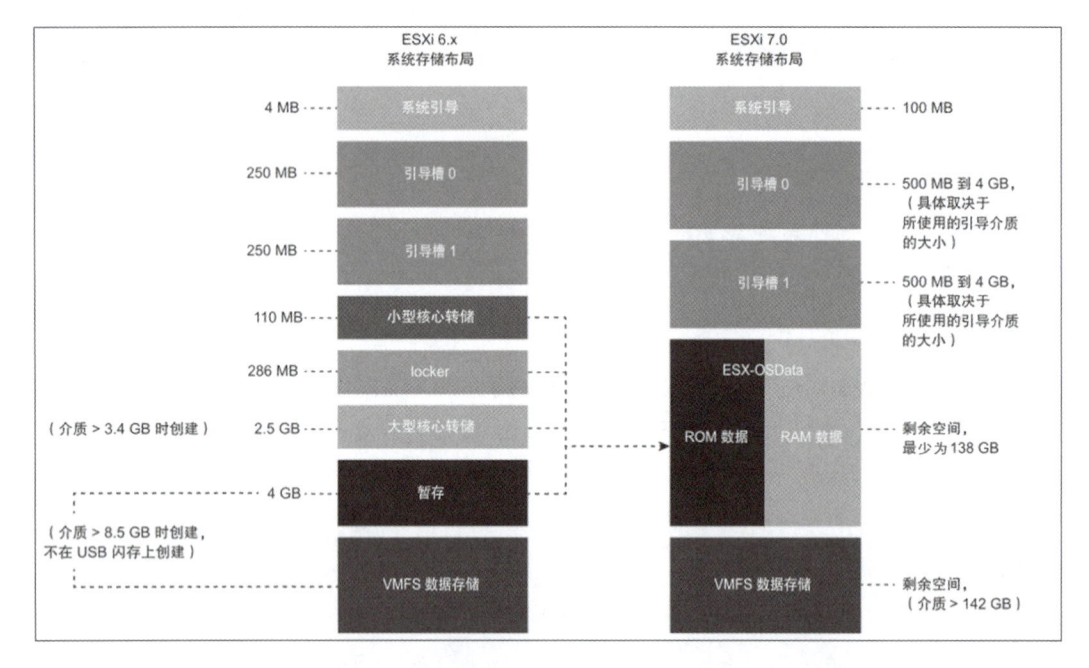

图 1-2　ESXi 7.0 整合后系统分区与 ESXi 6.x 系统分区对比

locker、大型核心转储、暂存整合到 ESX-OSData 卷中。ESX-OSData 卷可分为两类数据：永久数据和非永久数据。永久数据包含不经常写入的数据，例如 VMware Tools ISO、配置和核心转储。非永久数据包含频繁写入的数据，例如日志、VMFS 全局跟踪、vSAN 条目持久性守护进程（EPD）数据、vSAN 跟踪和实时数据库。

由图 1-2 可知，系统引导分区除外的其他分区的大小可能会因所用物理引导介质的大小而异。如果物理引导介质具有高耐用性且容量大于 142 GB，则会自动创建 VMFS 数据存储以存储虚拟机数据。而对于 USB 或 SD 设备等存储引导介质，将在高耐用性存储设备（如 HDD 或 SSD）上创建 ESX-OSData 卷。当辅助高耐用性存储设备不可用时，将在 USB 或 SD 设备上创建 ESX-OSData 卷，但此分区仅用于存储永久数据。非永久数据存储在系统内存中，注意此时的 ESXi 日志、vSAN 条目持久性守护进程（EPD）数据、vSAN 跟踪和实时数据库等将没有办法持久化保存。当出现 ESXi 主机故障而停机时，将无法利用相关日志数据进行故障定位和排错，因此，建议将非永久数据转存到支持永久存储的数据存储或专用的日志服务器上。

(2) ESXi 7.0 硬件要求

① 要求主机至少具有两个 CPU 内核。
② 需要在 BIOS 中针对 CPU 启用 NX/XD 位。
③ 需要至少 4 GB 的物理 RAM，以便能够在典型生产环境中运行虚拟机。
④ 需要支持 64 位虚拟机，x64 CPU 必须能够支持硬件虚拟化（Intel VT-x 或 AMD RVI）。
⑤ 需要安装 ESXi 7.0，USB 或 SD 设备的引导设备至少需要为 8 GB，其他设备类型的引导设备至少需要为 32 GB。

3. vSphere Host Client

vSphere Host Client 是一个基于 HTML 5 的 GUI。当 ESXi 7.0 系统部署完毕，可以

项目1 部署与配置vSphere ESXi 7.0

利用 vSphere Host Client 通过浏览器方便地对 ESXi 主机进行管理。由于 vSphere Host Client 是通过在浏览器中输入 ESXi 主机的完全限定域名 FQDN(Fully Qualified Domain Name)或者管理 IP 地址来访问和管理 ESXi 主机的,因此这种方式仅适用于 ESXi 主机数量较少且没有构建 vSphere 集群的环境下,单独管理各台 ESXi 主机。

vSphere Host Client 支持表 1-3 中的客户机操作系统和 Web 浏览器版本。

表 1-3 vSphere Host Client 支持的客户机操作系统和 Web 浏览器版本

支持的浏览器	Windows	Linux	Mac OS
Google Chrome	75+	75+	75+
Mozilla Firefox	60+	60+	60+
Microsoft Edge	79+	不适用	不适用

任务 1-1　使用 VMware Workstation 搭建 vSphere 虚拟化环境

任务介绍

在本任务中:首先,在实验计算机中安装 VMware Workstation 16 Pro,并在 VMware Workstation 16 Pro 虚拟化软件中创建 ESXi 虚拟主机;然后,使用 ESXi 7.0 的 ISO 系统映像交互方式部署 ESXi 7.0 虚拟化系统。

任务目标

(1)熟练掌握 VMware Workstation 16 Pro 的安装。
(2)熟练掌握 ESXi 7.0 的部署方式和应用场景。
(3)熟练使用交互方式部署 ESXi 7.0 虚拟化系统。

任务实施

1. 安装 VMware Workstation 16 Pro

登录官方网站获取最新的 VMware Workstation 软件,教材中使用的是 VMware Workstation 16 Pro,其安装过程请扫码观看视频或查看文档。

视频:安装 VMware Workstation 16 Pro　　　　文档:安装 VMware Workstation 16 Pro

2. 部署 vSphere ESXi 7.0

使用 VMware Workstation 16 Pro 创建 vSphere ESXi 7.0 虚拟机,创建过程请扫码观看视频或查看文档。

视频:创建 vSphere ESXi 7.0 虚拟机　　　　文档:创建 vSphere ESXi 7.0 虚拟机

vSphere ESXi 7.0 虚拟机创建完成,单击"开启此虚拟机"选项,开始部署 ESXi 7.0 虚拟机,如图 1-3 所示。

图 1-3　部署 ESXi 7.0 虚拟机

ESXi 虚拟机开机 5 秒后倒计时开始,引导加载 ESXi 7.0 系统,系统加载完毕将出现如图 1-4 所示的 ESXi 7.0 系统安装界面,用鼠标单击界面,进入虚拟机,同时按下 Ctrl+Alt 键则退出虚拟机。

进入虚拟机,按下回车键,弹出"End User License Agreement(EULA)"界面,如图 1-5 所示,按下 F11 键,继续安装。

图 1-4　ESXi 7.0 系统安装界面 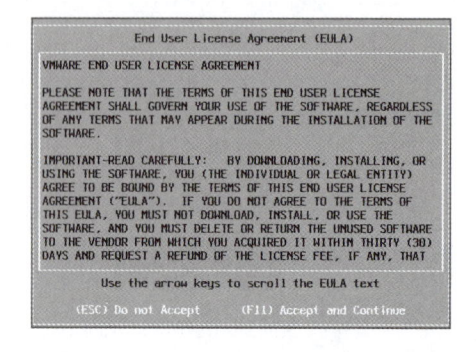　　　图 1-5　End User License Agreement(EULA)界面

安装系统进行设备扫描，扫描完成，弹出"Select a Disk to Install or Upgrade"界面，如图1-6所示。读者通过键盘的上下方向键选择安装ESXi系统的磁盘，然后按下回车键继续安装。

在弹出的"Please select a keyboard layout"界面中选择键盘布局，此处保持默认选项，如图1-7所示。

接着按下回车键，弹出"Enter a root password"界面，如图1-8所示。读者自行设置ESXi系统的root用户密码，密码应包含英文大小写字符、数字、特殊字符且不小于8个字符长度，以保证root用户密码足够安全。

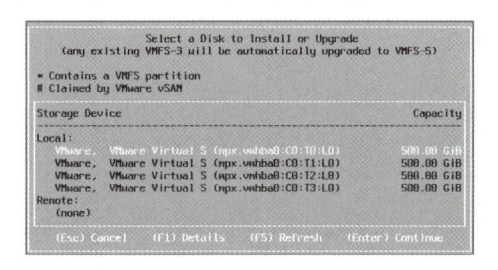

图1-6 Select a Disk to Install or Upgrade界面 　　图1-7 Please select a keyboard layout界面

设置完root用户密码后按下回车键，弹出"Confirm Install"界面，如图1-9所示，按下F11键，开始安装ESXi 7.0系统，如图1-10所示。

图1-8 Enter a root password界面 　　图1-9 Confirm Install界面

ESXi 7.0系统安装完成，弹出"Installation Complete"界面，如图1-11所示，界面中黄色标记的语句提示在重启ESXi主机之前先把ISO映像文件移除。

图1-10 开始安装ESXi 7.0系统 　　图1-11 Installation Complete界面

读者同时按下Ctrl＋Alt键，退出虚拟机，进入"虚拟机设置"界面，选中"硬件"选项卡中的"CD/DVD(IDE)"设备，在界面右侧的"设备状态"中，取消勾选"已连接(C)"和"启动时连接(O)"两个复选框，然后单击界面下方的"确定"按钮，如图1-12所示。

图 1-12　移除 ESXi 虚拟机 ISO 映像文件

进入 ESXi 7.0 虚拟机，按下回车键，ESXi 系统重新启动，启动完成将显示如图 1-13 所示的 ESXi 7.0 管理界面。

在 ESXi 管理界面可获取如下信息：当前 ESXi 系统主版本为 7.0.2（内部版本为 17867351）；ESXi 主机配置 2 块 Intel i5-6500 CPU，12 GB 内存；ESXi 主机通过 DHCP 方式获取的 IP 地址为 192.168.100.128。

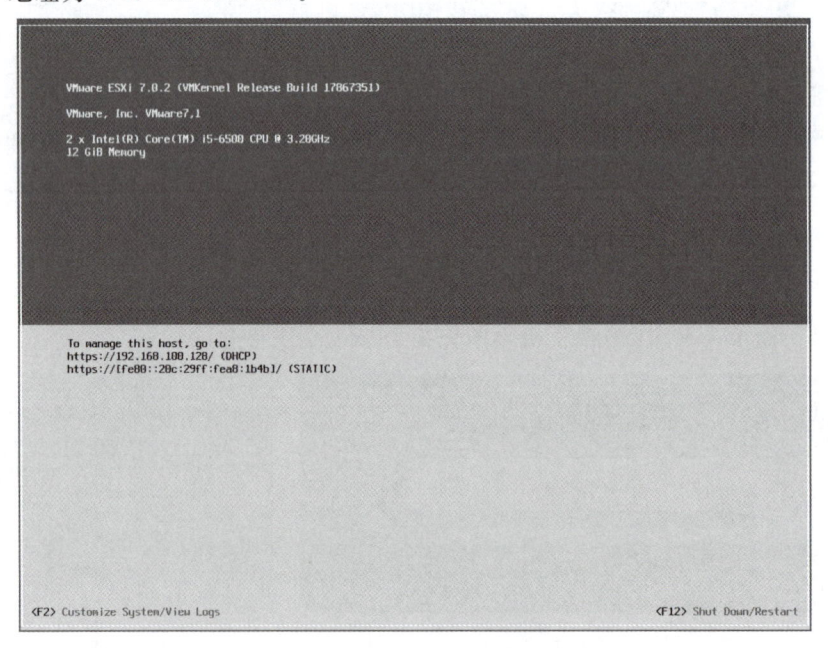

图 1-13　ESXi 7.0 管理界面(1)

按下 F2 键，弹出"Authentication Required"界面，如图 1-14 所示。读者输入之前设置的 root 用户密码，然后按下回车键。

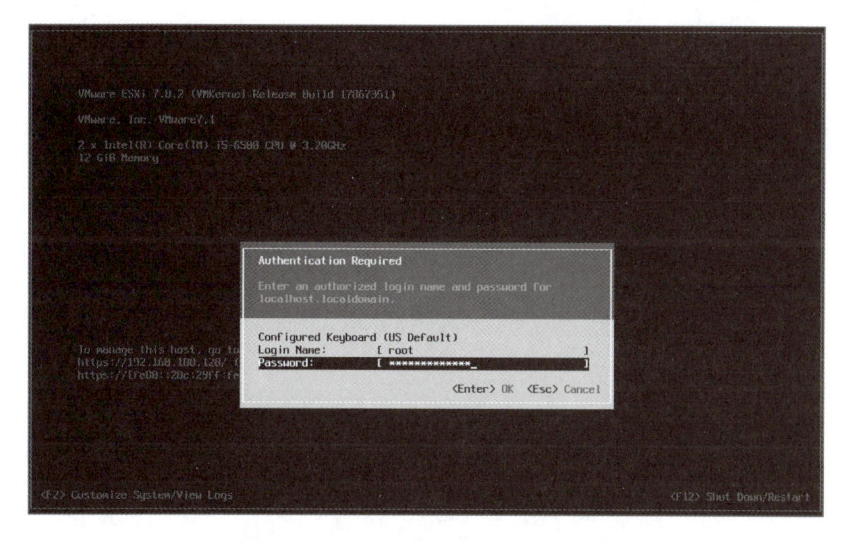

图 1-14 Authentication Required 界面

密码认证成功后，弹出"System Customization"界面，如图 1-15 所示，读者使用上下方向键移动光标选择需要配置的选项，首先将光标移动至"Configure Management Network"选项，配置 ESXi 主机管理网络，界面右侧将显示该选项当前基本配置信息。

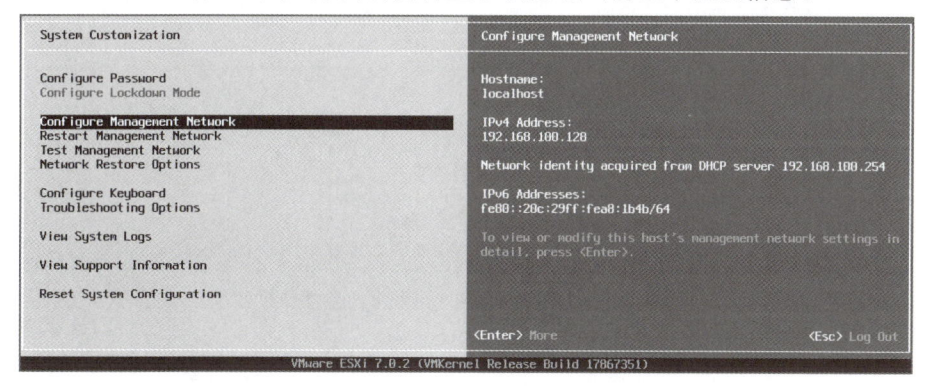

图 1-15 System Customization 界面

按下回车键，弹出"Configure Management Network"界面，如图 1-16 所示。

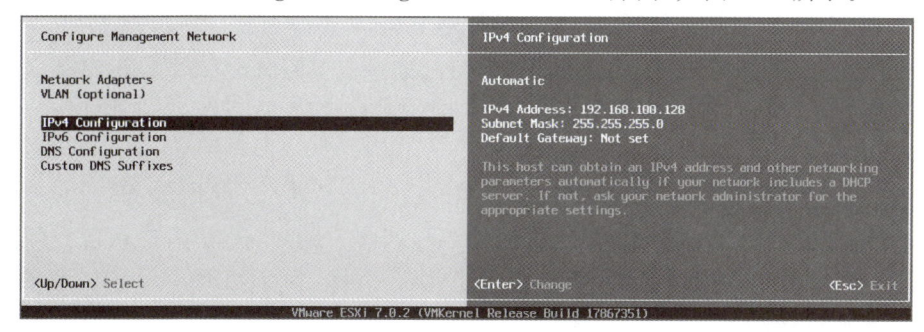

图 1-16 Configure Management Network 界面

将光标移至"IPv4 Configuration"选项，按下回车键，弹出"IPv4 Configuration"界面，通过上下方向键移动光标，按下空格键选中相应选项，将自动获取 IP 地址并修改为静态配置

IP 地址,按照项目规划配置 ESXi 主机 IP、掩码和默认网关,如图 1-17 所示。

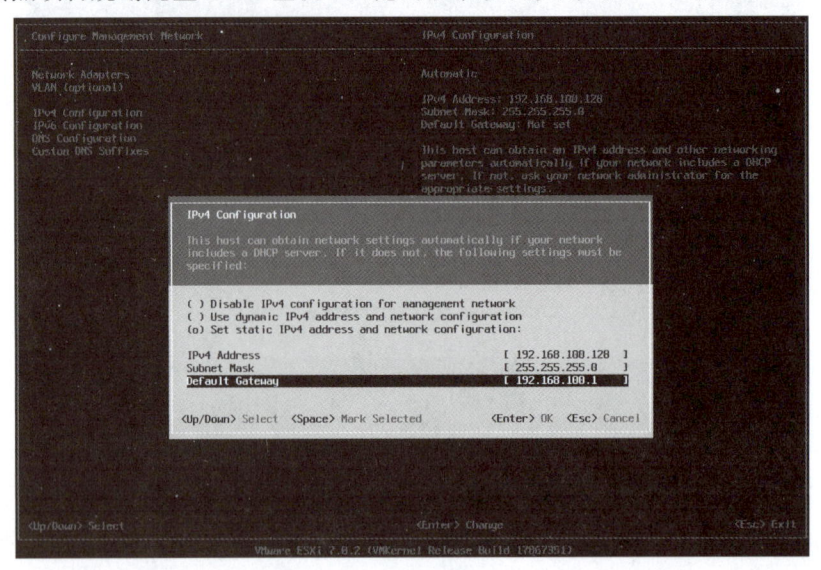

图 1-17　IPv4 Configuration 界面

配置完成,按下回车键,退出"IPv4 Configuration"界面,然后将光标移至"DNS Configuration"选项,如图 1-18 所示。

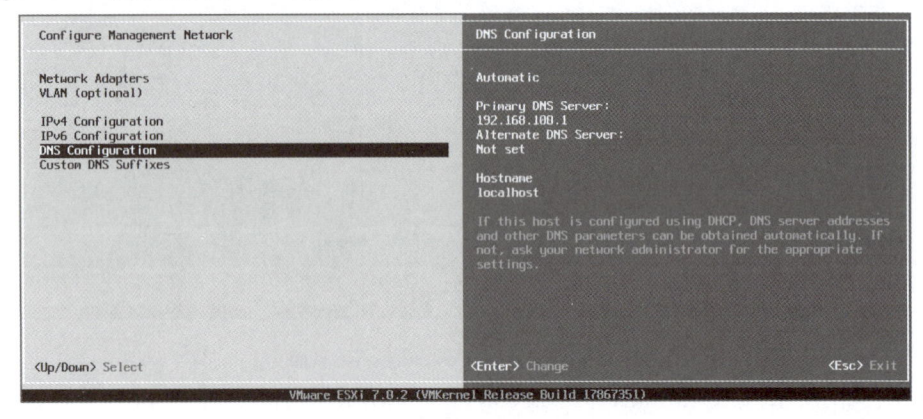

图 1-18　将光标移至"DNS Configuration"选项

按下回车键,弹出"DNS Configuration"界面,通过上下方向键移动光标,按下空格键选中相应选项,然后配置 DNS 服务器(需要根据实验网络情况配置适合 DNS 的 IP 地址)和主机名称(Hostname),如图 1-19 所示。

配置完成,按下回车键,退出"DNS Configuration"界面,此时按下 ESC 键,弹出"Configure Management Network:Confirm"界面,如图 1-20 所示,读者确认以上配置无误后,按下 Y 键,保存配置并退出"Configure Management Network:Confirm"界面,返回"System Customization"界面。

再次按下 ESC 键,返回 ESXi 7.0 管理界面,如图 1-21 所示,界面中显示当前 ESXi 主机已经配置成静态 IP 地址,且 IP 地址为 192.168.100.128。至此,ESXi 主机部署完毕。

图 1-19　DNS Configuration 界面

图 1-20　Configure Management Network:Confirm 界面

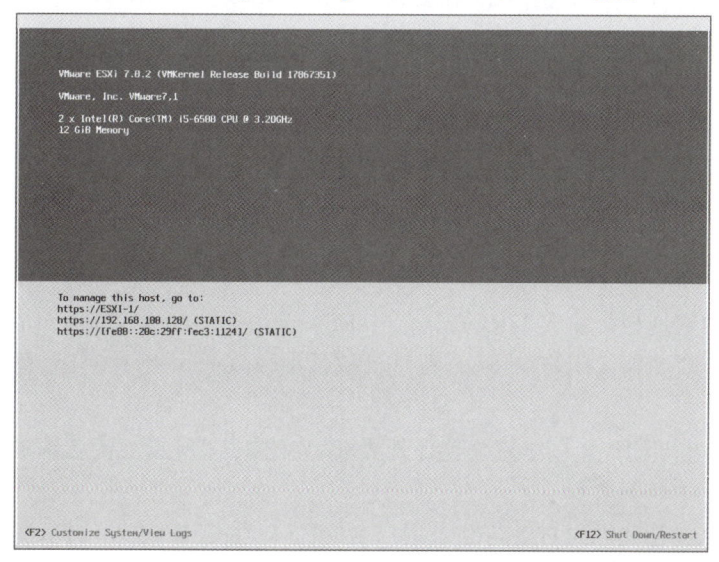

图 1-21　ESXi 7.0 管理界面(2)

3. 从 VMware Workstation Pro 导出 vSphere ESXi 虚拟机文件

考虑到大多数读者可能是在公共机房或共享的实验环境下进行学习和实验，而这些实验环境通常不会保留个人的实验数据，需要读者自行备份或转存自己的实验数据。本小节向读者介绍如何从 VMware Workstation Pro 导出 vSphere ESXi 虚拟机文件，以便读者可以在不同的公共机房快速恢复实验环境。详细导出过程请扫码观看视频或查看文档。

视频：导出 vSphere ESXi 虚拟机文件视频　　　　　文档：导出 vSphere ESXi 虚拟机文件文本

任务 1-2　管理单台 vSphere ESXi 主机

任务介绍

在实验环境或者因成本原因短期内无法构建 vSphere 集群的情况下，管理员可以使用 vSphere Host Client 分别来管理单台 ESXi 主机。本任务将学习如何通过 vSphere Host Client 完成单台 ESXi 主机的管理。

任务目标

（1）熟练使用 vSphere Host Client 登录 ESXi 主机。
（2）熟练使用 vSphere Host Client 进行 ESXi 主机系统与服务管理。
（3）熟练使用 vSphere Host Client 进行 ESXi 主机硬件管理。
（4）熟练使用 vSphere Host Client 进行 ESXi 主机监控管理。

任务实施

1. 使用 vSphere Host Client 登录 ESXi 主机

在浏览器的网址栏中输入 URL：https://ESXi 7.0-IP/ui，在 vSphere Host Client 登录界面的"用户名"栏中输入用户名 root，在"密码"栏中输入 root 用户密码，单击"登录"按钮，如图 1-22 所示。

登录后，弹出 CEIP 客户体验改善计划界面，如图 1-23 所示。读者单击"确定"按钮，进入 ESXi 主机 Web 管理界面。

读者可以单击管理界面右上角登录用户名@ESXi 主机 IP 地址位置，然后单击注销，即可完成 vSphere Host Client 登录注销，如图 1-24 所示。

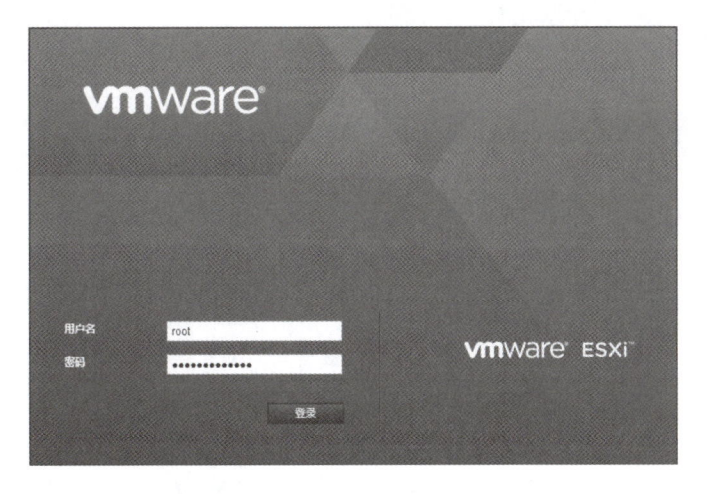

图 1-22　vSphere Host Client 登录界面

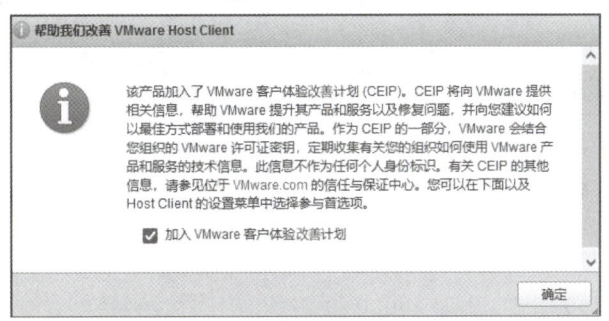

图 1-23　CEIP 客户体验改善计划界面

图 1-24　vSphere Host Client 登录注销

2. 使用 vSphere Host Client 管理 ESXi 主机

（1）使用 vSphere Host Client 进行 ESXi 主机系统与服务管理

如图 1-25 所示，在导航器中单击"主机-管理"，然后依次单击"系统-时间和日期"，读者可以根据实验或者生产环境的具体需求单击"编辑 NTP 设置"或者"编辑 PTP 设置"。NTP（Network Time Protocol）提供以毫秒为单位的时间精度，PTP（Precision Time Protocol）则会保持以微秒为单位的时间精度。ESXi 主机上的 NTP 服务会定期从 NTP 服务器获取时间和日期，而 PTP 将为 ESXi 主机的虚拟机置备精确的时间同步。

如图 1-26 所示，在导航器中单击"主机-管理"，然后单击"服务"，读者可以根据实验或者生产环境的具体需求单击服务选项，单击"启动""停止""重新启动"来管理相应服务。

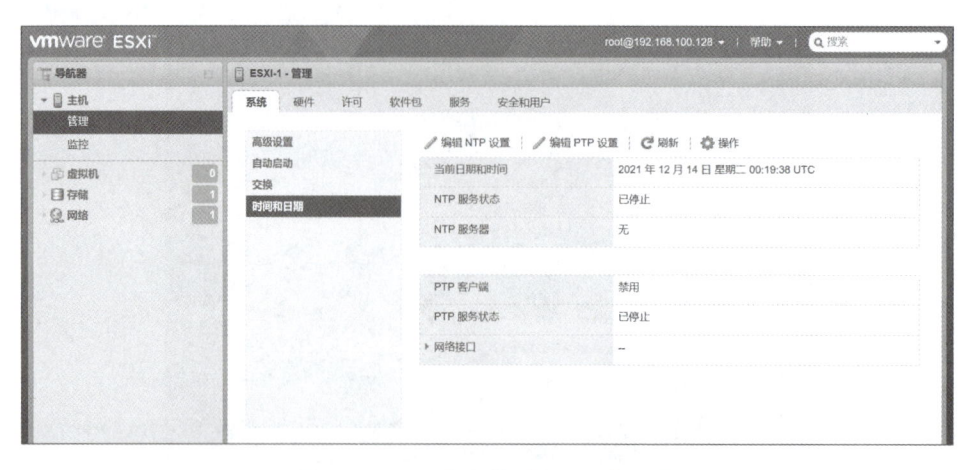

图 1-25　ESXi 主机的时间和日期设置

图 1-26　ESXi 主机的服务管理

(2) 使用 vSphere Host Client 进行 ESXi 主机硬件管理

如图 1-27 所示，在导航器中单击"主机-管理"，然后依次单击"硬件-电源管理-更改电源策略"，读者可以根据实验或者生产环境的具体需求勾选合适的电源策略。每种电源策略及其描述见表 1-4。

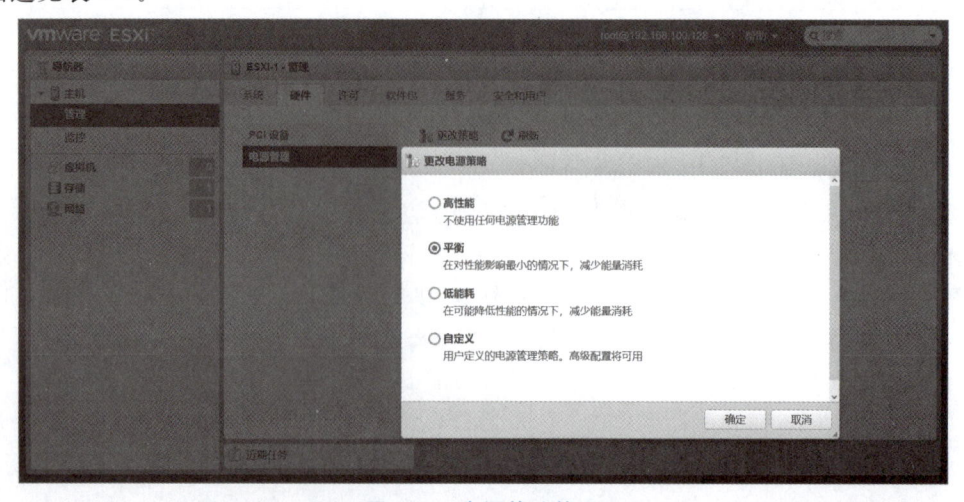

图 1-27　电源策略管理

表 1-4　　　　　　　　　　　　电源策略及其描述

电源策略	描述
高性能	不使用任何电源管理功能
平衡	在对性能影响最小的情况下,减少能量消耗
低功耗	在可能降低性能的情况下,减少能量消耗
自定义	用户定义的电源管理策略,高级配置将变得可用

（3）使用 vSphere Host Client 进行 ESXi 主机监控管理

如图 1-28 所示,读者登录 vSphere Host Client 后,可以查看以线图形式表示的所管理 ESXi 主机的资源使用情况。单击"主机-监控",然后单击"性能",读者可查看过去 1 小时 ESXi 主机的 CPU、内存、网络和磁盘的统计信息。

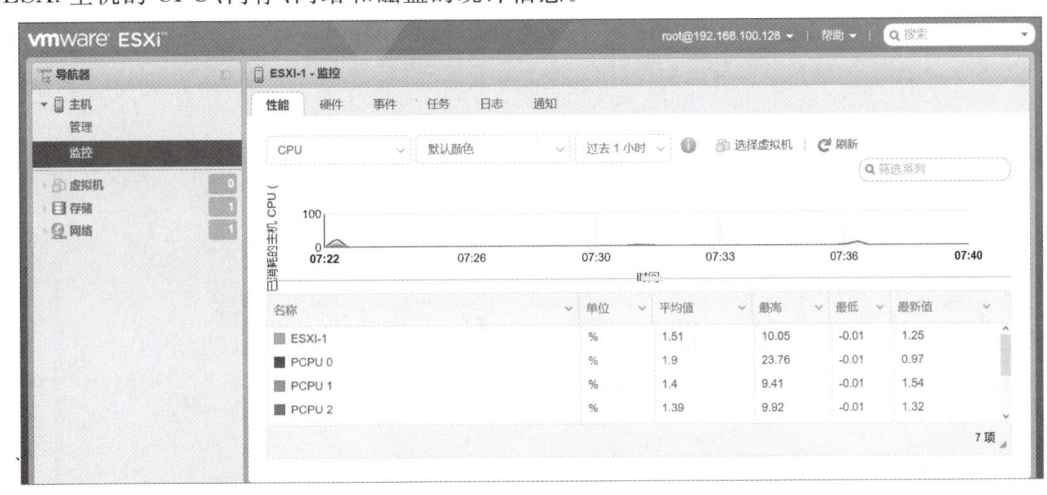

图 1-28　ESXi 主机过去 1 小时性能统计信息

如图 1-29 所示,读者单击"监控-硬件-系统传感器",可以显示各类硬件传感器的健康状态,但是由于当前实验的 ESXi 主机是虚拟主机,并没有安装硬件传感器,因此会提示"此系统没有 IPMI 功能,您可能需要安装驱动程序才能检索传感器数据"。真实的物理 ESXi 主机硬件监控信息如图 1-30 所示。

图 1-29　虚拟 ESXi 主机硬件监控信息

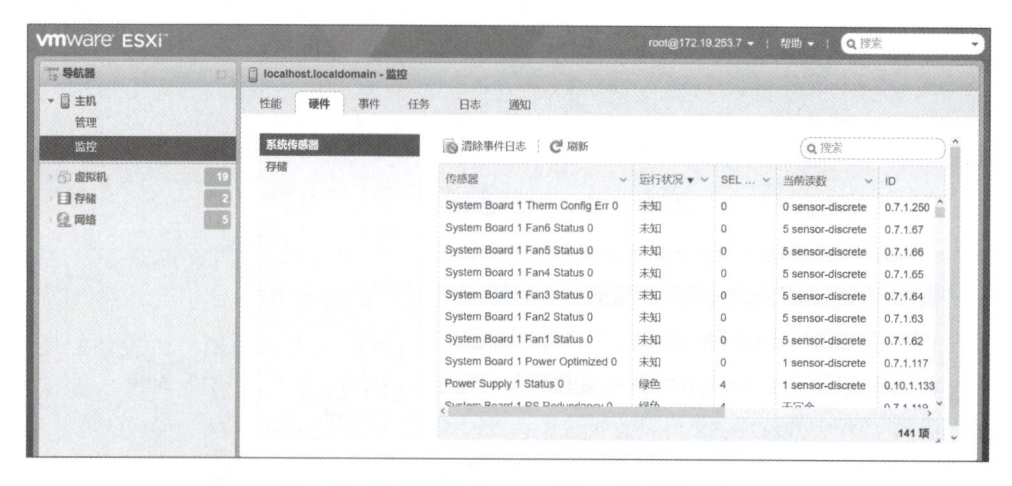

图 1-30　真实的物理 ESXi 主机硬件监控信息

如图 1-31 所示,读者单击"监控-事件",可以查看 ESXi 主机关联的所有事件。事件是 ESXi 主机上发生的用户操作或系统操作的记录。

图 1-31　查看 ESXi 主机的事件信息

如图 1-32 所示,读者单击"监控-任务",可以查看 ESXi 主机相关的任务,包括任务启动器、任务状况、任务结果和任务描述等相关信息。

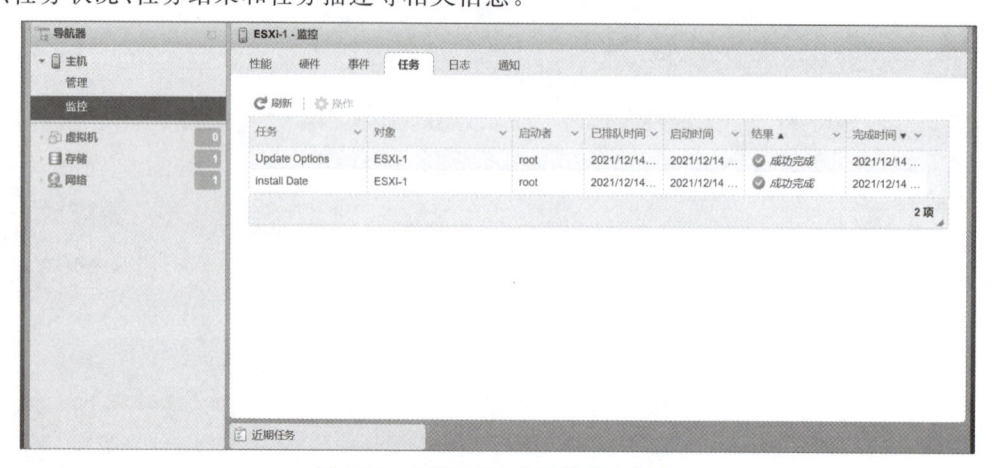

图 1-32　查看 ESXi 主机的任务信息

如图 1-33 所示，读者单击"监控-日志"，可以查看 ESXi 主机相关的日志，包括 vCenter 代理日志、VMware 监测守护进程日志、VMkernel 警告日志等。单击列表中的日志选项，在下方详细日志窗口将按照时间顺序显示选中日志类型的相关日志明细。右击选中的日志选项，弹出下拉式菜单，读者可以根据需要在新窗口中展示选中日志的类型，还可以选择生成支持包，支持包中包含可用于诊断和解决问题的日志文件和系统信息。

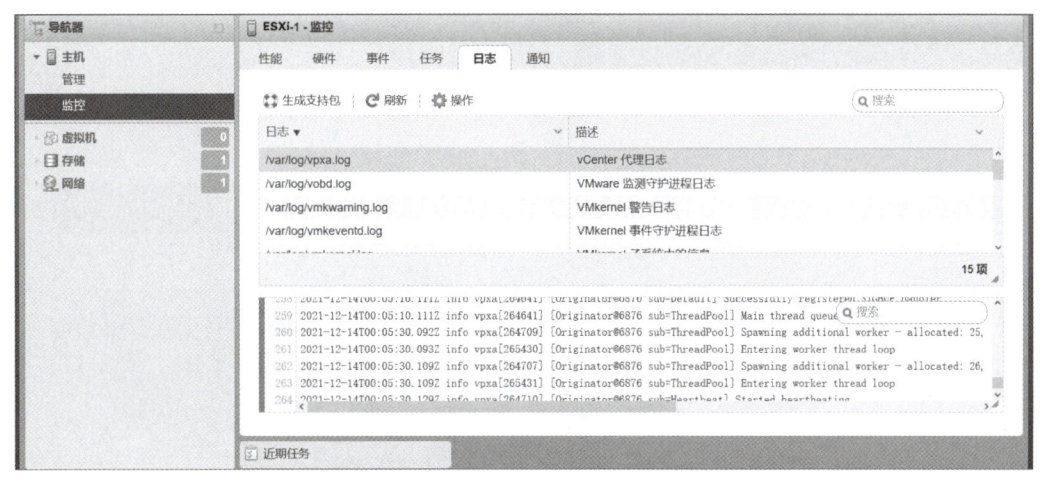

图 1-33 查看 ESXi 主机的日志信息

任务 1-3 升级至 vSphere ESXi 7.0

任务介绍

在生产环境中，当一个版本的 ESXi 停止服务或者因为性能、安全问题或希望应用 ESXi 新特性时，虚拟化管理员将进行 ESXi 主机的版本升级。本任务主要介绍如何从 ESXi 6.x 升级至 ESXi 7.0。

任务目标

(1) 熟悉从 ESXi 6.x 升级至 ESXi 7.0 的流程和方法。
(2) 熟练掌握交互式方式将 ESXi 6.x 升级至 ESXi 7.0。

任务实施

1. 从 ESXi 6.x 升级至 ESXi 7.0 的流程和方法

目前，生产环境中还有大量服务器使用 ESXi 6.x 的虚拟化系统，如 ESXi 6.0、ESXi 6.5、ESXi 6.7。读者如果计划从 ESXi 6.x 升级至 ESXi 7.0，需要做好升级规划和升级前准备工作，具体流程如图 1-34 所示。

升级前，读者需要确认生产环境中的服务器是否满足运行 ESXi 7.0 系统的条件。由于

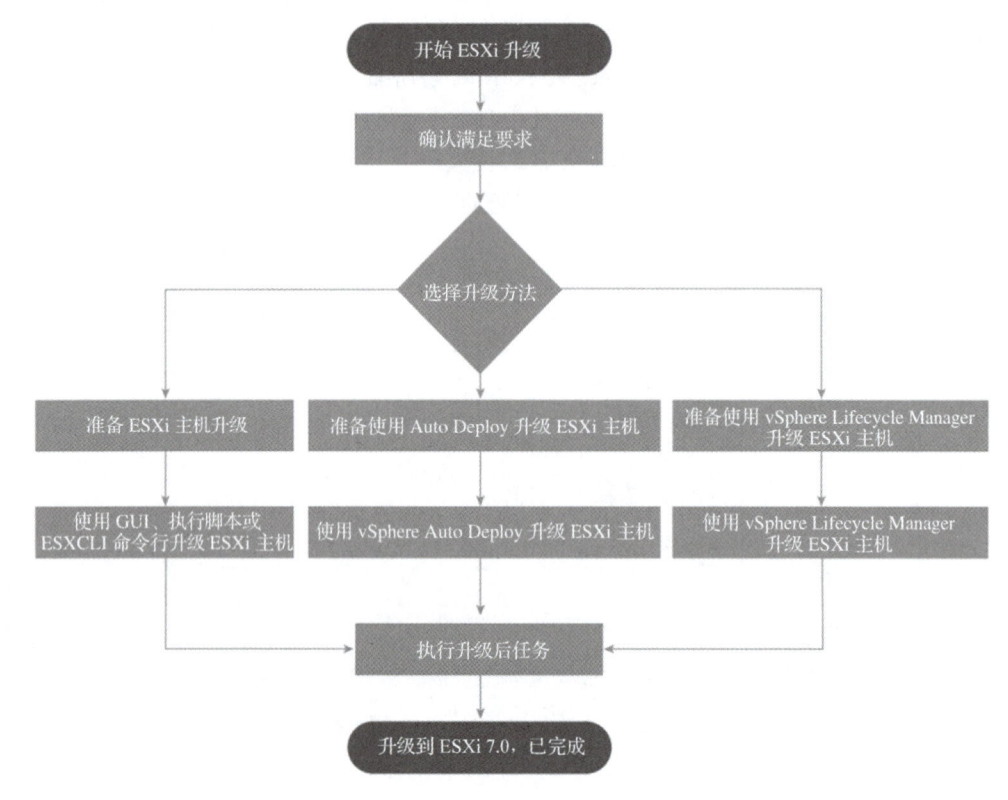

```
            开始 ESXi 升级
                 │
                 ▼
            确认满足要求
                 │
                 ▼
            选择升级方法
         ┌───────┼───────┐
         ▼       ▼       ▼
   准备 ESXi  准备使用 Auto    准备使用 vSphere Lifecycle Manager
   主机升级   Deploy 升级      升级 ESXi 主机
             ESXi 主机
         │       │       │
         ▼       ▼       ▼
   使用 GUI、  使用 vSphere     使用 vSphere Lifecycle Manager
   执行脚本或  Auto Deploy      升级 ESXi 主机
   ESXCLI 命  升级 ESXi 主机
   令行升级
   ESXi 主机
         └───────┼───────┘
                 ▼
            执行升级后任务
                 │
                 ▼
         升级到 ESXi 7.0，已完成
```

图 1-34　从 ESXi 6.x 升级至 ESXi 7.0 的流程

ESXi 7.0 系统对系统存储分区做了较大的调整，具体调整参见项目知识储备中有关"新的系统存储布局"部分的内容，因此，读者升级前需要确认当前服务器安装 ESXi 系统的磁盘介质能满足 ESXi 7.0 系统升级的条件。另外，读者还需要确认计划升级的服务器符合 ESXi 7.0 支持的最低硬件配置，具体可以参见项目知识储备中有关"ESXi 7.0 硬件要求"部分的内容，还可以访问网址 http://www.vmware.com/resources/compatibility，确认服务器平台支持 ESXi 7.0 的情况。

对于单独的 ESXi 主机或者数量较少的 vSphere 集群主机升级可以考虑采用图形用户界面交互式方式或 ESXCLI 命令行方式进行升级，对于大规模的 ESXi 主机升级建议采用执行脚本、vSphere Auto Deploy、vSphere Lifecycle Manager 等方式进行升级。本任务中，将在实验环境中，详细介绍交互式方式升级，有关采用执行脚本、ESXCLI 命令行方式、vSphere Auto Deploy、vSphere Lifecycle Manager 等方式进行升级的详细内容请参见 VMware 官方文档或者案例。

2. 使用交互式方式将 ESXi 6.5 升级至 ESXi 7.0

升级前，读者需要先确认计划升级的主机满足 ESXi 7.0 升级的条件，如果计划升级的主机中已经有虚拟机运行请将虚拟机迁移或关闭，有关虚拟机迁移或关闭的操作请参见项目 5 管理和使用虚拟机部分的内容；然后进行 ESXi 主机的升级，按照任务一中部署 vSphere ESXi 7.0 的方法部署一台 ESXi 6.5 虚拟主机，当前系统版本为 VMware ESXi 6.5（内部版本为 4564106）。使用交互式方式将 ESXi 6.5 升级至 ESXi 7.0 的过程请扫码观看视频或查看文档。

项目1 ● 部署与配置vSphere ESXi 7.0

视频：使用交互式方式将 ESXi 6.5 升级至 ESXi 7.0

文档：使用交互式方式将 ESXi 6.5 升级至 ESXi 7.0

项目实战练习

1. 部署一台 ESXi 7.0 虚拟主机并使用 vSphere Host Client 管理 ESXi 7.0 虚拟主机。
2. 部署一台 ESXi 6.7 虚拟主机并使用交互式方式将 ESXi 6.7 升级至 ESXi 7.0。

项目 2

部署与配置 vCenter Server 7.0

项目背景概述

vCenter Server 是 VMware vSphere 虚拟化产品两大核心组件之一。vCenter Server 是一种服务,在 vCenter Server 中可以集中高效地管理连接到网络的 ESXi 主机。使用 vCenter Server 时,读者可以池化和管理多台主机的资源,对资源进行管理和编排以提升资源的利用率和可管控性。

项目学习目标

知识目标:
1. 熟悉 vCenter Server 架构中主要软件组件
2. 了解 vCenter Server 设备的硬件和软件要求
3. 熟悉 vCenter Server 常用端口

技能目标:
1. 会 vCenter Server 7.0 部署
2. 会 vCenter Server 7.0 配置与管理
3. 会使用 vCenter Server 7.0 管理 ESXi 主机集群
4. 会将 vCenter Server 6.x 升级到 vCenter Server 7.0

素质目标:
在任务实践中,培养学生勤学好问、自主探索的学习习惯。

项目环境需求

1. 硬件环境需求

实验计算机四核及以上 CPU,32 GB 及以上内存,不低于 500 GB 硬盘,主板 BIOS 开启硬件虚拟化支持。

2.操作系统环境需求

实验计算机安装 Windows 10 64位专业版操作系统。

3.软件环境需求

实验计算机安装 VMware Workstation 16 Pro。

项目规划设计

（见表2-1、表2-2）

表 2-1　　　　　　　　　　　网络规划设计

设备名称	操作系统	网络适配器	网络适配器模式	IP地址/掩码长度	网关
实验计算机	Windows 10 Pro	—	—	10.10.4.1/24	—
ESXi 1	ESXi 7.0	网络适配器1	桥接	10.10.4.2/24	10.10.4.254
ESXi 2	ESXi 7.0	网络适配器1	桥接	10.10.4.3/24	10.10.4.254
ESXi 3	ESXi 7.0	网络适配器1	桥接	10.10.4.4/24	10.10.4.254
ESXi 4	ESXi 7.0	网络适配器1	桥接	10.10.4.5/24	10.10.4.254
ESXi 5	ESXi 6.5	网络适配器1	桥接	10.10.4.6/24	10.10.4.254
ESXi 6	ESXi 6.7	网络适配器1	桥接	10.10.4.7/24	10.10.4.254
vCenter Server 7.0	vCenter Server Appliance 7.0	—	—	10.10.4.10/24	10.10.4.254
vCenter Server 6.5	vCenter Server Appliance 6.5	—	—	10.10.4.11/24	10.10.4.254
vCenter Server 6.7	vCenter Server Appliance 6.7	—	—	10.10.4.12/24	10.10.4.254

表 2-2　　　　　　　　　　　设备配置规划设计

设备名称	操作系统	CPU 核数	内存/GB	硬盘/GB	用户名	密码
实验计算机	Windows 10 Pro	8	32	1 000	Administrator	
ESXi 1	ESXi 7.0	8	16	500	root	Root！@2021
ESXi 2	ESXi 7.0	8	16	500	root	Root！@2021
ESXi 3	ESXi 7.0	8	16	500	root	Root！@2021
ESXi 4	ESXi 7.0	8	16	500	root	Root！@2021
ESXi 5	ESXi 6.5	8	16	500	root	Root！@2021
ESXi 6	ESXi 6.7	8	16	500	root	Root！@2021
vCenter Server 7.0	vCenter Server Appliance 7.0	2	12	—	root	Root！@2021
vCenter Server 6.5	vCenter Server Appliance 6.5	2	8	—	root	Root！@2021
vCenter Server 6.7	vCenter Server Appliance 6.7	2	8	—	root	Root！@2021

项目知识储备

1.实验网络拓扑及相关虚拟化组件

典型的 VMware vSphere 数据中心主要包括 ESXi 主机、vCenter Server、IP 网络、存储

网络及阵列、管理客户端。在项目 1 中，已经对 ESXi 主机做了比较详细的介绍，项目 2 将着重介绍 vCenter Server，而有关 vSphere 网络、存储网络及阵列等将在后续项目中详细介绍。项目 2 的逻辑拓扑如图 2-1 所示，按照项目规划设计创建四台 ESXi 主机，并分别在 ESXi 1、ESXi 2、ESXi 3 主机上部署 vCenter Server 7.0、vCenter Server 6.5、vCenter Server 6.7。在本项目中详细介绍了 vCenter Server 7.0 的部署过程，而 vCenter Server 6.5 和 vCenter Server 6.7 可以参照部署，部署好的 vCenter Server 6.5 和 vCenter Server 6.7 可用于介绍从 vCenter Server 6.x 升级至 vCenter Server 7.0 的过程。

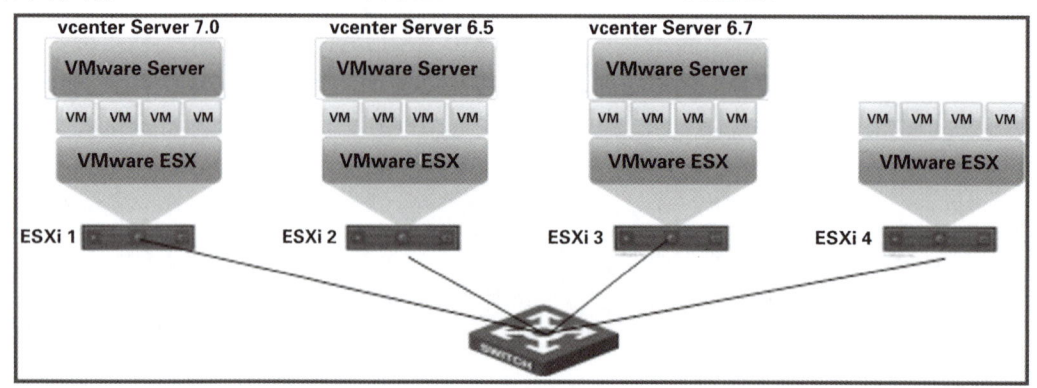

图 2-1 逻辑拓扑

vCenter Server 为虚拟化管理员提供了集中而统一的管理中心，它既提供基本的数据中心服务，如访问控制、性能监控以及配置，又将各台 ESXi 主机的资源整合在一起，使这些资源在整个数据中心的虚拟机之间共享；它能根据虚拟化管理员制订的策略将 ESXi 主机的资源分配给虚拟机或容器，并根据资源使用情况或故障情况动态调整虚拟机资源和运行位置，确保虚拟机及其业务持续运行。在面对故障时，如果 vCenter Server 无法访问（例如，网络断开），ESXi 主机仍能继续工作，此时虚拟化管理员可以通过 vSphere Host Client 单独管理 ESXi 主机及其上的虚拟机，并根据上次设置的资源分配继续运行虚拟机。恢复与 vCenter Server 的连接后，可以再次将数据中心作为一个整体进行管理。

在 vCenter Server 架构中，主要关联以下几个软件组件：

(1) vCenter Single Sign-On

vCenter Single Sign-On 是 vCenter Server 管理基础架构的一部分，各个 vSphere 组件相互通信都需要经过它的身份认证才能进行。vCenter Single Sign-On 身份验证服务使 VMware 云基础架构平台具有更高的安全性。vCenter Single Sign-On 身份验证服务使用安全令牌交换机制，而无须使用每个组件单独对目录服务（如 Active Directory）进行用户身份验证。vCenter Single Sign-On 包括安全令牌服务（STS）、管理服务器和 vCenter Lookup Service 以及 VMware Directory Service。

①STS(Security Token Service)

用户通过 vCenter Single Sign-On 登录以后，将获得由 STS 发出的安全断言标记语言 (SAML) 令牌。用户通过持有 SAML 令牌便可使用 vCenter Single Sign-On 支持的任意 vCenter 服务，而无须逐个进行身份验证。

②管理服务器

管理服务器允许用户具有 vCenter Single Sign-On 的管理员特权,以便配置 vCenter Single Sign-On 服务器并管理 vSphere Web Client 中的用户和组。最初,只有用户 administrator@vsphere.local 具有此类特权。

③vCenter Lookup Service

vCenter Lookup Service 包含有关 vSphere 基础架构的拓扑信息,使 vSphere 组件可以安全地互相连接。在部署 vCenter Server 的过程中,将与 vCenter Server 关联的组件注册到 vCenter Lookup Service 中,这样的组织形式更有利于组件之间相互查找和通信。

④VMware Directory Service

VMware Directory Service 包含与 vsphere.local 域关联的目录服务。它是在端口 11711 上提供 LDAP 目录的多租户、多重管理目录服务。在多站点模式下,如果更新一个 VMware Directory Service 实例中的 VMware Directory Service 内容,则与其他 vCenter Single Sign-On 节点关联的 VMware Directory Service 实例将自动更新。

(2)vCenter Server 插件

vCenter Server 插件是为 vCenter Server 提供扩展功能和特性的应用程序。如图 2-2 所示,在 vCenter Server 7.0 部署完成后,将自动完成图中客户端插件的安装,这些客户端插件丰富了 vCenter Server 的功能,给用户带来了增值服务和高效体验。

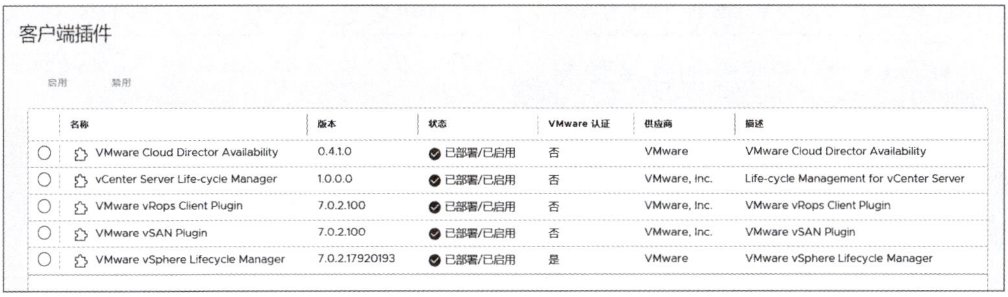

图 2-2　vCenter Server 7.0 客户端插件

(3)vCenter Server 数据库

从 vSphere 7.0 开始,移除了支持 Windows 的 vCenter Server 版本。因此,用户只能通过 VCSA 7.0 部署 vCenter Server。vCenter Server 支持内嵌的 PostgreSQL 数据库捆绑版本,同时也支持外部独立部署数据库,如 SQL Server、Oracle。vCenter Server 数据库主要用于永久存储 vCenter Server 环境中管理的每台虚拟机、主机和用户的状态数据。

(4)tcServer

tcServer 随着 vCenter Server 一同部署,并为性能图表、Web Access、基于存储策略的服务和 vCenter 服务状态等提供 Web 形式的服务。

2. vCenter Server 设备的硬件要求

表 2-3 展示了不同 vCenter Server 环境需要的虚拟 vCPU 和内存情况,表 2-4 展示了不同 vCenter Server 环境需要的存储情况。读者可以根据拟创建的数据中心规模选择相应的

硬件平台，注意在规划生产环境数据中心时应充分考虑当前和未来业务发展的需要，满足当前需要并适当超前；对于教学与实验环境，应结合硬件资源环境来考虑，通常微型环境，默认存储就能够满足实验需求。

表 2-3　　　　不同 vCenter Server 环境需要的虚拟 vCPU 数目和内存情况

vCenter Server 支持的环境	vCPU 数目	内存
微型环境（最多 10 台主机或 100 台虚拟机）	2	12 GB
小型环境（最多 100 台主机或 1 000 台虚拟机）	4	19 GB
中型环境（最多 400 台主机或 4 000 台虚拟机）	8	28 GB
大型环境（最多 1 000 台主机或 10 000 台虚拟机）	16	37 GB
超大型环境（最多 2 500 台主机或 45 000 台虚拟机）	24	56 GB

表 2-4　　　　不同 vCenter Server 环境需要的存储情况

vCenter Server 支持的环境	默认存储	大型存储	超大型存储
微型环境（最多 10 台主机或 100 台虚拟机）	415 GB	1 490 GB	3 245 GB
小型环境（最多 100 台主机或 1 000 台虚拟机）	480 GB	1 535 GB	3 295 GB
中型环境（最多 400 台主机或 4 000 台虚拟机）	700 GB	1 700 GB	3 460 GB
大型环境（最多 1 000 台主机或 10 000 台虚拟机）	1 065 GB	1 765 GB	3 525 GB
超大型环境（最多 2 500 台主机或 45 000 台虚拟机）	1 805 GB	1 905 GB	3 665 GB

3. vCenter Server 设备的软件要求

vCenter Server 7.0 可以在 ESXi 6.5 或更高版本的主机上部署。用户可以在受支持版本的 Windows、Linux 或 Mac 操作系统的客户机上运行 vCenter Server GUI 或 CLI 的安装程序。vCenter Server GUI 或 CLI 的安装程序支持的操作系统版本见表 2-5。

表 2-5　　　　vCenter Server GUI 或 CLI 的安装程序支持的操作系统版本

操作系统	受支持的版本	确保最佳性能的最低硬件配置
Windows	Windows 8、8.1、10 Windows 2012 x64 位 Windows 2012 R2 x64 位 Windows 2016 x64 位 Windows 2019 x64	4 GB RAM、2 个 2.3 GHz 四核 CPU、32 GB 硬盘、1 个网卡
Linux	SUSE15 Ubuntu16.04 和 18.04	4 GB RAM、1 个 2.3 GHz 双核 CPU、16 GB 硬盘、1 个网卡（CLI 安装程序要求 64 位操作系统）
Mac	macOSv 10.13、10.14、10.15 mac OS High Sierra、Mojave、Catalina	8 GB RAM、1 个 2.4 GHz 四核 CUP、150 GB 硬盘、1 个网卡

4. vCenter Server 的所需端口

vCenter Server 作为 vSphere 数据中心统一的管理平台，它需要能与受管理的 ESXi 主机通信、与它调用的服务进行通信、为更新软件或修补程序与互联网通信等，同时为了虚拟机能够在受管理的 ESXi 主机之间迁移和置备。源主机和目标主机必须能够通过预确定的

TCP 和 UDP 端口彼此接收数据。vSphere 数据中心用到的相关 TCP 和 UDP 端口可以参见下方 URL：

https://ports.vmware.com。如图 2-3 所示是 vSphere 7.0 需要开启的端口（部分），尤其是在生产环境中部署了外置防火墙，此时需要在防火墙上部署安全策略，放行 vCenter Server 与 ESXi 主机之间、管理主机与 vCenter Server 之间、管理主机与 ESXi 主机之间的相关流量。

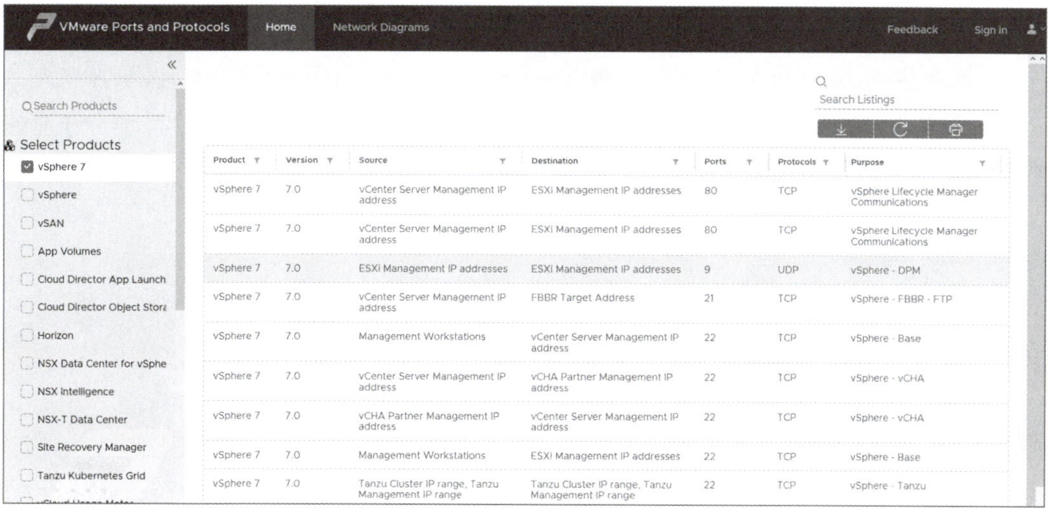

图 2-3　vSphere 7.0 需要开启的端口（部分）

5. vCenter Server 7.0 部署过程中的 DNS 要求

在 vCenter Server 7.0 部署过程中，安装程序会提示填写 vCenter Server 的 IP 地址，根据用户网络环境可以填写静态 IP 地址或者基于 DHCP 协议动态配置 IP 地址。不管使用哪种形式的 IP 地址，在生产环境中都推荐设置 DNS 服务器，并为 vCenter Server、ESXi 主机等配置 DNSA 记录和对应反向解析记录 PTR，因为在 vCenter Server 部署和管理过程中都需要依赖 vCenter Server 设备的完全限定域名(FQDN)。在部署 vCenter Server 7.0 时，如果安装程序从其 IP 地址中找不到设备的完全限定域名(FQDN)，则安装支持 vSphere Client 的 Web 服务器组件会失败。

6. Platform Services Controller 的移除

Platform Services Controller(平台服务控制器，PSC)从 VMware vSphere 6.0 开始启用，它能够提供 vCenter Single Sign-On 组件所有功能，但是从 vSphere 7.0 开始，部署新的 vCenter Server 或升级到 vCenter Server 7.0 需要使用 vCenter Server Appliance，它是针对运行 vCenter Server 而优化的预配置虚拟机。新的 vCenter Server 包含所有 Platform Services Controller 服务，同时保留功能和工作流，包括身份验证、证书管理、标记和许可。所有 Platform Services Controller 服务都已整合到 vCenter Server 中，并且对部署和管理进行了简化。

任务 2-1　部署 vCenter Server 7.0

任务介绍

在本任务中，将详细介绍如何使用 vCenter Server Appliance GUI 方式，按照规划在 ESXi 1 主机上部署 vCenter Server 7.0，同时在部署过程中将详细讲解整个过程和不同部署环境应注意的问题。

任务目标

（1）熟悉部署 vCenter Server 7.0 的方式。
（2）掌握使用 vCenter Server Appliance GUI 方式部署 vCenter Server 7.0。

任务实施

1. 部署 vCenter Server 7.0 的方式

在部署 vCenter Server 7.0 之前，需要提前按照项目规划部署 ESXi 主机，并从 VMware 官方网站下载 vCenter Server Appliance 7.0 ISO 映像，映像中包含了 vCenter Server Appliance 的 GUI 和 CLI 安装程序以及 vCenter Server 7.0 OVA 文件等。安装前，读者需要验证网络中 ESXi 主机的时间是否同步，建议在网络中部署 NTP 或 PTP 服务器，ESXi 或 vCenter Server 设备同步该服务器的时间，确保网络中的设备时间偏差符合要求。因为 ESXi 或 vCenter Server 时间不同步可能导致 SSL 证书和 SAML 令牌失效，这样可能引起身份验证失败的问题，从而导致 vCenter Server 安装失败或 vCenter Server VMware-vpxd 服务启动失败。

（1）基于 vCenter Server Appliance 的 GUI 部署方式

vCenter Server Appliance 的 GUI 部署方式分为 2 个阶段：

阶段 1：根据安装向导的指引完成 vCenter Server 7.0 设备部署类型选择和设备设置，该阶段主要是在目标 ESXi 主机上完成 vCenter Server 7.0 OVA 文件的部署。

阶段 2：根据安装向导指引配置设备时间同步和 vCenter Single Sign-On，该阶段主要是完成 vCenter Server 7.0 初始设置和启动新部署。

在部署 vCenter Server Appliance 时，第 1 阶段 vCenter Server 7.0 参数规划见表 2-6，第 2 阶段 vCenter Server 7.0 参数规划见表 2-7。

表 2-6　　　　　　　　　第 1 阶段 vCenter Server 7.0 参数规划

所需信息	默认值	规划值
要在其上面部署的目标服务器的 FQDN 或 IP 地址。目标服务器可以是 ESXi 主机或 vCenter Server 实例	—	10.10.4.10
目标服务器的 HTTPS 端口	443	443
对目标服务器具有管理特权的用户名： 如果目标服务器是 ESXi 主机，请使用 root； 如果目标服务器是 vCenter Server 实例， 请使用 user_name@your_domain_name，例如 administrator@vsphere.local	—	root
对目标服务器具有管理特权的用户密码	—	Root！@2021
设备的虚拟机名称，不得包含百分号（％）、反斜杠（\）或正斜杠（/），长度不得超过 80 个字符	vCenter Server	vCenter Server 7.0
设备操作系统的 root 用户的密码 必须仅包含不含空格的低位 ASCII 字符。 长度至少为 8 个字符，但不能超过 20 个字符 至少包含一个大写字母 至少包含一个小写字母 至少包含一个数字 至少包含一个特殊字符，例如美元符号（＄）、井号（＃）、@符号（@）、句点（.）或感叹号（！）	—	Root！@2021
启用或禁用精简磁盘模式	已禁用	启用
设备地址的 IP 版本可以是 IPv4 或 IPv6	IPv4	IPv4
设备地址的 IP 分配可以是静态或 DHCP	静态	静态
FQDN 适用于静态 IP 分配 vCenter Server 使用 FQDN 或 IP 地址作为系统名称	—	10.10.4.10
IP 地址	—	10.10.4.10
对于 IPv4 网络：可以使用子网掩码或网络前缀，子网掩码采用点分隔十进制记数法（例如 255.255.255.0），IPv4 网络前缀是介于 0 到 32 之间的整数；对于 IPv6 网络：必须使用网络前缀，IPv6 网络前缀是介于 0 到 128 之间的整数	—	255.255.255.0
默认网关	—	10.10.4.254
用逗号分隔的 DNS 服务器	—	10.10.4.10

表 2-7　　　　　　　　　第 2 阶段 vCenter Server 7.0 参数规划

所需信息	默认	条目
时间同步设置，您可以将设备的时间与 ESXi 主机的时间同步，或者与一个或多个 NTP 服务器同步。 如果要使用多个 NTP 服务器，您必须以逗号分隔列表的格式提供这些 NTP 服务器的 IP 地址或 FQDN	与 NTP 服务器同步时间	已禁用
启用或禁用 SSH 访问： vCenter Server High Availability 要求可对设备进行远程 SSH 访问	已禁用	已禁用

续表

所需信息	默认	条目
新的 vCenter Single Sign-On 域的名称，例如：vsphere.local	—	vsphere.local
管理员账户的密码 administrator@your_domain_name 长度至少为 8 个字符，但不能超过 20 个字符 至少包含一个大写字母 至少包含一个小写字母 至少包含一个数字 至少包含一个特殊字符，例如与号（&）、井号（#）或百分号（%）	—	Root！@2021
vCenter Single Sign On 域管理员用户的密码	—	Root！@2021

（2）基于 vCenter Server Appliance 的 CLI 部署方式

除了图形化的 GUI 安装方式以外，vCenter Server Appliance 还支持采用 CLI 方式在 ESXi 主机或者 vCenter Server 实例上部署新的 vCenter Server。在部署过程中，要求有一台可以连接到目标 ESXi 主机的主机、包含部署信息的 JSON 配置文件、部署命令、ISO 安装映像。在 ISO 安装映像中有 JSON 配置文件的参考模板，值得注意的是 JSON 配置文件中只能包含 ASCII 字符。在执行 CLI 安装时，用户需要熟悉 JSON 语法，能够熟练编制 JSON 配置文件。配置文件的编制请读者参见 VMware 官方文档，本书中不做具体介绍。

2. 使用 vCenter Server Appliance GUI 方式部署 vCenter Server 7.0

任务中使用的是 VMware-VCSA-all-7.0.2 的 ISO 映像（内部版本为 17920168），读者可以自行前往 VMware 官网下载最新版本的 ISO 映像文件。读者在 Windows 10 Pro 主机环境下，双击映像文件，并导航到"\vcsa-ui-installer\win32"目录，双击打开"installer.exe"安装程序，如图 2-4 所示，弹出"vCenter Server Installer"界面。

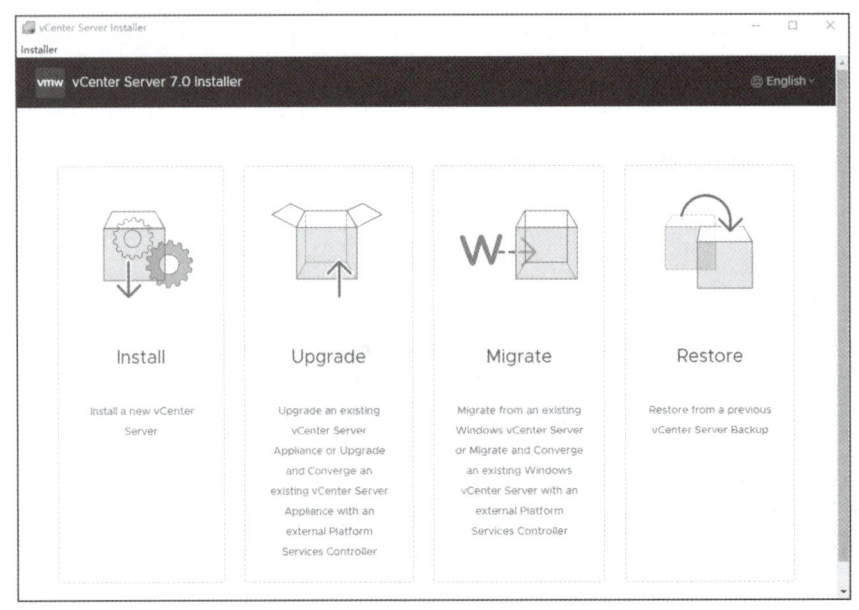

图 2-4　vCenter Server Installer 界面

单击"vCenter Server Installer"界面右上角的下拉式菜单,切换界面语言为简体中文,语言切换后如图 2-5 所示,单击"安装"选项。

图 2-5　切换语言后的 vCenter Server Installer 界面

如图 2-6 所示,弹出"安装-第 1 阶段:部署 vCenter Server"界面并进入步骤"1 简介",单击"下一步"。

图 2-6　简介界面

如图 2-7 所示,进入步骤"2 最终用户许可协议",勾选"我接受许可协议条款",单击"下一步"。

如图 2-8 所示,进入步骤"3 vCenter Server 部署目标",在"ESXi 主机名或 vCenter Server 名称"栏中填写"10.10.4.2",在"HTTPS 端口"栏中填写"443",在"用户名"栏中填写"root",在"密码"栏中填写"Root!@2021",单击"下一步"。

图 2-7　最终用户许可协议界面

图 2-8　vCenter Server 部署目标界面

如图 2-9 所示,弹出"证书警告"界面,单击"是"。

图 2-9　证书警告界面

项目2 ● 部署与配置vCenter Server 7.0

如图 2-10 所示,进入步骤"4 设置 vCenter Server 虚拟机",在"虚拟机名称"栏中填写"VMware vCenter Server 7.0",在"设置 root 密码"栏中填写"Root！@2021",在"确认 root 密码"栏中填写"Root！@2021",单击"下一步"。

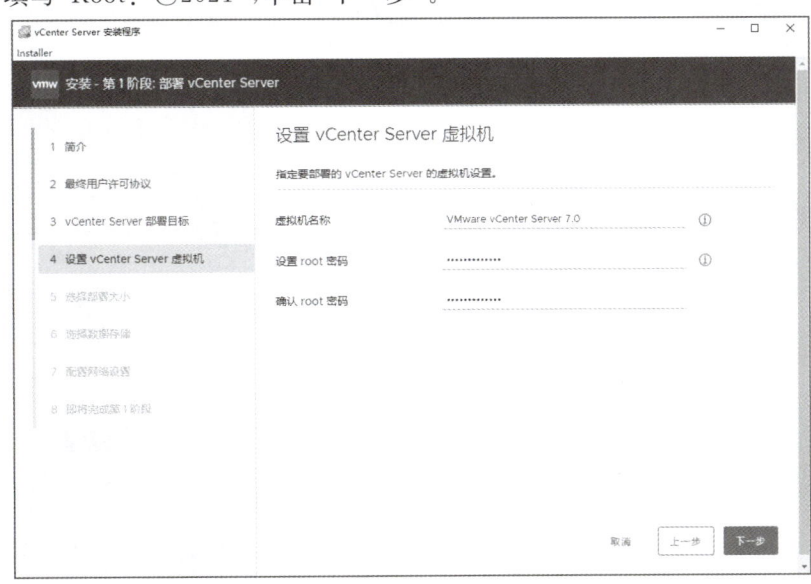

图 2-10　设置 vCenter Server 虚拟机界面

如图 2-11 所示,进入步骤"5 选择部署大小",在"部署大小"栏中填写"微型",在"存储大小"栏中填写"默认",单击"下一步"。

图 2-11　选择部署大小界面

如图 2-12 所示,进入步骤"6 选择数据存储",由于当前用于安装 vCenter Server 的 ESXi 主机只创建了一个 VMFS 类型的数据存储,因此该存储默认将被指定为 vCenter Server 安装存储,请读者勾选"启用精简磁盘模式"选项。若启用了精简磁盘模式,在安装 vCenter Server 时将不会一次性按部署大小将要求的存储置备到位,而是根据 vCenter Server 使用存储情况逐步分配,这样在存储容量受限的环境下可以有效缓解存储资源紧张的情况,单击"下一步"。

图 2-12 选择数据存储界面

如图 2-13 所示,进入步骤"7 配置网络设置","网络"、"IP 版本"和"IP 分配"分别选择"VM Network"、"IPv4"和"静态",若读者在实验或生产环境中部署了 DNS 服务器且为 vCenter Server 设备配置了与其主机名对应的 A 记录和反向解析记录,且 DNS 服务器能被正常访问到,则可在"FQDN"栏中填写 vCenter Server 设备的完全限定域名,如 localhost.hnou.cn,在"DNS 服务器"栏中填写 DNS 服务器 IP 地址。由于任务实验环境中并未部署 DNS 服务器,因此,"FQDN"栏和"DNS 服务器"栏都填写为 vCenter Server 规划的 IP 地址,本任务中规划的 vCenter Server 设备的 IP 地址为 10.10.4.10,子网掩码为 255.255.255.0,默认网关为 10.10.4.254。"常见端口"列出的所有选项保持默认值,单击"下一步"。

图 2-13 配置网络设置界面

项目2 部署与配置vCenter Server 7.0

如图 2-14 所示,进入步骤"8 即将完成第 1 阶段",此时读者需要核对界面上的信息,核对无误,单击"完成",开始执行第 1 阶段的部署。

图 2-14 即将完成第 1 阶段界面

第 1 阶段执行完成,弹出提示"您已成功部署 vCenter Server",并提示"要继续执行部署过程的第 2 阶段(vCenter Server 设置),请单击'继续'",读者先暂停安装,保持安装程序停留在如图 2-15 所示界面。

图 2-15 安装-第 1 阶段:部署 vCenter Sever 界面

读者在浏览器中输入安装 vCenter Server 设备的目标 ESXi 主机 IP 地址,通过 vSphere Host Client 访问 ESXi 主机,并导航到 vCenter Server 虚拟机界面,如图 2-16 所示。

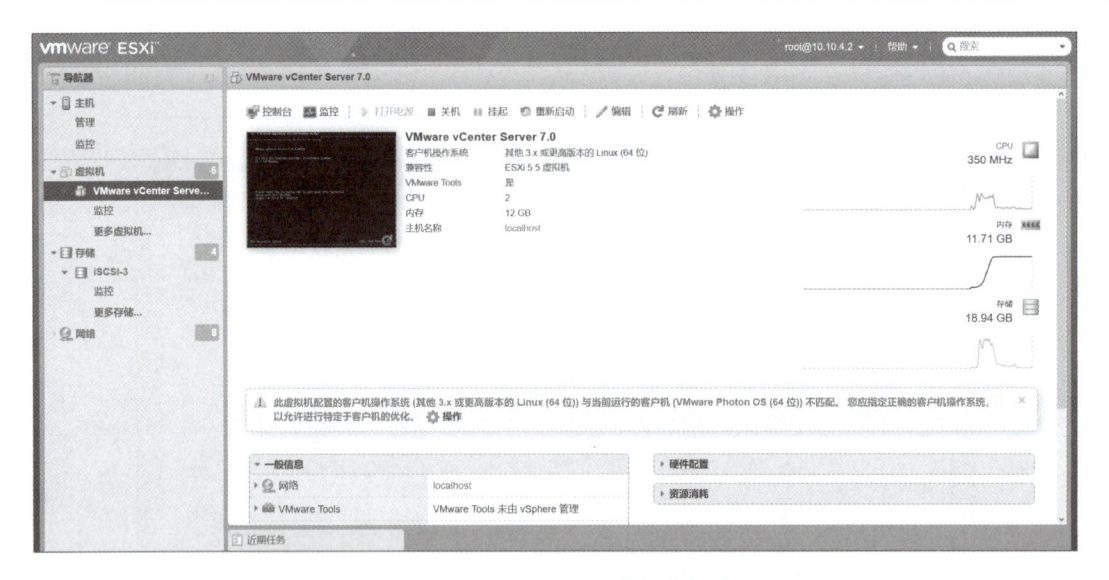

图 2-16   vCenter Server 虚拟机界面

单击图中的黑色窗体部分，打开 vCenter Server 虚拟机 Web 控制台界面，如图 2-17 所示。

读者在 vCenter Server 虚拟机 Web 控制台界面按下 F2 键，如图 2-18 所示，弹出"Authentication Required"界面，默认的登录用户是 root，在"Password"栏输入 root 用户密码。

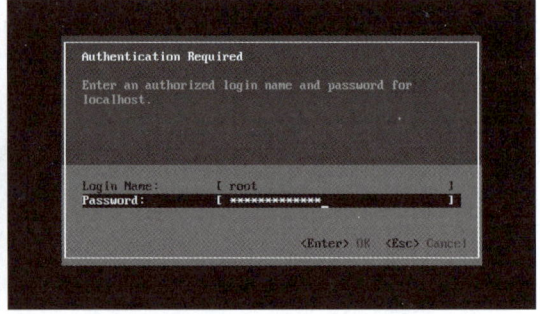

图 2-17   vCenter Server 虚拟机 Web 控制台界面   图 2-18   Authentication Required 界面

读者输完密码按下回车键，弹出"System Customization"界面，如图 2-19 所示，通过上下方向键将光标移动至"Troubleshooting Mode Options"选项。

图 2-19   System Customization 界面

读者再次按下回车键，弹出"Troubleshooting Mode Options"界面，如图 2-20 所示。通过上下方向键将光标移动至"Enable SSH"选项，图中右侧信息栏显示"SSH is Disabled"，当前 vCenter Server 的 SSH 功能处于关闭状态。此时，读者按下回车键，开启 vCenter Server 的 SSH 功能，右侧信息栏显示"SSH is Enabled"，如图 2-21 所示。

图 2-20　Troubleshooting Mode Options 界面　　　图 2-21　开启 vCenter Server 的 SSH 功能

读者使用 Xshell、Putty 等远程访问工具，通过 SSH 协议以 root 用户身份远程访问 vCenter Server(IP 地址为 10.10.4.10)，登录后在命令行中输入"shell"命令，按下回车键，再输入"vi /etc/hosts"命令，编辑 hosts 文件，如图 2-22 所示。

读者修改 hosts 文件，在 hosts 文件中加入一行配置"10.10.4.10 localhost"，如图 2-23 所示，然后保存并退出。

图 2-22　远程访问 vCenter Server　　　图 2-23　修改 hosts 文件

读者转到 vCenter Server 安装程序，开始执行第 2 阶段的部署，单击如图 2-15 所示界面中的"继续"。如图 2-24 所示，弹出"安装-第 2 阶段:设置 vCenter Server"界面并进入步骤"1 简介"，单击"下一步"。

图 2-24　简介界面

如图 2-25 所示，进入步骤"2 vCenter Server 配置"，在本任务中"时间同步模式"选择禁用，若读者环境中有稳定的 NTP 或 PTP 服务器，请设置时间同步服务器，"SSH 访问"选择禁用，单击"下一步"。

图 2-25　vCenter Server 配置界面

如图 2-26 所示，进入步骤"3 SSO 配置"，选择"创建新 SSO 域"，在"Single Sign-On 域名"栏填写"vSphere.local"，"Single Sign-On 用户名"保持默认，在"Single Sign-On 密码"栏和"确认密码"栏填写"Root！@2021"，单击"下一步"。

图 2-26　SSO 配置界面

如图 2-27 所示，进入步骤"4 配置 CEIP"，勾选"VMware 客户体验提升计划"，单击"下一步"。

如图 2-28 所示，进入步骤"5 即将完成"，读者核对配置项是否与规划一致，核对无误后单击"完成"，弹出"警告"界面，如图 2-29 所示。该界面提示第 2 阶段的安装一旦开始将无

图 2-27 配置 CEIP 界面

法暂停或停止,读者单击"继续",开始第 2 阶段的部署。

图 2-28 即将完成界面

图 2-29 警告界面

vCenter Server 第 2 阶段部署完毕将弹出"安装-第 2 阶段：完成"界面，如图 2-30 所示。由界面中信息可知，通过在浏览器中访问 URL：https://10.10.4.10：443 可以对 vCenter Server 设备进行管理，单击"关闭"，结束 vCenter Server 的部署。

在浏览器中访问 vCenter Server，弹出登录界面，如图 2-31 所示，输入用户名 "administrator@vsphere.local"，密码"Root！@2021"，单击"登录"，弹出 vCenter Server 的 vSphere Client 管理界面，如图 2-32 所示。至此，使用 vCenter Server Appliance GUI 方式部署 vCenter Server 7.0 完成。

图 2-30　安装-第 2 阶段：完成界面 　　　　图 2-31　vCenter Server 登录界面

图 2-32　vCenter Server 管理界面

任务 2-2　使用 vCenter Server 7.0 创建和管理 ESXi 主机集群

任务介绍

vCenter Server 是 VMware vSphere 数据中心集中管理平台，通过在 vCenter Server 中

创建数据中心和集群,将ESXi主机的资源组合成资源池,可以灵活、高效地实现资源配置和管理,极大地提升资源利用率和工作效率。因此,本任务将介绍在vCenter Server 7.0中建立数据中心和集群,以及集群中ESXi主机的简单管理。

任务目标

(1)熟练使用vCenter Server 7.0创建ESXi主机集群。
(2)熟练使用vCenter Server 7.0管理集群中的ESXi主机。

任务实施

1. 使用vCenter Server 7.0创建ESXi主机集群

读者使用vSphere Client登录vCenter Server 7.0,然后通过"菜单"导航至"主机和集群"。有关ESXi主机集群详细的创建过程请扫码观看视频或查看文档。

视频:创建ESXi主机集群　　　　文档:创建ESXi主机集群

2. 使用vCenter Server 7.0管理集群中的ESXi主机

读者使用vSphere Client登录vCenter Server 7.0之后,可以针对集群中的ESXi主机进行维护模式管理、主机连接状态管理、主机移除管理和配置主机时间同步等操作。有关ESXi主机管理的详细过程请扫码观看视频或查看文档。

视频:使用vCenter Server 7.0　　　文档:使用vCenter Server 7.0
管理集群中的ESXi主机　　　　　　管理集群中的ESXi主机

任务2-3　升级至vCenter Server 7.0

任务介绍

目前,在实验环境和生产环境中还有大量的设备使用vCenter Server 6.x,从性能、新特性和持续运营的角度,需要考虑将vCenter Server 6.x升级至vCenter Server 7.0。目前,支持vCenter Server 6.5和vCenter Server 6.7直接升级至vCenter Server 7.0;而vCenter

Server 6.x 需要先升级至 vCenter Server 6.5 或 vCenter Server 6.7，然后升级至 vCenter Server 7.0。本任务主要介绍将 vCenter Server 6.7 升级至 vCenter Server 7.0，vCenter Server 6.5 的升级可以参照进行。

任务目标

（1）熟悉 vCenter Server 6.x 升级至 vCenter Server 7.0 的方法和注意事项。

（2）熟练掌握将 vCenter Server 6.7 升级至 vCenter Server 7.0。

任务实施

1. vCenter Server 6.x 升级至 vCenter Server 7.0 的方法和注意事项

（1）vCenter Server 6.x 升级至 vCenter Server 7.0 的方法

vCenter Server 6.x 升级至 vCenter Server 7.0 的方法与新部署 vCenter Server 7.0 的主要方法基本一致，包括基于图形用户界面（GUI）和基于命令行界面（CLI）两种方式，但升级过程与新部署的过程又有所不同，本任务将详细介绍基于图形用户界面（GUI）的升级方式。

（2）vCenter Server Appliance 的 DNS 要求

vCenter Server 6.x 升级至 vCenter Server 7.0 对设备的硬件要求、存储要求、软件要求等与新部署 vCenter Server 7.0 基本一致，请参见任务一中相关内容。此处着重强调升级过程中对 DNS 的要求：在升级过程中，升级程序要求用户提供一个临时 IP 地址，用于与源 vCenter Server 6.x 通信，以便将相关配置导入升级中的 vCenter Server 7.0。当 vCenter Server 7.0 接收完相关配置以后，vCenter Server 7.0 设备会释放此临时 IP 地址并采用旧设备的网络设置，此时升级程序会将源 vCenter Server 6.x 的电源关闭。因此，必须确认源 vCenter Server 6.x 的 IP 地址具有有效的内部域名系统（DNS）注册。在升级过程中，如果安装程序从其 IP 地址中找不到设备的完全限定域名（FQDN），则安装支持 vSphere Client 的 Web 服务器组件会失败，而这个过程是通过查找 PTR 记录来实现的。如果源 vCenter Server 6.x 使用 FQDN 作为设备系统名称，就必须通过添加正向和反向 DNS A 记录来确认 FQDN 可由 DNS 服务器解析。

任务中，vCenter Server 6.7 采用 FQDN 作为设备系统名称，并在 DNS 服务器 10.10.4.253 中做好正向和反向 DNS A 记录。

（3）同步 vSphere 网络连接上的时钟

vSphere 网络中的物理主机时间不同步，则无法在网络计算机之间的通信中将时间敏感的 SSL 证书和 SAML 令牌识别为有效，从而引起身份验证问题，最终导致升级失败或 vCenter Server vmware vpxd 服务无法启动。因此，升级前请参照任务 2-2 中视频操作实现 ESXi 主机时间同步。从 vSphere 6.5 或 6.7 升级至 vSphere 7.0 时，如果 vCenter Server Appliance 连接到外部 Platform Services Controller，请确保运行外部 Platform Services Controller 的 ESXi 主机同步到 NTP 或 PTP 服务器。

(4)升级 vCenter Server Appliance 的必备条件

①如果计划在 ESXi 主机上部署新设备,请确认目标 ESXi 主机未处于锁定模式或维护模式。

②如果计划在由 vCenter Server 管理的 ESXi 主机上部署新设备,请确保目标 ESXi 主机所在集群的 DRS 设置未配置为完全自动化,请将"自动化级别"设置为"手动"或"半自动"。此自动化级别可确保目标 ESXi 主机在升级过程中不会重新引导,避免因此导致升级失败。

③确认要升级的 vCenter Server Appliance 上的端口 22 已打开。升级过程会建立入站 SSH 连接,以从源 vCenter Server Appliance 下载已导出的数据。

④确认要升级的设备所在的源 ESXi 主机上的端口 443 已打开。升级过程会与源 ESXi 主机建立 HTTPS 连接,以确认源设备已准备好进行升级,并在新设备和现有设备之间建立 SSH 连接。

⑤对要升级的 vCenter Server Appliance 创建基于映像的备份或快照,以防在升级过程中出现故障。如果要升级具有外部 Platform Services Controller 部署的 vCenter Server Appliance,请同时对 Platform Services Controller 设备创建基于映像的备份或快照。

(5)升级 vCenter Server Appliance 6.x 所需的信息

vCenter Server Appliance 6.x 升级至 vCenter Server Appliance 7.0 需要提前规划的参数见表 2-8。

表 2-8　vCenter Server Appliance 6.x 升级至 vCenter Server Appliance 7.0 需要提前规划的参数

升级以下对象时需要	所需信息	默认	规划参数
所有部署类型	要升级的源设备的 FQDN 或 IP 地址	—	vcsa67.hnou.com
	源设备的 HTTPS 端口	443	443
	源设备的 vCenter Single Sign-On 管理员用户名。用户名必须为 administrator@your_domain_name 格式,例如 administrator@ vsphere.local	—	—
	vCenter Single Sign-On 管理员用户的密码	—	Root!@2021
	源设备的 root 用户的密码	—	Root!@2021
所有部署类型	要升级的设备所在的源服务器的 FQDN 或 IP 地址。 源服务器可以是 ESXi 主机或 vCenter Server 实例。 注意:源服务器不能是要升级的 vCenter Server Appliance,在此情况下,使用源 ESXi 主机	—	10.10.4.7
	源服务器的 HTTPS 端口	443	443
	对源服务器具有管理特权的用户名。如果源服务器是 ESXi 主机,请使用 root。如果源服务器是 vCenter Server 实例,请使用 user_name@your_domain_name,例如 administrator@vsphere.local	—	root
	对源服务器具有管理特权的用户的密码	—	Root!@2021

（续表）

升级以下对象时需要	所需信息	默认	规划参数
所有部署类型	要部署新设备的目标服务器的 FQDN 或 IP 地址。 目标服务器可以是 ESXi 主机或 vCenter Server 实例。 注意：目标服务器不能是要升级的 vCenter Server Appliance，在这种情况下，可以使用 ESXi 主机作为目标服务器	—	10.10.4.7
	目标服务器的 HTTPS 端口	443	443
	对目标服务器具有管理特权的用户名。如果目标服务器是 ESXi 主机，请使用 root。如果目标服务器是 vCenter Server 实例，请使用 user_name@your_domain_name，例如 administrator@vsphere.local	—	
	对目标服务器具有管理特权的用户的密码	—	Root！@2021
	启用或禁用精简磁盘模式	已禁用	启用
所有部署类型	要将新设备连接到的网络的名称。 注意：安装程序将根据目标服务器的网络设置显示网络下拉菜单。如果将设备直接部署在 ESXi 主机上，则非临时分布式虚拟端口组将不受支持，且不会显示在下拉菜单中。可从要升级的设备所在的源服务器访问该网络。该网络可以从执行部署的物理客户机访问	—	VM Network
	设备临时地址的 IP 版本可以是 IPv4 或 IPv6	IPv4	IPv4
	设备临时地址的 IP 分配可以是静态或 DHCP	静态	静态
所有部署类型	仅当临时 IP 地址使用静态分配时，请使用系统名称管理本地系统，系统名称必须是 FQDN；如果 DNS 服务器不可用，请提供一个静态 IP 地址	—	10.10.4.22
	临时 IP 地址	—	10.10.4.22
	对于 IPv4 版本，这是子网掩码（采用点分十进制表示法）或网络前缀（介于 0 到 32 之间的整数） 对于 IPv6 版本，这是网络前缀（介于 0 到 128 之间的整数）	—	24
	默认网关	—	10.10.4.254
	用逗号分隔的 DNS 服务器	—	10.10.4.253

2. vCenter Server 6.7 升级至 vCenter Server 7.0

在任务中仅介绍基于 GUI 方式将 vCenter Server 6.7 升级至 vCenter Server 7.0，整个升级过程分为两个阶段进行。第 1 阶段部署新的 vCenter Server 设备的 OVA 文件，第 2 阶段传输数据并设置新部署的 vCenter Server Appliance。将 vCenter Server 6.7 升级至 vCenter Server 7.0 的具体过程请扫码观看视频或查看文档。

视频：vCenter Server 6.7 升级至 vCenter Server 7.0-第 1 阶段

文档：vCenter Server 6.7 升级至 vCenter Server 7.0-第 1 阶段

项目2 ● 部署与配置vCenter Server 7.0

视频：vCenter Server 6.7 升级至 vCenter Server 7.0-第2阶段

文档：vCenter Server 6.7 升级至 vCenter Server 7.0-第2阶段

项目实战练习

1. 部署 vCenter Server 7.0 并创建一个至少包含三台 ESXi 主机的虚拟化集群。
2. 参照任务四练习完成从 vCenter Server 6.5 升级至 vCenter Server 7.0。

项目 3
管理与使用 vSphere 网络

项目背景概述

vSphere 数据中心离不开 vSphere 网络支持，vSphere 网络不仅负责交换 ESXi 主机之间、ESXi 主机与 vCenter Server 之间、虚拟机与物理网络之间的数据流量，还要承载 vSphere 高级功能（如 VMotion、HA、FT 等）、vSAN、vSphere Replication 等数据流量。本项目将着重介绍 vSphere 网络架构，vSphere 网络重要虚拟网络设备 vSphere 标准交换机（vSS）和 vSphere 分布式交换机（vDS）的创建、使用和管理。

项目学习目标

知识目标：
1. 熟悉 vSphere 网络的基本架构
2. 掌握 VLAN 隔离 vSphere 网络流量的知识
3. 掌握 vSphere 虚拟机交换机负载均衡的方式

技能目标：
1. 会 vSphere 标准交换机的管理与使用
2. 会 Sphere 分布式交换机的管理与使用

素质目标：
培养学生勇于奋斗，乐观向上，立志创新，谨记"把核心技术和技能掌握在我们自己手中"。

项目环境需求

1. 硬件环境需求

实验计算机四核及以上 CPU，32 GB 及以上内存，不低于 500 GB 硬盘，主板 BIOS 开启硬件虚拟化支持。

2. 操作系统环境需求

实验计算机安装 Windows 10 64 位专业版操作系统。

3. 软件环境需求

实验计算机安装 VMware Workstation 16 Pro。

项目规划设计

（见表 3-1、表 3-2）

表 3-1　　　　　　　　　　　　网络规划设计

设备名称	操作系统	网络适配器	网络适配器模式	IP 地址/掩码长度	网关	备注
实验计算机	Windows 10 Pro	—	—	10.10.4.1/24	10.10.4.254	—
ESXi 1	ESXi 7.0	vmnic 0 vmnic 1	桥接	vmk 0：10.10.4.2/24	10.10.4.254	管理和 vSphere 高级功能流量
		vmnic 2 vmnic 3	NAT	—	—	虚拟机流量
		vmnic 4 vmnic 5	仅主机	vmk 1：192.168.58.2/24	192.168.58.1	vSAN 流量
		vmnic 6 vmnic 7	仅主机	vmk 2：192.168.100.2/24	192.168.100.1	iSCSI、NFS 流量
ESXi 2	ESXi 7.0	vmnic 0 vmnic 1	桥接	vmk 0：10.10.4.3/24	10.10.4.254	管理和 vSphere 高级功能流量
		vmnic 2 vmnic 3	NAT	—	—	虚拟机流量
		vmnic 4 vmnic 5	仅主机	vmk 1：192.168.58.3/24	192.168.58.1	vSAN 流量
		vmnic 6 vmnic 7	仅主机	vmk 2：192.168.100.3/24	192.168.100.1	iSCSI、NFS 流量
ESXi 3	ESXi 7.0	vmnic 0 vmnic 1	桥接	vmk 0：10.10.4.4/24	10.10.4.254	管理和 vSphere 高级功能流量
		vmnic 2 vmnic 3	NAT	—	—	虚拟机流量
		vmnic 4 vmnic 5	仅主机	vmk 1：192.168.58.4/24	192.168.58.1	vSAN 流量
		vmnic 6 vmnic 7	仅主机	vmk 2：192.168.100.4/24	192.168.100.1	iSCSI、NFS 流量
ESXi 4	ESXi 7.0	vmnic 0 vmnic 1	桥接	vmk 0：10.10.4.5/24	10.10.4.254	管理和 vSphere 高级功能流量
		vmnic 2 vmnic 3	NAT	—	—	虚拟机流量
		vmnic 4 vmnic 5	仅主机	vmk 1：192.168.58.5/24	192.168.58.1	vSAN 流量
		vmnic 6 vmnic 7	仅主机	vmk 2：192.168.100.5/24	192.168.100.1	iSCSI、NFS 流量
vCenter Server 7.0	vCenter Server Appliance 7.0	—	—	10.10.4.10/24	10.10.4.254	—

表 3-2　　　　　　　　　　　设备配置规划设计

设备名称	操作系统	CPU 核数	内存/GB	硬盘/GB	用户名	密码
实验计算机	Windows 10 Pro	8	32	1 000	administrator	
ESXi 1	ESXi 7.0	8	16	500	root	Root！@2021
ESXi 2	ESXi 7.0	8	16	500	root	Root！@2021
ESXi 3	ESXi 7.0	8	16	500	root	Root！@2021
ESXi 4	ESXi 7.0	8	16	500	root	Root！@2021
vCenter Server 7.0	vCenter Server Appliance 7.0	2	12		root	Root！@2021

项目知识储备

1. vSphere 网络基本架构

如图 3-1 所示，在 vSphere 网络中包括 vSphere 标准交换机(vSS)、vSphere Distributed Switch(vDS)、标准端口组、分布式端口组等，当然 vSphere 网络最终将接入物理网络以实现资源的交换和共享。

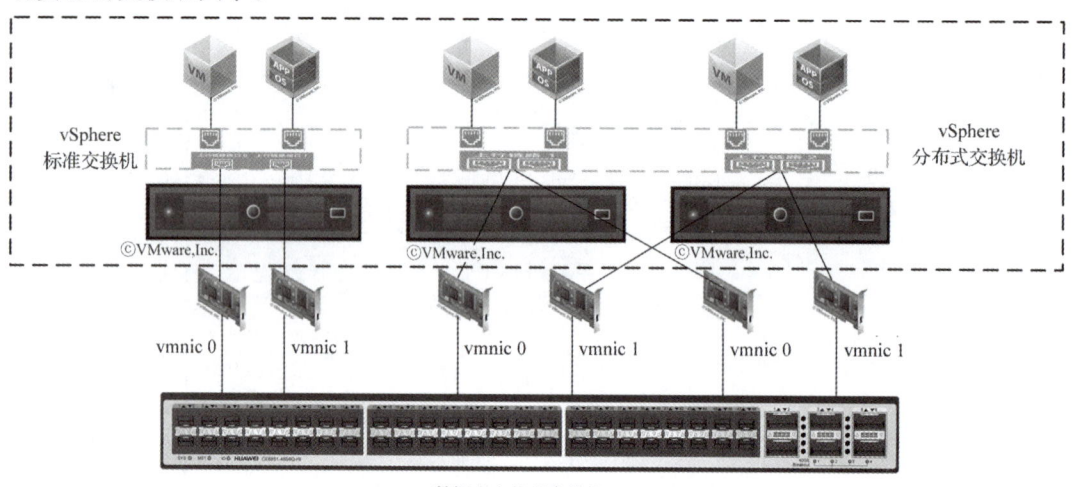

图 3-1　vSphere 网络基本架构

（1）物理网络

物理网络主要包括数据中心的路由交换设备、传输线缆和服务器的网络适配器。从网络南北向看，物理网络主要是将 vSphere 网络数据与数据中心外部网络进行交换；从网络东西向看，物理网络主要是将 vSphere 网络数据在 ESXi 主机之间、vCenter Server 之间等 VMware vSphere 数据中心虚拟化设备或组件之间进行交换，使得 VMware vSphere 数据中心既可以高效地对外输出服务，又具备强大灵活的可扩展性。

（2）vSphere 标准交换机(vSphere Standard Switch, vSS)

vSphere 标准交换机与传统的二层物理以太网交换机功能相似。在 vSphere 标准交换机上，可以创建标准端口组，端口组中的端口与以太网交换机 RJ-45 接口功能基本一致，用来逻辑连接虚拟机，并使用收集的连接信息向正确的虚拟机转发流量。vSphere 标准交换机可使用 ESXi 主机的物理以太网适配器（也称为上行链路适配器）将虚拟网络连接至物理网络，以将 vSphere 标准交换机连接到物理交换机。同一台 vSphere 标准交换机上的虚拟机流量将在虚拟交换机内部实现转发，跨 vSphere 标准交换机的虚拟机流量将经由 vSphere 网络交换至物理网络而后转发至正确的虚拟机。

(3) vSphere 分布式交换机 (vSphere Distributed Switch, vDS)

vSphere 分布式交换机可以基于数据中心创建的关联对应所有 ESXi 主机的单一交换机，以提供虚拟网络的集中式置备、管理以及监控。读者可以在 vCenter Server 系统上配置 vSphere 分布式交换机，该配置将传播至与该交换机关联的所有主机。这使得虚拟机可在跨多台主机进行迁移时确保其网络配置保持一致。

vSphere 中的网络交换机由两个逻辑部分组成：数据平面和管理平面。数据平面可实现数据包交换、筛选和标记等。管理平面是用于配置数据面板功能的控制结构。vSphere 标准交换机同时包含数据平面和管理平面，因此用户可以单独配置和维护每个标准交换机。

vSphere 分布式交换机的数据平面和管理平面相互分离。vSphere 分布式交换机的管理平面驻留在 vCenter Server 系统上，读者可以在数据中心级别管理环境的网络配置。数据平面则保留在与 vDS 关联的每台主机本地。vDS 的数据平面部分称为主机代理交换机。在 vCenter Server（管理平面）上创建的网络配置将被自动向下推送至所有主机代理交换机（数据平面）。

vSphere 分布式交换机网络南北向同样需要与物理网络进行连接，vSphere 分布式交换机通过上行链路端口组或 dvuplink 端口组实现上行链路的连接。上行链路是可用于配置主机物理连接以及故障切换和负载均衡策略的模板。读者可以将 ESXi 主机的物理网卡映射到 vDS 的上行链路。在主机级别，每个物理网卡将连接到特定 ID 的上行链路端口。读者可以对上行链路设置故障切换和负载均衡策略，这些策略将自动传播到主机代理交换机或数据平面。因此，读者可以为与 vDS 关联的所有主机的物理网卡应用一致的故障切换和负载均衡配置。

(4) 标准端口组

在 vSphere 标准交换机上，可以创建若干标准端口组，每个标准端口组中的端口提供连接虚拟机的服务。标准端口组为每个端口指定了诸如宽带限制和 VLAN 标记策略之类的端口配置选项。通常生产环境中将一个标准端口组隔离在一个二层广播域内（划分一个独立的 VLAN），设置虚拟机网络时，考虑是否需要在主机之间的网络中迁移虚拟机。如果需要，请确保两台主机均可访问同一广播域，即相同的 VLAN 标记的端口组。ESXi 不支持在不同广播域内的主机之间进行虚拟机迁移，因为迁移后的虚拟机可能需要新网络中不可访问的系统和资源。

(5) 分布式端口组

分布式端口组与 vSphere 分布式交换机关联，可向虚拟机提供网络连接。读者可使用当前数据中心唯一的网络标签来标识每个分布式端口组。读者可以在分布式端口组上配置网卡绑定、故障切换、负载均衡、VLAN、安全、流量调整和其他策略。连接到分布式端口组的虚拟端口具有为该分布式端口组配置的相同属性。与上行链路端口组一样，在vCenter Server(管理平面)上为分布式端口组设置的配置将通过其主机代理交换机(数据平面)自动传播到vDS上的所有主机。

2. 使用 VLAN 隔离 vSphere 网络流量

通常在 vSphere 网络中，将存在管理、虚拟机、vMotion 等多种类型的数据流量。当前安装了支持 10 Gbit/s、25 Gbit/s、40 Gbit/s 及以上速率的网络适配器的服务器已逐渐成为数据中心主流，多种类型的数据流量可能需要混合使用同一个或一组网络适配器，这样可以降低构建数据中心的成本并提升服务器带宽利用率。因此，为了安全和性能，建议读者合理划分虚拟局域网(VLAN)为各种类型的数据流量在同一物理网络上做逻辑隔离。在 ESXi 中，vSphere 支持三种 VLAN 标记模式：外部交换机标记（EST）、虚拟交换机标记（VST）和虚拟客户机标记（VGT）。

(1) 外部交换机标记（EST）模式

如图 3-2 所示，外部交换机标记（EST）模式由物理交换机为数据流量添加 VLAN 标记，物理交换机端口配置成 access 模式。ESXi 主机仅需将网络适配器接入对应 VLAN 的物理交换机端口，而不需要额外配置。这种方式的优点是 vSphere 网络和虚拟机配置简单，缺点是 ESXi 主机物理网络适配器只允许传输某一个 VLAN 的数据流量。

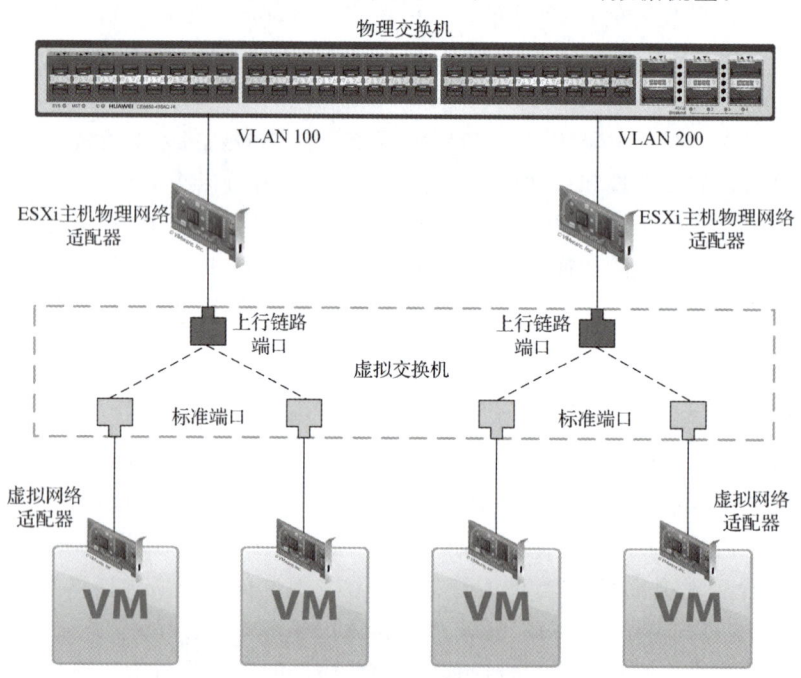

图 3-2　外部交换机标记（EST）模式

(2) 虚拟交换机标记（VST）模式

如图 3-3 所示，虚拟交换机标记（VST）模式由虚拟交换机为数据流量添加 VLAN 标记，物理交换机端口配置成 Trunk 模式。虚拟交换机的端口组设置 VLAN 标记，上行链路端口允许带有相应 VLAN 标记的数据通过，物理交换机连接 ESXi 主机物理网络适配器的端口配置成 Trunk 模式并允许带有相应 VLAN 标记的数据通过。这种方式的优点是多个 VLAN 的数据流量可以共用 ESXi 主机物理网络适配器，缺点是 vSphere 网络和物理交换机配置较复杂。

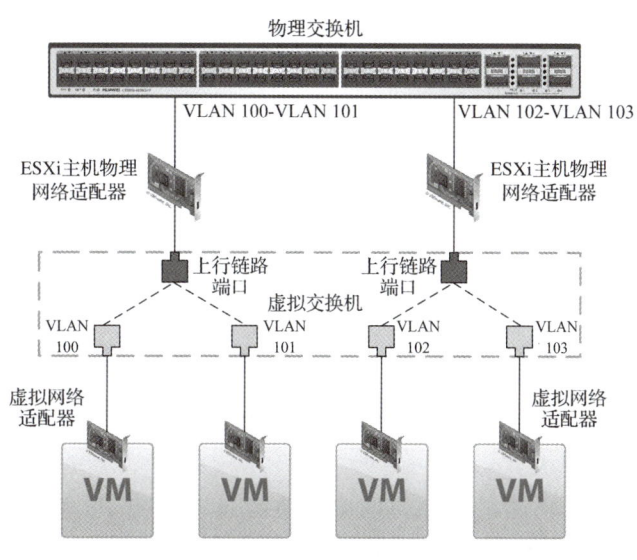

图 3-3 虚拟交换机标记（VST）模式

（3）虚拟客户机标记（VGT）模式

如图 3-4 所示，虚拟客户机标记（VGT）模式由虚拟机添加 VLAN 标记。虚拟交换机在虚拟机网络堆栈和外部交换机之间转发数据包时，会保留 VLAN 标记。ESXi 主机物理网络适配器必须连接到物理交换机上的 Trunk 端口。对于 VGT，必须在虚拟机的客户机操作系统上安装 802.1Q VLAN 中继驱动程序。

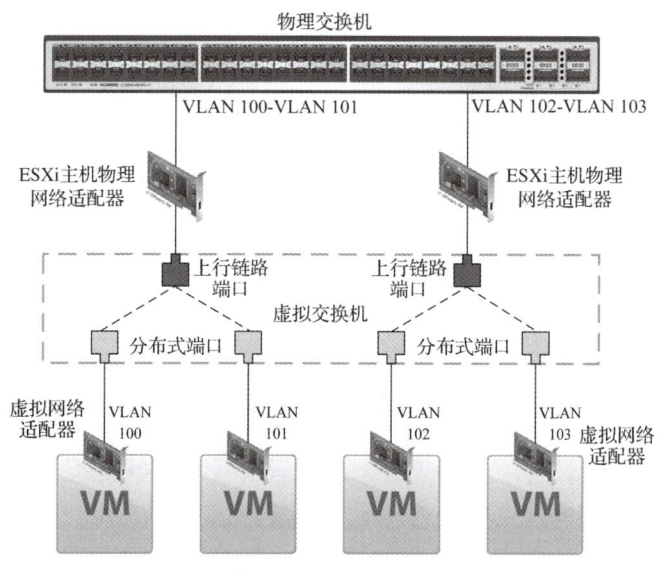

图 3-4 虚拟客户机标记（VGT）模式

3. vSphere 虚拟交换机负载均衡的方式

目前,市场上主流的服务器一般都搭载多个网络适配器,这样 vSphere 虚拟交换机可以充分利用这些网络适配器形成多余上行链路,既可以提升 vSphere 网络的可靠性,又可以灵活地实现负载均衡。

(1) 基于源虚拟端口的路由

基于源虚拟端口的路由是 vSphere 标准交换机和 vSphere 分布式交换机的默认负载均衡方法。ESXi 主机上运行的每台虚拟机在虚拟交换机上都有一个关联的虚拟机端口 ID,虚拟交换机使用虚拟机端口 ID 和网卡组中的上行链路数目计算虚拟机使用的上行链路并绑定。虚拟交换机为虚拟机绑定上行链路后,只要该虚拟机在相同的端口上运行,就会始终通过此同一上行链路转发流量,除非该上行链路故障或者被移除,因此,基于源虚拟端口的路由是静态的负载均衡方式,虚拟交换机无法感知上行链路负载情况动态的迁移流量到空闲或轻负载的上行链路,但是这种方式能提供冗余功能,提高了 vSphere 网络的可靠性。

如图 3-5 所示,在基于源虚拟端口的路由负载均衡模式下,虚拟机 1 和虚拟机 2 与 ESXi 主机物理网络适配器 1 绑定,虚拟机 3 和虚拟机 4 与 ESXi 主机物理网络适配器 2 绑定。由于虚拟交换机无法感知上行链路的负载情况,仅当 ESXi 主机物理网络适配器 1 及其上行链路故障时,虚拟机 1 和虚拟机 2 的数据流量才会迁移至 ESXi 主机物理网络适配器 2 上,如图 3-6 所示。

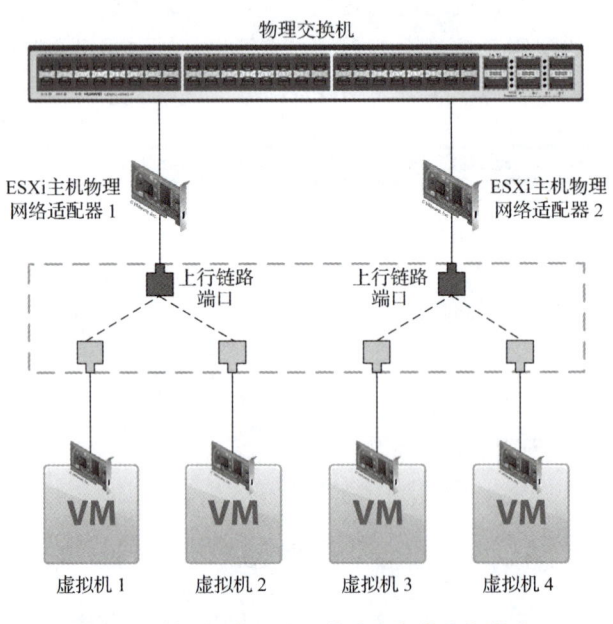

图 3-5 基于源虚拟端口的路由负载均衡模式

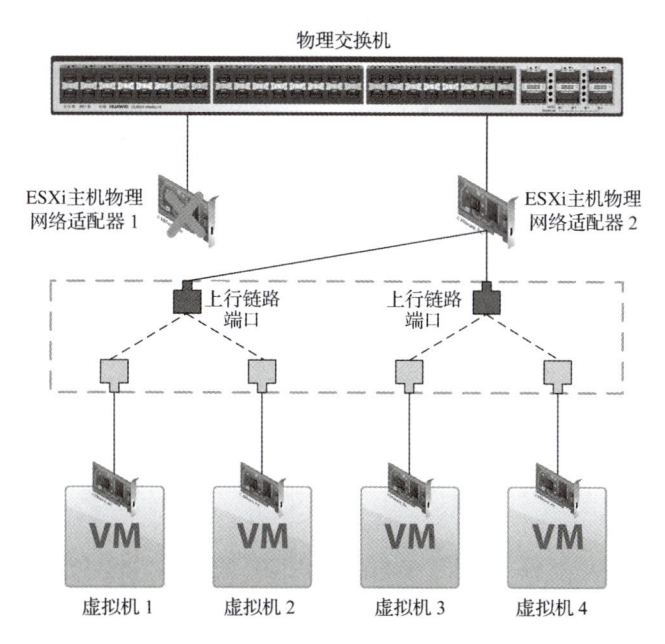

图 3-6　基于源虚拟端口的路由上行链路故障切换

使用基于源虚拟端口的路由负载均衡模式的优缺点见表 3-3。

表 3-3　　　　　　　基于源虚拟端口的路由负载均衡模式的优缺点

优点	1. 当组中虚拟网卡数大于物理网卡数时，流量分布均匀； 2. 资源消耗低，因为在大多数情况下，虚拟交换机仅计算一次虚拟机的上行链路； 3. 无须在物理交换机上进行更改
缺点	1. 虚拟交换机无法识别上行链路的流量负载，且不会对很少使用的上行链路的流量进行负载平衡； 2. 虚拟机可用的带宽受限于与相关端口 ID 关联的上行链路速度，除非该虚拟机具有多个虚拟网卡

(2) 基于源 MAC 哈希的路由

在基于源 MAC 哈希的路由负载均衡模式下，虚拟交换机使用虚拟机 MAC 地址和网卡组中的上行链路数目计算虚拟机使用的上行链路并做绑定。虚拟交换机为虚拟机绑定上行链路后，只要该虚拟机 MAC 地址不变，就会始终通过此同一上行链路转发流量，除非该上行链路出现故障或者被移除，因此，基于源 MAC 哈希的路由是静态的负载均衡方式，虚拟交换机无法感知上行链路负载情况动态的迁移流量到空闲或轻负载的上行链路，但是这种方式能提供冗余功能，提高了 vSphere 网络的可靠性。

如图 3-7 所示，在基于源 MAC 哈希的路由负载均衡模式下，虚拟机 1 和虚拟机 2 与 ESXi 主机物理网络适配器 1 绑定，虚拟机 3 和虚拟机 4 与 ESXi 主机物理网络适配器 2 绑定。由于虚拟交换机无法感知上行链路的负载情况，仅当 ESXi 主机物理网络适配器 1 及其上行链路故障时，虚拟机 1 和虚拟机 2 的数据流量才会迁移至 ESXi 主机物理网络适配器 2 上，如图 3-8 所示。

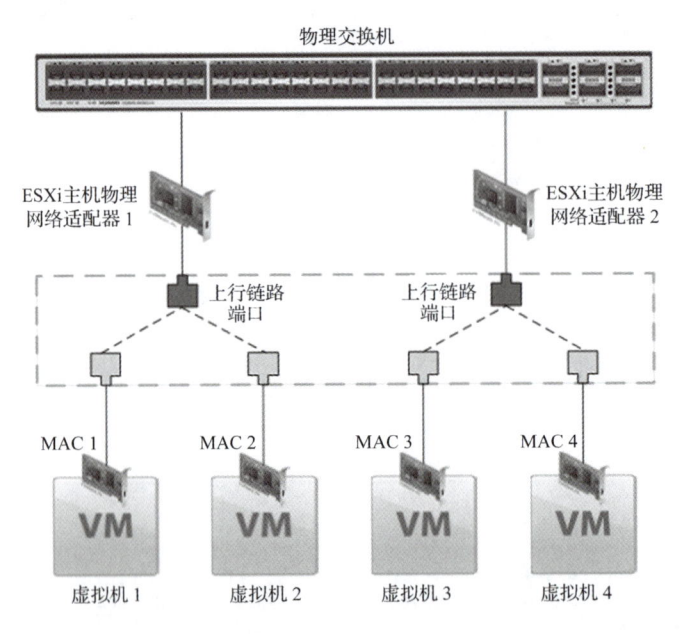

图 3-7 基于源 MAC 哈希的路由负载均衡模式

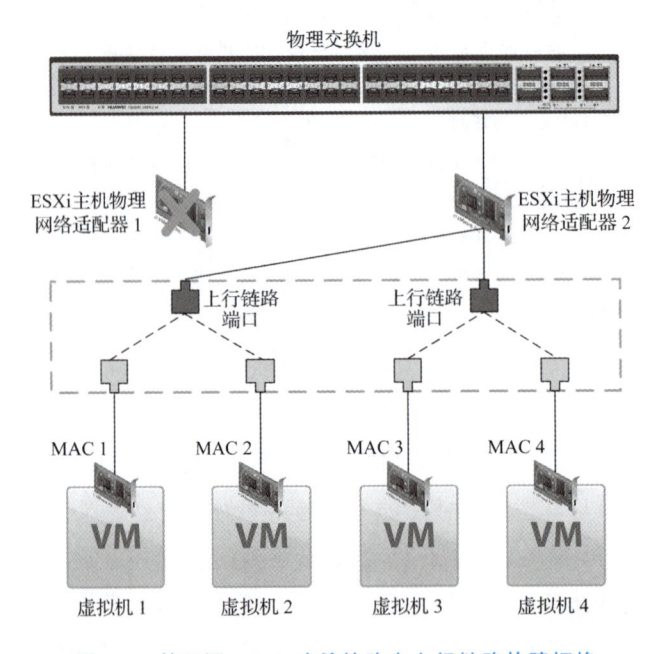

图 3-8 基于源 MAC 哈希的路由上行链路故障切换

如图 3-9 所示,在基于源 MAC 哈希的路由负载均衡模式下还存在一种特殊情况,当虚拟机有多块虚拟网络适配器(有多个源 MAC 地址)时,此时一台虚拟机可以同时绑定多条上行链路。虚拟机 2 和虚拟机 3 分别都有两块虚拟网络适配器,分别对应两个不同的源 MAC 地址,因此通过算法计算虚拟机 2 和虚拟机 3 分别绑定到两条上行链路。

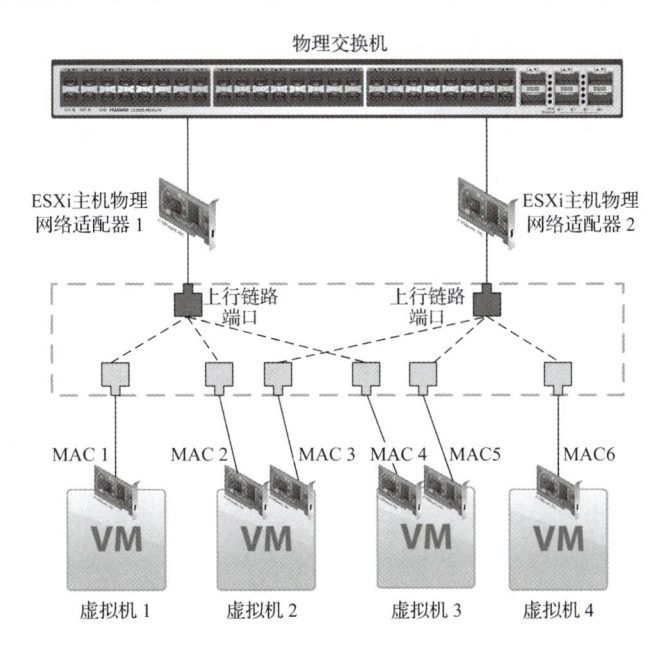

图 3-9　基于源 MAC 哈希的路由负载均衡模式（多网卡情况）

使用基于源 MAC 哈希的路由负载均衡模式的优缺点见表 3-4。

表 3-4　　　　　　　　基于源 MAC 哈希的路由负载均衡模式的优缺点

优点	1. 与基于源虚拟端口的路由相比，可更均匀地分布流量，因为虚拟交换机会计算每个数据包的上行链路； 2. 虚拟机会使用相同的上行链路，因为源 MAC 地址是静态地址。启动或关闭虚拟机不会更改虚拟机使用的上行链路； 3. 无须在物理交换机上进行更改
缺点	1. 可用于虚拟机的带宽受限于与相关端口 ID 关联的上行链路速度，除非该虚拟机使用多个源 MAC 地址； 2. 资源消耗比基于源虚拟端口的路由更高，因为虚拟交换机会计算每个数据包的上行链路； 3. 虚拟交换机无法识别上行链路的负载，因此上行链路可能会过载

（3）基于 IP 哈希的路由

在基于 IP 哈希的路由负载均衡模式下，虚拟交换机可根据每个数据包的源和目标 IP 地址选择虚拟机的上行链路。要计算虚拟机的上行链路，虚拟交换机会获取数据包中源和目标 IP 地址的最后一个八位字节并对其执行异或运算，然后根据网卡组中的上行链路数将所得的结果用于另一个计算。结果是一个介于零和组中上行链路数减一之间的数字。例如，如果网卡组有四个上行链路，则结果是一个介于 0 和 3 之间的数字，因为每个数字与组中的一个网卡相关联。任何虚拟机都可根据源和目标 IP 地址使用网卡组中的任意上行链路。因此，每台虚拟机都可以使用网卡组中任意上行链路的带宽。如果虚拟机在包含大量独立虚拟机的环境中运行，则 IP 哈希算法可在组中的网卡之间均匀地分布流量。当虚拟机与多个目标 IP 地址通信时,虚拟交换机可为每个目标 IP 生成不同的哈希。因此,数据包可以使用虚拟交换机上的不同上行链路,从而实现更高的吞吐量。但是,如果环境中包含的 IP 地址较少,则虚拟交换机可能会始终通过组中的同一个上行链路传递流量。例如,如果一个应用程序服务器访问一个数据库服务器,则虚拟交换机会始终计算同一个上行链路,因为只存在一个源-目标对。

要确保 IP 哈希负载平衡运行正常,必须在物理交换机上配置以太网通道。以太网通道可以将多个网络适配器合并到单条逻辑链路中。如果将多个端口绑定到一个以太网通道,则每次物理交换机接收不同端口上同一虚拟机源 MAC 地址发出的数据包时,物理交换机会正确更新源 MAC 地址表,以确保数据能正常交换。在物理交换机上配置以太网通道,需要关注以下要点:

①ESXi 主机支持在单个物理交换机或堆叠交换机上配置以太网通道以实现 IP 哈希绑定。

②ESXi 主机仅支持静态模式下的 802.3ad 以太网通道链路聚合,只能将静态以太网通道与 vSphere 标准交换机配合使用,不支持 LACP。如果启用 IP 哈希负载均衡,但无 802.3ad 以太网通道链路聚合(或者相反),则可能会遇到网络中断。

③以太网通道中的端口数必须与组中的上行链路数相同。

如图 3-10 所示,在基于 IP 哈希的路由负载均衡模式下,每台虚拟机都可能与 ESXi 主机物理网络适配器 1 和 ESXi 主机物理网络适配器 2 绑定,当 ESXi 主机物理网络适配器 1 及其上行链路出现故障时,所有虚拟机的数据流量都会迁移至 ESXi 主机物理网络适配器 2 上,如图 3-11 所示。

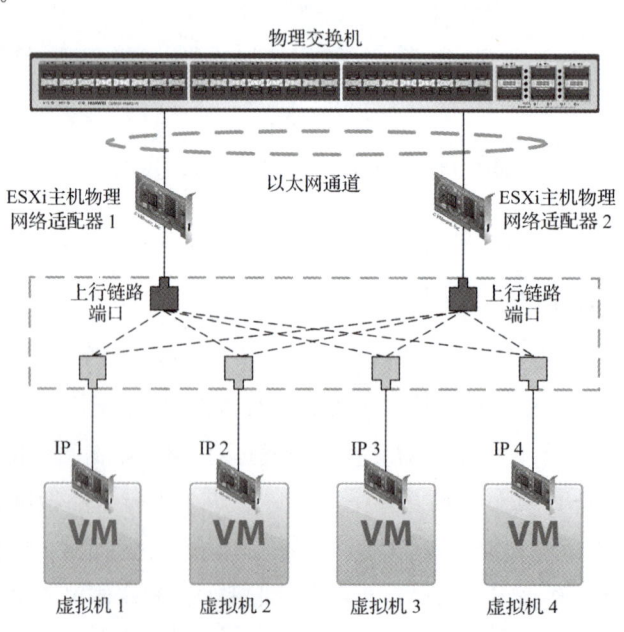

图 3-10 基于 IP 哈希的路由负载均衡模式

物理交换机

ESXi主机物理网络适配器1　　以太网通道　　ESXi主机物理网络适配器2

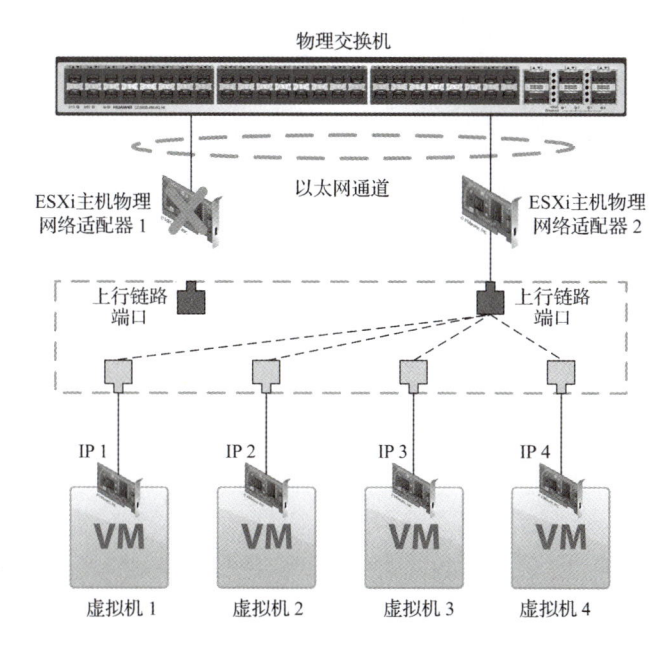

上行链路端口　　　　　　　　　　　上行链路端口

IP 1　　IP 2　　IP 3　　IP 4

VM　　VM　　VM　　VM

虚拟机1　虚拟机2　虚拟机3　虚拟机4

图 3-11　基于 IP 哈希的路由上行链路故障切换

使用基于 IP 哈希的路由负载均衡模式的优缺点见表 3-5。

表 3-5　　　　　　　　　基于 IP 哈希的路由负载均衡模式的优缺点

优点	1. 与基于源虚拟端口的路由和基于源 MAC 哈希的路由相比,可更均匀地分布负载,因为虚拟交换机会计算每个数据包的上行链路; 2. 与多个 IP 地址通信的虚拟机能实现更高的吞吐量
缺点	1. 与其他负载均衡算法相比,资源消耗最高; 2. 虚拟交换机无法识别上行链路的实际负载; 3. 需要在物理网络上进行更改; 4. 故障排除较为复杂

(4) 基于物理网卡负载的路由

在基于物理网卡负载的路由负载均衡方法中,以基于源虚拟端口的路由为基础,其中虚拟交换机将检查上行链路的实际负载,并采取措施以减少过载上行链路上的负载,这种负载均衡方法仅适用于 vDS。vDS 将使用虚拟机端口 ID 和网卡组中的上行链路数来计算虚拟机的上行链路,然后 vDS 将每 30 秒测试一次上行链路,如果上行链路负载的利用率超过75%,则拥有最高 I/O 的虚拟机的端口 ID 将迁移到其他上行链路。因此,基于物理网卡负载的路由负载均衡方法是一种动态的负载均衡。

如图 3-12 所示,在基于物理网卡负载的路由负载均衡模式下,初始时虚拟机1和虚拟机2 与 ESXi 主机物理网络适配器1绑定,虚拟机3和虚拟机4与 ESXi 主机物理网络适配器2绑定。由于虚拟交换机可以感知上行链路的负载情况,当 ESXi 主机物理网络适配器1及其上行链路利用率超过 75 %时,虚拟交换机将 I/O 较高的虚拟机2的数据流量迁移至ESXi 主机物理网络适配器2上,如图 3-13 所示。

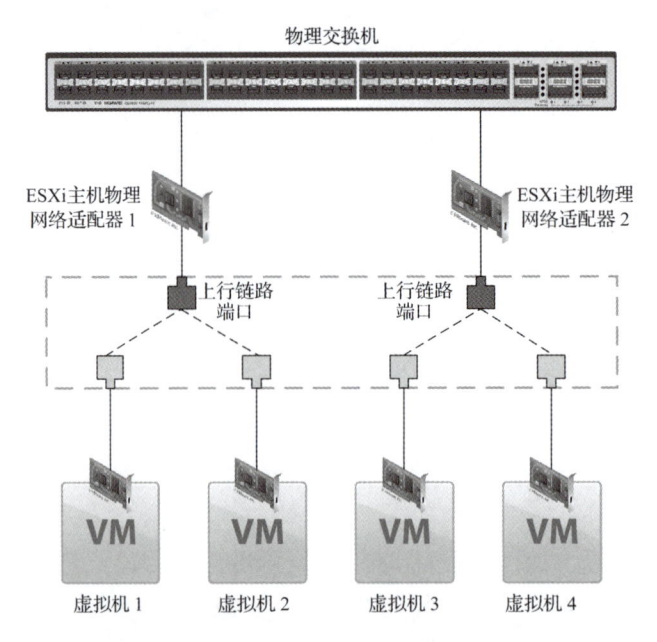

图 3-12　基于物理网卡负载的路由负载均衡模式

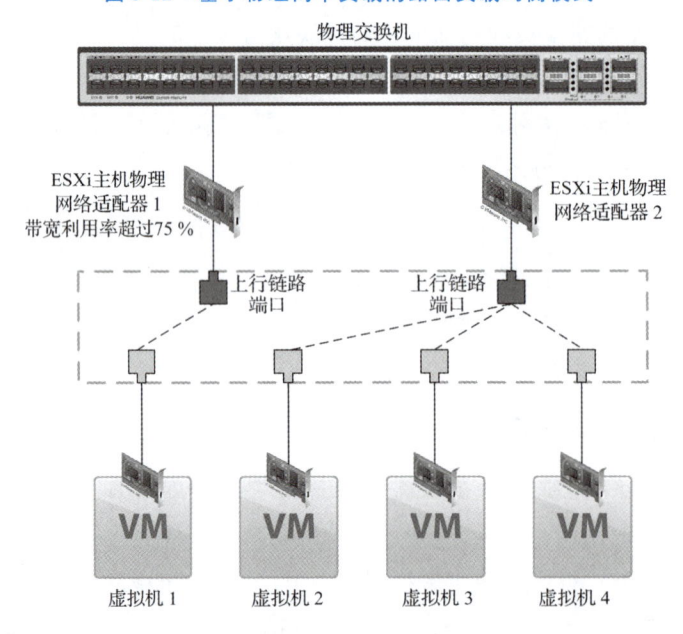

图 3-13　基于物理网卡负载的路由上行链路故障切换

使用基于物理网卡负载的路由负载均衡模式的优缺点见表 3-6。

表 3-6　基于物理网卡负载的路由负载均衡模式的优缺点

优点	1. 资源消耗低，因为 vDS 仅计算一次虚拟机的上行链路并检查影响最小的上行链路； 2. vDS 可识别上行链路的负载，并在需要时负责减少其负载； 3. 无须在物理交换机上进行更改
缺点	可用于虚拟机的带宽受限于与 vDS 连接的上行链路速度

任务 3-1　管理与使用 vSphere 标准交换机

任务介绍

vSphere 标准交换机是中小型 vSphere 数据中心组网中常用的虚拟网络设备，本任务将详细介绍 vSphere 标准交换机的创建、管理和使用。

任务目标

（1）熟练掌握 vSphere 标准交换机的创建。
（2）熟练掌握 vSphere 标准交换机的管理和使用。

任务实施

1. 创建 vSphere 标准交换机

读者通过 vSphere Client 登录 vCenter Server 7.0，如图 3-14 所示，单击主机和集群清单中的 ESXi 主机"10.10.4.2"，接着依次单击"配置—虚拟交换机—标准交换机 vSwitch 0"。在安装 ESXi 系统过程中，自动创建了一个 vSphere 标准交换机 vSwitch 0、一个用于管理的 VMkernel 端口、一个关联虚拟机的标准端口组 VM Network。vSwitch 0 关联的物理网络适配器是在 ESXi 系统安装过程中选定的，目前仅关联了一个物理网络适配器 vmnic 0。

图 3-14　查看 vSphere 标准交换机 vSwitch 0

如图 3-15 所示，单击界面右上角"添加网络..."，弹出"10.10.4.2－添加网络"界面，如图 3-16 所示，在步骤"1 选择连接类型"中，选中"VMkernel 网络适配器"。

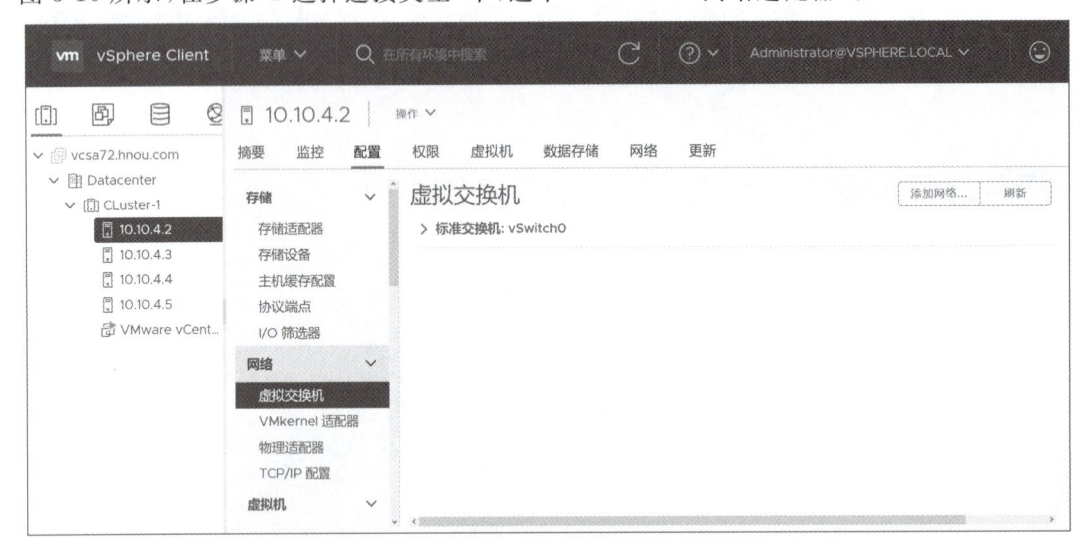

图 3-15 创建 vSphere 标准交换机 1

图 3-16 创建 vSphere 标准交换机 2

VMkernel 网络适配器是一个三层的网络端口，它负责处理 vSphere vMotion、IP 存储、Fault Tolerance、vSAN 等服务的系统流量。读者还可以在源和目标 vSphere Replication 主机上创建 VMkernel 网络适配器，以隔离或复制数据流量。VMkernel 网络适配器有以下四个级别的 TCP/IP 堆栈：

(1) 默认 TCP/IP 堆栈

为 vCenter Server 与 ESXi 主机之间的流量管理和 vSphere vMotion、IP 存储、Fault Tolerance 等服务的系统流量提供网络支持。

(2)vMotion TCP/IP 堆栈

为虚拟机实时迁移的流量提供支持。使用 vMotion TCP/IP 可以为 vMotion 流量提供更好的隔离(有关 vMotion 的知识将在后文中详细介绍)。在 vMotion TCP/IP 堆栈上创建 VMkernel 适配器后,只能将此堆栈用于此主机上的 vMotion,此时默认 TCP/IP 堆栈上的 VMkernel 适配器对 vMotion 的服务均将被禁用。如果某个实时迁移正在使用默认 TCP/IP 堆栈执行迁移操作,而读者此时使用 vMotion TCP/IP 堆栈配置了 VMkernel 适配器,则正在进行中的迁移操作仍会成功完成。但是,默认 TCP/IP 堆栈上的 VMkernel 适配器对未来 vMotion 的迁移将处于禁用状态。

(3)置备 TCP/IP 堆栈

支持虚拟机冷迁移、克隆和快照迁移的流量(有关克隆和快照的知识将在后文中详细介绍)。在远距离 vMotion 期间,可以使用置备 TCP/IP 处理网络文件复制(Network File Copy,NFC)流量。NFC 为 vSphere 提供文件特定的 FTP 服务。ESXi 主机使用 NFC 在数据存储之间复制和移动数据。使用置备 TCP/IP 堆栈配置的 VMkernel 适配器会处理在长途 vMotion 中克隆已迁移虚拟机的虚拟磁盘的流量。置备 TCP/IP 堆栈可用于隔离单独网关上克隆操作的流量。使用置备 TCP/IP 堆栈配置 VMkernel 适配器后,默认 TCP/IP 堆栈上的所有适配器对置备流量均处于禁用状态。

(4)自定义 TCP/IP 堆栈

读者可以添加 VMkernel 级别的自定义 TCP/IP 堆栈,并通过自定义应用程序处理特定的网络流量。

单击图 3-16 中的"NEXT",进入步骤"2 选择目标设备",如图 3-17 所示,选中"新建标准交换机",参数"MTU(字节)"保持默认数值不变。MTU(Maximum Transmission Unit,最大传输单元),表征一个物理网段最大能传输的数据帧大小。

图 3-17 创建 vSphere 标准交换机 3

单击图 3-17 中的"NEXT",进入步骤"3 创建标准交换机",如图 3-18 所示。

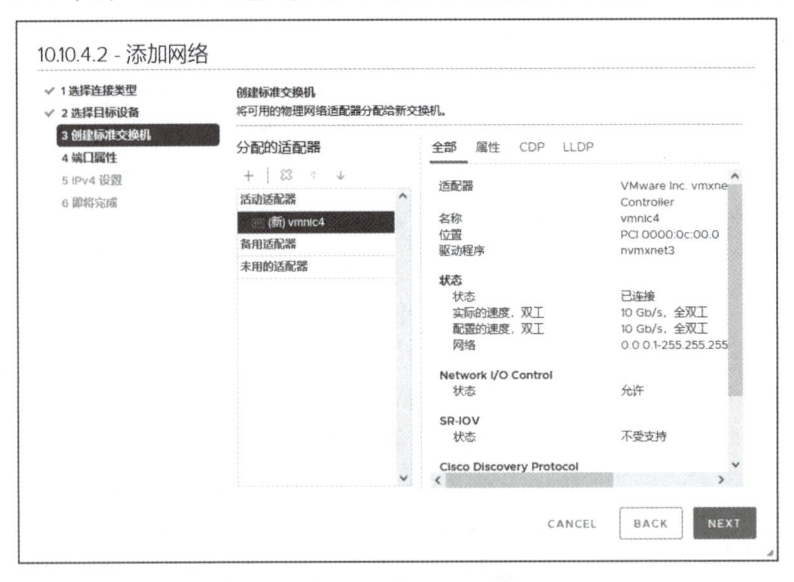

图 3-18　创建 vSphere 标准交换机 4

单击"分配的适配器"下方的"＋",弹出"将物理网络适配器添加到交换机"界面,如图 3-19 所示。根据规划每台 ESXi 主机有八个网络适配器,其中 vmnic 4 和 vmnic 5 用于 vSAN 流量,按住"Ctrl"键同时单击 vmnic 4 和 vmnic 5,选择两块网卡,单击"确定",如图 3-20 所示,两块网卡全部添加到"活动适配器"组中。

图 3-19　创建 vSphere 标准交换机 5

上行链路适配器可以根据需要放置在三个不同的适配器组中,每个适配器组的介绍见表 3-7。

图 3-20　创建 vSphere 标准交换机 6

表 3-7　有关上行链路适配器组的介绍

选项	描述
活动适配器	如果网络适配器连接运行正常并处于活动状态，则继续使用上行链路
备用适配器	如果其中一个活动适配器停机，则使用此上行链路
未用的适配器	不使用此上行链路

单击图 3-20 中的"NEXT"，进入步骤"4 端口属性"，如图 3-21 所示，在"VMkernel 端口设置"的"网络标签"中按照规划输入"vmk 1"；由于所有 ESXi 主机的网卡都是 VMware Workstation 创建的虚拟网卡，并没有接入真实的物理交换网络环境，因此"VLAN ID"选择"无(0)"；"IP 设置"选择"IPv4"，此处支持 IPv6、IPv4 和 IPv6 双栈设置，读者可根据需要来选择；"TCP/IP 堆栈"选择"默认"，"已启用的服务"勾选"vSAN"。

图 3-21　创建 vSphere 标准交换机 7

VMkernel 可以支持多种服务,每种服务代表一种标准的系统流量。通常从安全和性能的角度,建议分别创建不同的 VMkernel 来承载不同的服务,有关服务的介绍见表 3-8。

表 3-8　　　　　　　　　　　　VMkernel 可以支持的服务

服务	描述
vMotion	允许 VMkernel 适配器向另一台主机播发声明,自己就是发送 vMotion 流量所应使用的网络连接。如果未对默认 TCP/IP 堆栈上的任意 VMkernel 适配器启用 vMotion 服务,或者根本不存在使用 vMotion TCP/IP 堆栈的适配器,将不能使用 vMotion 迁移到选定的主机
置备	处理虚拟机冷迁移、克隆和快照迁移传输的数据
Fault Tolerance 日志记录	在主机上启用 Fault Tolerance 日志记录,对每台主机的 FT 流量只能使用一个 VMkernel 适配器
管理	为主机和 vCenter Server 启用管理流量;通常,安装 ESXi 软件后,主机将创建这样的 VMkernel 适配器;可以为主机上的管理流量创建其他 VMkernel 适配器以提供冗余
vSphere Replication	处理从源 ESXi 主机发送到 vSphere Replication 服务器的出站复制数据
vSphere Replication NFC	处理目标复制站点上的入站复制数据
vSAN	在主机上启用 vSAN 流量,属于 vSAN 集群的每台主机都必须具有这样的 VMkernel 适配器
vSphere Backup NFC	处理目标备份站点上的备份数据

单击图 3-21 中的"NEXT",进入步骤"5 IPv4 设置",如图 3-22 所示,选择"使用静态 IPv4 设置",根据规划分别填写"IPv4 地址"、"子网掩码"和"默认网关"。

图 3-22　创建 vSphere 标准交换机 8

单击图 3-22 中的"NEXT",进入步骤"6 即将完成",如图 3-23 所示,读者再次核对标准交换机的设置参数,然后单击"FINISH"。

图 3-23　创建 vSphere 标准交换机 9

创建完成的 vSphere 标准交换机 vSwitch 1,如图 3-24 所示。

图 3-24　创建 vSphere 标准交换机 10

2. 创建标准端口组

单击图 3-15 中界面右上角的"添加网络…",弹出"10.10.4.2－添加网络"界面,如图 3-25 所示,进入步骤"1 选择连接类型",选择"标准交换机的虚拟机端口组"。

单击图 3-25 中的"NEXT",进入步骤"2 选择目标设备",如图 3-26 所示,选择"新建标准交换机",根据规划创建标准交换机用于承载虚拟机的业务流量,"MTU(字节)"保持默认值。

单击图 3-26 中的"NEXT",进入步骤"3 创建标准交换机",根据规划将网卡 vmnic 2 和 vmnic 3 分配给交换机,如图 3-27 所示。

图 3-25　创建标准端口组 1

图 3-26　创建标准端口组 2

图 3-27　创建标准端口组 3

单击图 3-27 中的"NEXT",进入步骤"4 连接设置",如图 3-28 所示,由于实验环境中的 ESXi 主机网卡都是虚拟网卡并没有接入真实的交换网络环境,因此无法创建带 VLAN 标记的有效网络。此处"网络标签"和"VLAN ID"保持默认值。

图 3-28 创建标准端口组 4

单击图 3-28 中的"NEXT",进入步骤"5 即将完成",如图 3-29 所示,读者核对配置参数,然后单击"FINISH"。创建完成的带标准端口组的标准交换机,如图 3-30 所示。

图 3-29 创建标准端口组 5

图 3-30 创建标准端口组 6

3. 管理与使用 vSphere 标准交换机

如图 3-31 所示,单击标准交换机 vSwitch 1 的"编辑",编辑设置标准交换机的属性、安全、流量调整以及绑定和故障切换。

图 3-31　编辑设置 vSphere 标准交换机 1

如图 3-32 所示，读者在"属性"界面中可以看到端口数显示为"弹性"，默认端口数为 8，根据"弹性"原则分配了所有端口后，将创建一组新的 8 个端口，标准交换机的端口数将按比例自动增加或减少。读者可以设置标准交换机的"MTU（字节）"，标准的以太网 MTU 值为 1 500，有时为了提升网络传输效率，读者可以通过设置大于 1 500 的 MTU 值启用巨帧，但是设置的 MTU 值不能超过 9 000 字节，在生产环境中启用巨帧功能时需要物理网络适配器和物理交换机支持巨帧功能。

图 3-32　编辑设置 vSphere 标准交换机 2

如图 3-33 所示，读者在"安全"界面中可以设置接受或拒绝"混杂模式"、"MAC 地址更改"和"伪传输"，此处保持三个选项的默认值。在进行故障定位分析时，可根据需要将"混杂模式"设置为"接受"。有关三个选项选择拒绝或接受的效果见表 3-9。

图 3-33　编辑设置 vSphere 标准交换机 3

表 3-9　　　　　　　　　安全界面中三个选项选择拒绝或接受的效果

混杂模式	拒绝	在客户机操作系统中将适配器置于混杂模式,不会导致接收其他虚拟机的帧
	接受	如果在客户机操作系统中将适配器置于混杂模式,则交换机将允许客户机适配器按照该适配器所连接到的端口上的活动 VLAN 策略接收在交换机上传输的所有帧。防火墙、端口扫描程序、入侵检测系统等必须在混杂模式下运行
MAC 地址更改	拒绝	如果将此选项设置为拒绝,并且客户机操作系统将适配器的 MAC 地址更改为不同于.vmx 配置文件中的地址,则交换机会丢弃所有传输到虚拟机适配器的入站帧。如果客户机操作系统恢复 MAC 地址,则虚拟机将再次收到帧
	接受	如果客户机操作系统更改了适配器的 MAC 地址,则适配器会将帧接收到其新地址
伪传输	拒绝	如果任何出站帧的 MAC 地址不同于.vmx 配置文件中的 MAC 地址,则交换机会丢弃该出站帧
	接受	交换机不执行筛选,允许所有出站帧通过

如图 3-34 所示,读者在"流量调整"界面中可以设置"平均带宽"、"峰值带宽"和"突发大小",通过流量调整可以影响标准交换机上的出站流量和分布式交换机上的入站和出站流量。其中,"平均带宽"是指单位时间内允许的平均负载,"峰值带宽"是指端口发送或接收突发流量时,每秒允许通过端口的最大位数,"突发大小"是指突发流量中所允许的最大字节数。界面中的"状态"默认是禁用,说明没有启用流量调整策略,此处保持默认值。读者可以根据实际需要启用流量调整策略并设置合适的"平均带宽"、"峰值带宽"和"突发大小",注意"峰值带宽"不能小于"平均带宽"。

图 3-34　编辑设置 vSphere 标准交换机 4

如图 3-35 所示,读者在"绑定和故障切换"界面中可以设置"负载均衡"、"网络故障检测"、"通知交换机"和"故障恢复"。任务中保持各项默认值不变,读者可根据实际需要自行设置,下面详细介绍每个选项的具体作用。

读者在创建 vSwitch 1 的过程中根据规划分配了 vmnic 4 和 vmnic 5 两块网卡关联至 vSwitch 1,两块网卡默认都在活动适配器列表中,形成一个网卡组。通过在网卡组中绑定两块及以上的网卡将增加虚拟交换机上行链路网络带宽并提高网络可靠性。在同一个网卡组中,网络流量如何分布由负载均衡策略决定。在"vSphere 虚拟交换机负载均衡的方式"一节中详细介绍了负载均衡的方式,此处不再赘述。

网络故障检测包含两种方式:一种是"仅链路状态",这种方式仅检测网络适配器的物理连接状态,如线缆被拔出、ESXi 主机连接的物理交换机故障导致物理链路中断等,这种方式无法检测生成树协议(STP)阻止端口、VLAN 配置错误等问题。需要特别注意的是,在使

图 3-35　编辑设置 vSphere 标准交换机 5

用 VMware Workstation 嵌套部署 vSphere 虚拟环境时，由于 ESXi 主机的各个网络适配器都是虚拟而成的，无法通过物理方式进行网络适配器故障实验，因此可通过 ESXCLI 命令方式禁用虚拟网络适配器，使得虚拟交换机可以检测到上行链路故障以触发故障恢复策略；另一种是"信标探测"，这种方式发出并侦听物理网卡发送的以太网广播帧或信标探测，以检测组中所有物理网卡中存在的链路故障。"信标探测"适用于三块及以上网卡的网卡组，并允许出现 n−2 个故障，n 为网卡组的网卡数量（n 大于等于 3）。

通知交换机策略是指当 ESXi 主机检测到故障时会采用故障恢复策略进行故障切换。当 ESXi 主机把流量切换到网卡组中的其他网卡时，虚拟交换机将向物理交换机发送相关通知消息，告知物理交换机及时更新 MAC 地址表，这样可以有效减少故障切换或使用 vSphere vMotion 进行迁移的延时。

故障恢复策略是指在网卡组中主用网卡发生故障时，将流量切换至组中正常可用网卡或备用适配组可用网卡，确保业务快速恢复的一种策略。当主用网卡恢复后，若"故障恢复"设置为"是"，则流量切换回主用网卡，反之，则流量不切换回主用网卡直到当前在用网卡故障。需要特别注意的是，当故障切换顺序中排在首位的主用网卡持续间歇性故障，由于故障恢复策略的作用将可能导致流量在不同网卡之间频繁切换，这可能会引入额外的业务延时或导致业务中断，因此诸如 iSCSI、NFS 网络存储类业务不建议启用故障恢复策略。另外，物理交换机的配置也可能引入额外的故障恢复延时，因此建议在接入 ESXi 主机的物理交换机端口关闭 STP（生成树协议）或者把端口设置为边缘端口，这样可以减少端口状态改变时历经的状态转换时间。

VMkernel 端口和标准端口组默认将继承 vSphere 标准交换机的配置。读者按照任务示例完成 vSwitch 1 的编辑设置后，如图 3-36 所示，在 vSwitch 1 拓扑图中单击 VMkernel 端口 vmk 1，图中显示 vmk 1 同时关联 vmnic 4 和 vmnic 5 两块网卡，但由于图 3-35 中选用的负载均衡策略是基于源虚拟端口的路由，因此实际上用于承载 vmk 1 数据流量的只有其中一块网卡。

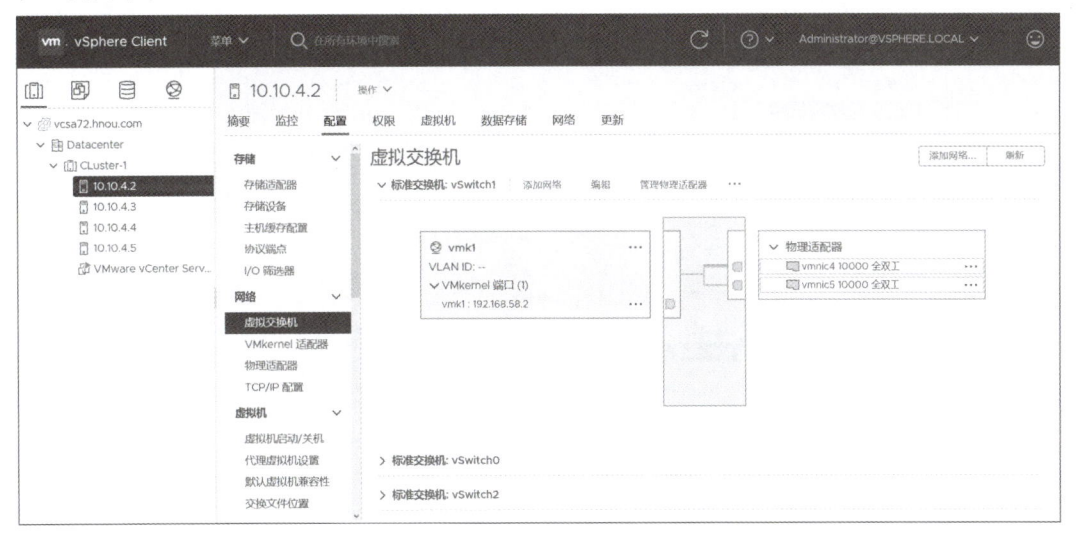

图 3-36 编辑设置 vSphere 标准交换机 6

根据规划 vmk 1 将承载 vSAN 的流量,下面通过单独编辑设置 vmk 1 替换从 vSwitch 1 继承过来的"绑定和故障切换"策略。如图 3-37 所示,单击拓扑图中 vmk 1 右侧的"...",然后单击"编辑设置"。

图 3-37 编辑设置 vSphere 标准交换机 7

如图 3-38 所示,在弹出的"vmk 1-编辑设置"界面中,选中所有选项后面的"替代"复选框,表示用 vmk 1 的端口设置替代从 vSwitch 1 继承过来的设置,将"故障恢复"设置为"否",避免因网卡间歇性故障导致 vSAN 流量频繁切换,在"故障切换顺序"中,单击 vmnic 5,然后通过界面的下移箭头,将 vmnic 5 从活动适配器网卡组移动至备用适配器网卡组,这样 vmni4 将成为主用网卡,vmnic 5 成为备用网卡,当 vmnic 4 自身或其关联的上行链路发生故障时,流量自动切换至 vmnic 5,当 vmnic 4 自身或其关联的上行链路恢复后,流量仍在备用网卡上路由而不会切换回 vmnic 4,直至 vmnic 5 自身或其关联的上行链路发生故障。

图 3-38 编辑设置 vSphere 标准交换机 8

读者再次单击 vSwitch 1 拓扑图中的 vmk 1,如图 3-39 所示,vmk 1 仅关联 vmnic 4,现在进行故障模拟测试。

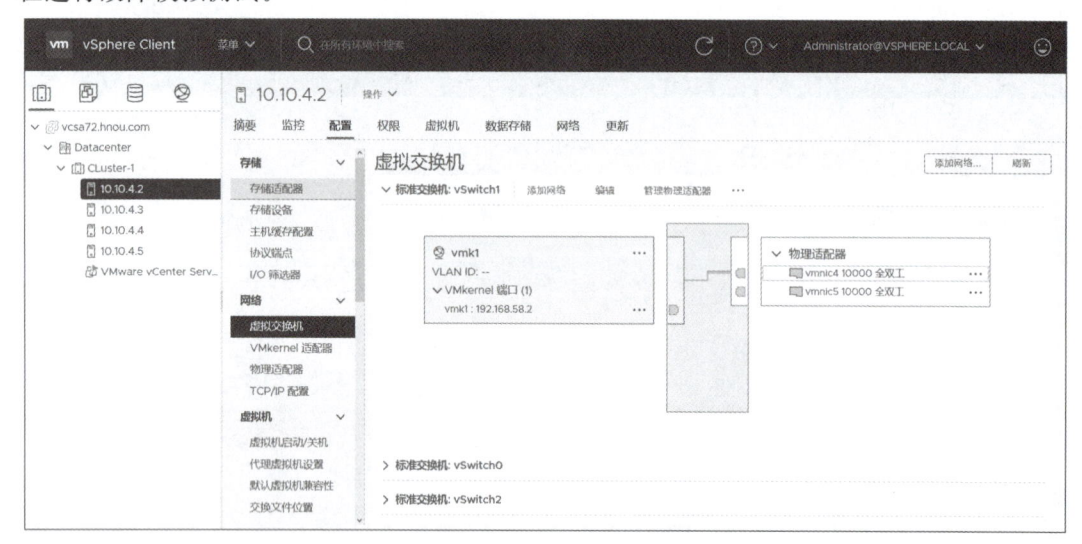

图 3-39 编辑设置 vSphere 标准交换机 9

在实验主机上的 CMD 程序命令行界面使用命令"ping-t 192.168.58.2",持续探测实验主机与 vmk 1 端口的连通性,如图 3-40 所示。

然后,读者需要在 ESXi 主机 10.10.4.2 的操作系统管理界面上开启 ESXi Shell,如图 3-41 所示。

接着,读者按下"Alt+F1"键,进入 ESXi Shell 界面,输入用户名 root 和 root 密码,如图 3-42 所示。

如图 3-43 所示,在 ESXi Shell 命令行中执行命令"esxcli network nic list",查看当前 ESXi 主机网卡状态。当前 ESXi 主机共有八块网卡,均处于"Up"状态。

图 3-40 链路故障模拟测试 1

图 3-41 链路故障模拟测试 2

图 3-42 链路故障模拟测试 3

图 3-43 链路故障模拟测试 4

如图 3-44 所示，执行命令"esxcli network nic down n＝vmnic 4"，将 vSwitch 1 关联的网卡 vmnic 4 禁用，然后查看网卡状态，vmnic 4 已经处于"Down"状态。vSwitch 1 拓扑图的 vmnic 4 情况，如图 3-45 所示。

图 3-44　链路故障模拟测试 5

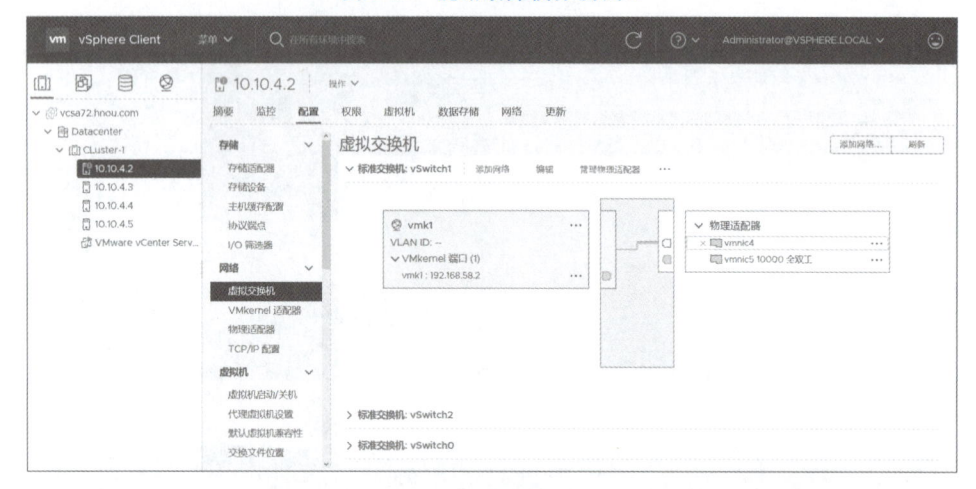

图 3-45　链路故障模拟测试 6

如图 3-46 所示，查看连通性测试情况，数据探测过程并没有因为主用网卡 vmnic 4 禁用而中断，说明现在的数据流量是已经成功切换至 vmnic 5。

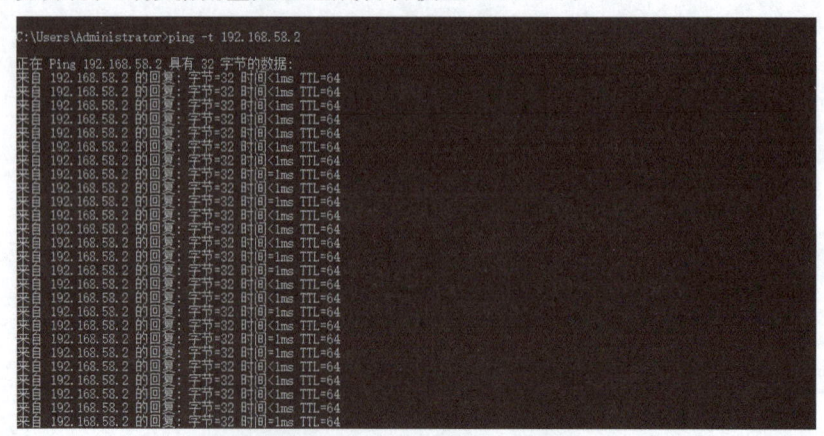

图 3-46　链路故障模拟测试 7

读者执行命令"esxcli network nic up n＝vmnic 4"，重新启用 vmnic 4，如图 3-47 所示，期间探测数据流量没有中断，如图 3-48 所示。

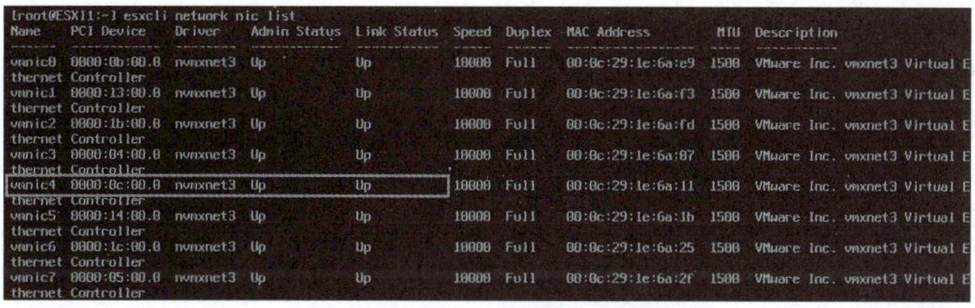

图 3-47　链路故障模拟测试 8

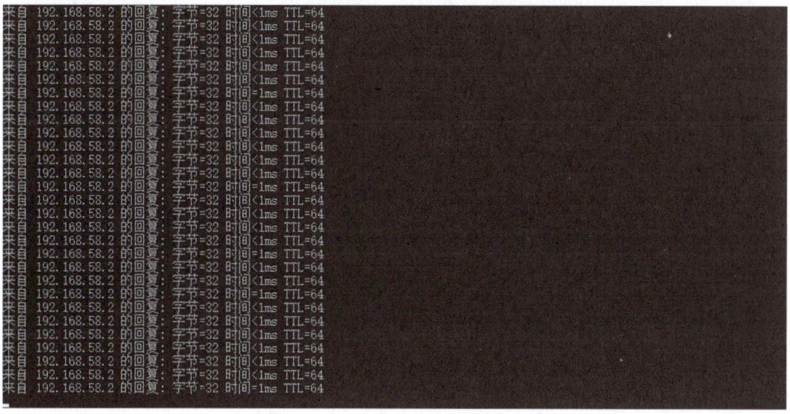

图 3-48　链路故障模拟测试 9

上述模拟测试说明，当活动适配器组的主用网卡发生故障时，数据流量可以正常切换至备用适配器组的备用网卡且数据流量不中断，由于"故障恢复"设置为否，当主用网卡恢复后数据流量仍将正常地在备用网卡 vmnic 5 上传输且数据流量不中断。

任务 3-2　管理与使用 vSphere 分布式交换机

任务介绍

vSphere 分布式交换机可以集中管理与之相关联的 ESXi 主机网络，适用于大中型 vSphere 数据中心，极大地简化了 vSphere 虚拟化管理员网络管理工作，本任务将详细介绍 vSphere 分布式交换机的创建、管理和使用。

任务目标

（1）熟练掌握 vSphere 分布式交换机的创建。
（2）熟练掌握 vSphere 分布式交换机的管理和使用。

任务实施

1. 创建 vSphere 分布式交换机

读者通过 vSphere Client 登录 vCenter Server 7.0，如图 3-49 所示，右击数据中心

"Datacenter",单击"Distributed Switch",然后单击"新建 Distributed Switch..."。

图 3-49　创建 vSphere 分布式交换机 1

如图 3-50 所示,弹出"新建 Distributed Switch"界面,进入步骤"1 名称和位置",将分布式交换机的名称修改为"DSwitch-vSAN",单击"下一页"。

图 3-50　创建 vSphere 分布式交换机 2

如图 3-51 所示,进入步骤"2 选择版本",选择"7.0.2-ESXi 7.0.2 及更高版本",单击"下一页"。

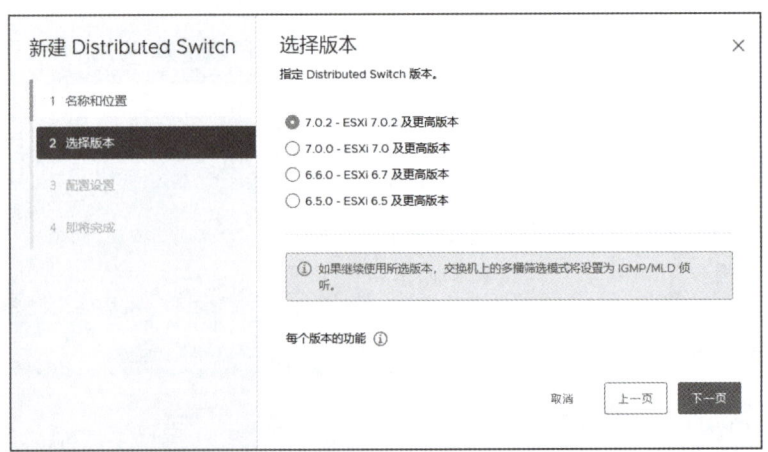

图 3-51　创建 vSphere 分布式交换机 3

如图 3-52 所示,进入步骤"3 配置设置","上行链路数"输入 2,其他选项保持默认值,单击"下一页"。上行链路用于分布式交换机连接到所关联的 ESXi 主机物理网卡,作为 vSphere 分布式交换机虚拟网络连接物理网络的通道。Network I/O Control 目前支持版本 3,是分布式交换机为 vSphere 不同系统配置网络带宽资源的一种策略。通过配置 Network I/O Control,读者可以在虚拟机、管理、vSphere Fault Tolerance、vSphere vMotion 等服务需要共用上行链路时分配所需的带宽资源。

图 3-52　创建 vSphere 分布式交换机 4

如图 3-53 所示,进入步骤"4 即将完成",读者核对分布式交换机配置参数,然后单击"完成"。至此,名为 DSwitch-vSAN 的分布式交换机创建完成,如图 3-54 所示。

图 3-53　创建 vSphere 分布式交换机 5

图 3-54　创建 vSphere 分布式交换机 6

2. 创建分布式端口组

分布式端口可以为虚拟机提供网络连接，也可以承载 VMkernel 支持的各种类型的服务流量。基于整个数据中心建立的分布式交换机及标签统一的分布式端口组，为虚拟机在整个数据中心迁移提供了网络环境，同时也为高效地创建、管理与使用一致性的网络提供了有力保障。如图 3-55 所示，右击创建完成的分布式交换机，单击"分布式端口组"，再次单击"新建分布式端口组..."。

图 3-55　创建分布式端口组 1

如图 3-56 所示，弹出"新建分布式端口组"界面，进入步骤"1 名称和位置"，为分布式端口组输入名称"DPortGroup 1-vSAN"，单击"下一页"。

图 3-56　创建分布式端口组 2

如图 3-57 所示，进入步骤"2 配置设置"，其中"设置新端口组的常规属性"下的所有项目保持默认参数，需要特别说明的是端口绑定和网络资源池这两个配置项。端口绑定，即当虚拟机与分布式端口组关联时是否绑定固定的分布式端口，设置为"静态绑定"将为虚拟机绑定固定的分布式端口，设置为"无绑定"则虚拟机关联临时的分布式端口。网络资源池是分布式交换机所有上行链路专为虚拟机系统流量预留的聚合带宽的一部分，例如分布式交换机有两条带宽为 10 Gbit/s 的上行链路，每条上行链路为虚拟机系统预留 1 Gbit/s 的带宽，则分布式交换机为虚拟机系统预留的总的可用聚合带宽为 2 Gbit/s，然后可就这 2 Gbit/s 的带宽容量创建若干网络资源池，将分布式端口组与资源池进行关联，从而使得关联此分布式端口组的虚拟机可以使用网络资源池中的带宽资源。在"高级"下方勾选"自定义默认策略配置"，可以为新建的分布式端口组配置更多的自定义策略，单击"下一页"。

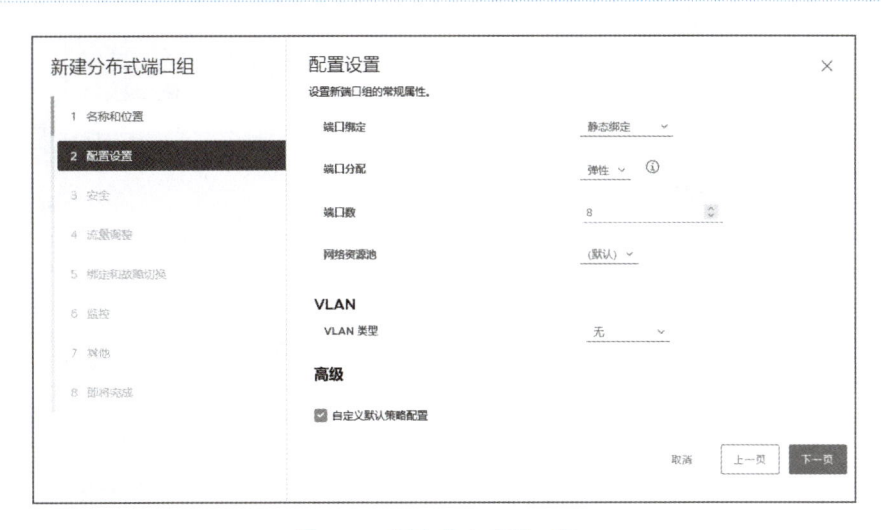

图 3-57　创建分布式端口组 3

如图 3-58 所示，进入步骤"3 安全"，安全配置项与标准交换机一致，此处不再赘述，保持配置项默认值，单击"下一页"。

图 3-58　创建分布式端口组 4

如图 3-59 所示，进入步骤"4 流量调整"。在标准端口组的创建过程中，同样可以设置"流量调整"，其中有关流量调整的配置项标准端口组和分布式端口组是一致的，不同之处在于标准端口组的"流量调整"策略只应用于出站流量，而分布式端口组可以分别用于入站和出站两个方向的流量。读者可根据实际需要设置有关"流量调整"的各个配置项，任务中保持默认值，单击"下一页"。

如图 3-60 所示，进入步骤"5 绑定和故障切换"。默认情况下，分布式端口组同样会继承分布式交换机的"绑定和故障切换"策略，此处将"负载均衡"设置为"基于物理网卡负载的路由"，其他配置项保持默认值，单击"下一页"。

如图 3-61 所示，进入步骤"6 监控"。控制 NetFlow 配置项主要用于设置对分布式端口组的端口流经的 IP 数据包进行监控，读者可以根据实际情况禁用或者启用监控。任务中保持配置项默认值，单击"下一页"。

虚拟化技术与应用

图 3-59　创建分布式端口组 5

图 3-60　创建分布式端口组 6

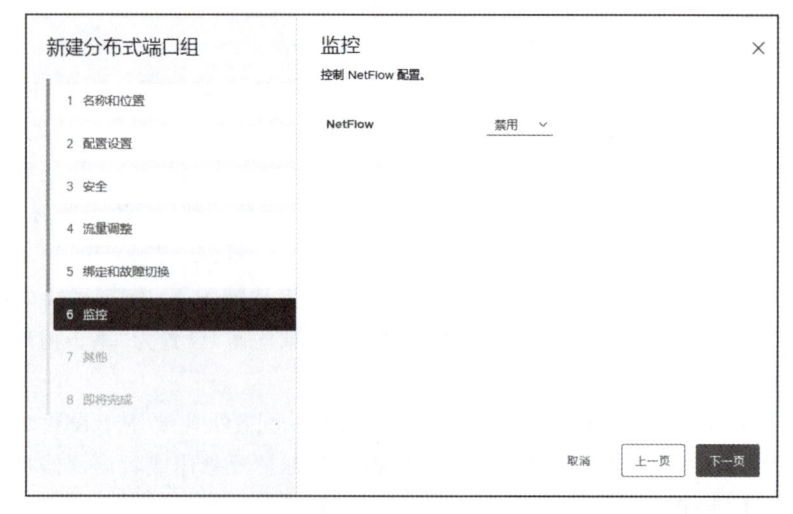

图 3-61　创建分布式端口组 7

如图 3-62 所示，进入步骤"7 其他"。配置项"阻止所有端口"选择"否"，如果选择"是"将阻止该分布式端口组所有端口数据流量通过，单击"下一页"。

图 3-62　创建分布式端口组 8

如图 3-63 所示，进入步骤"8 即将完成"。读者核对分布式端口组的基本配置，然后单击"完成"。至此，名为"DPortGroup 1-vSAN"的分布式端口组创建完成，如图 3-64 所示。

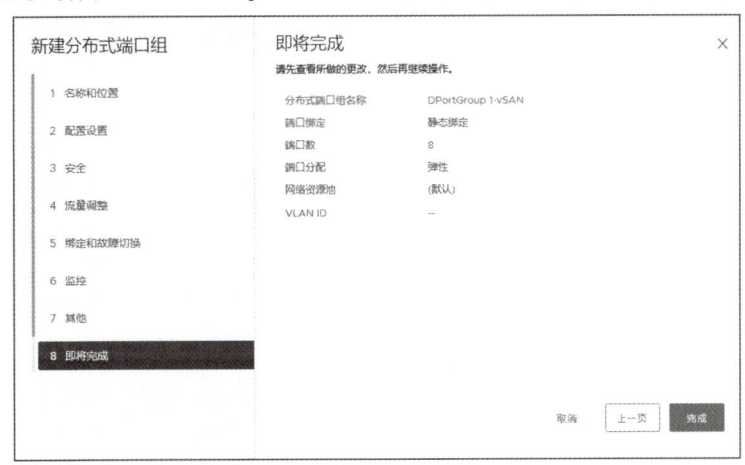

图 3-63　创建分布式端口组 9

3. 管理与使用分布式交换机

如图 3-65 所示，单击创建完成的分布式交换机，依次单击"配置－属性－编辑"，对分布式交换机的常规和高级属性进行管理和设置。

如图 3-66 所示，分布式交换机的常规属性配置项仅有"名称"和"Network I/O Control"两项。Network I/O Control 策略已启用，通过在分布式交换机上部署和使用 Network I/O Control 策略，可以持续监控整个网络的 I/O 负载，并动态地分配可用资源。Network I/O Control 策略可以为与 vSphere 功能相关的流量配置带宽分配，这些 vSphere 功能包括：管理、Fault Tolerance、NFS、vSAN、vMotion、vSphere Replication、vSphere Data Protection 备份等。

图 3-64 创建分布式端口组 10

图 3-65 分布式交换机管理与使用 1

图 3-66 分布式交换机管理与使用 2

在启用 Network I/O Control 策略以后,需要针对不同的服务流量配置带宽分配的参数,以任务中的分布式交换机为例,假设该分布式交换机将用于 vSAN、iSCSI 和 NFS 三种存储业务,分布式交换机共有两条 10 Gbit/s 带宽的上行链路,vSAN、iSCSI 和 NFS 三种存储业务按照 3∶1∶1 的比例分配每条上行链路带宽,下面具体以 vSAN 业务流量的 Network I/O Control 策略带宽分配为例,讲解各个带宽分配参数的配置。

如图 3-67 所示,单击分布式交换机"DSwitch-vSAN",然后依次单击"配置—资源分配—系统流量—vSAN 流量—编辑",弹出 vSAN 流量的"编辑资源设置"界面,如图 3-68 所示,有关带宽分配的配置项包括份额、预留和限制,三个配置项具体描述见表 3-10。

图 3-67　分布式交换机管理与使用 3

图 3-68　分布式交换机管理与使用 4

表 3-10　　Network I/O Control 策略带宽分配配置项具体描述

带宽分配配置项	描述
份额	份额从 1 到 100,反映某个系统流量类型对于同一物理网络适配器上活动的其他系统流量类型的相对优先级,数值越大优先级越高; 某个系统流量类型可用的带宽由其相对份额和其他系统功能正在传输的数据量决定
预留	单个物理网络适配器上必须保证的带宽最小值(Mbit/s)。为所有系统流量类型预留的总带宽不得超过容量最低的物理网络适配器所能提供的带宽的 75%; 未使用的预留带宽可用于其他类型的系统流量。但是,Network I/O Control 策略不会重新分配系统流量未用于虚拟机放置的容量
限制	系统流量类型在单个物理网络适配器上可消耗的带宽最大值(Mbit/s 或 Gbit/s)

份额都设置为 50，即系统流量优先级相同；由于单个物理网络适配器的带宽为 10 Gbit/s，为所有系统流量类型预留的总带宽不得超过容量最低的物理网络适配器所能提供的带宽的 75 %，因此，可预留的带宽为 7.5 Gbit/s，vSAN、iSCSI 和 NFS 三种存储业务按照 3：1：1 的比例分配可分别预留 4.5 Gbit/s、1.5 Gbit/s、1.5 Gbit/s；限制设置为不受限制，使得没有使用的预留带宽和未预留带宽可以根据份额、限制和使用情况来动态分配带宽。三个配置项的设置参数将传播到所有上行链路的物理网络适配器，使得每个物理网络适配器对三种存储业务均应用相同的 Network I/O Control 策略。三种存储业务带宽分配参数配置好后，如图 3-69 所示。

图 3-69 分布式交换机管理与使用 5

如图 3-70 所示，设置分布式交换机"高级"属性。有关"高级"属性的各个配置项具体描述见表 3-11。任务中各个配置项保持默认值。

图 3-70 分布式交换机管理与使用 6

表 3-11　　　　　　　　　　　分布式交换机"高级"属性配置项具体描述

配置项	描述
MTU（字节）	vSphere Distributed Switch 的最大 MTU 值。要启用巨帧，请设置一个大于 1 500 字节的值，要求主机物理网络适配器和物理交换机均要支持巨帧功能
多播筛选模式	基本：vSphere Distributed Switch 根据从组 IPv4 地址的最后 23 位生成的 MAC 地址转发与多播组相关的流量。 IGMP/MLD 侦听：vSphere Distributed Switch 使用由 Internet 组管理协议（IGMP）和多播侦听器发现协议定义的成员身份消息，根据已订阅多播组的 IPv4 和 IPv6 地址将多播流量转发到虚拟机
发现协议	类型： vSphere 5.0 及更高版本支持 Cisco 发现协议（CDP）和链路层发现协议（LLDP）。CDP 对连接到 Cisco 物理交换机的 vSphere 标准交换机和 vSphere Distributed Switch 可用。 LLDP 对版本 5.0 及更高版本的 vSphere Distributed Switch 可用。 操作： 侦听：ESXi 检测并显示与其关联的物理交换机端口相关的信息，但不向交换机管理员提供有关 vSphere Distributed Switch 的信息。 通知/播发：ESXi 将有关 vSphere Distributed Switch 的信息提供给交换机管理员，但不检测和显示物理交换机的相关信息。 二者：ESXi 检测并显示与其关联的物理交换机端口相关的信息，并向交换机管理员提供有关 vSphere Distributed Switch 的信息
管理员联系方式	输入 vSphere Distributed Switch 管理员的姓名和其他详细信息

如图 3-71 所示，在"上行链路"界面中，读者可以配置当前分布式交换机的上行链路数量，具体应根据实际情况增减上行链路。

图 3-71　分布式交换机管理与使用 7

分布式交换机及其分布式端口组创建完成，分布式交换机还不能立即使用，必须将分布式交换机与相关 ESXi 主机进行关联并合理设置相关网络连接后，才能实现分布式交换机的虚拟网络连接和管理功能。

如图 3-72 所示，右击分布式交换机"DSwitch-vSAN"，然后单击"添加和管理主机"。

如图 3-73 所示，弹出"DSwitch-vSAN-添加和管理主机"界面，进入步骤"1 选择任务"，选择"添加主机"，单击"NEXT"。

如图 3-74 所示，进入步骤"2 选择主机"，单击"＋新主机"，弹出"选择新主机"界面，如

图 3-72　分布式交换机管理与使用 8

图 3-73　分布式交换机管理与使用 9

图 3-75 所示，勾选全部主机，单击"确定"。主机选择完成，如图 3-76 所示，单击"NEXT"。

图 3-74　分布式交换机管理与使用 10

图 3-75　分布式交换机管理与使用 11

图 3-76　分布式交换机管理与使用 12

如图 3-77 所示，进入步骤"3 管理物理网络适配器"，单击主机适配器"vmnic 4"，单击"分配上行链路"，单击"NEXT"。

图 3-77　分布式交换机管理与使用 13

如图 3-78 所示,弹出"选择上行链路"界面,单击"上行链路 1",勾选"将此上行链路分配应用于其余主机",单击"确定"。按照上述步骤将 vmnic 5 分配至上行链路 2,分配完成如图 3-79 所示,单击"NEXT"。

图 3-78　分布式交换机管理与使用 14　　　图 3-79　分布式交换机管理与使用 15

如图 3-80 所示,进入步骤"4 管理 VMkernel 适配器",单击"vmk 1",然后单击"分配端口组",这个步骤将 vSwitch 1 上的 vmk 1 迁移到分布式交换机上并与分布式端口组"DPortGroup 1-vSAN"进行关联。

图 3-80　分布式交换机管理与使用 16

如图 3-81 所示,在弹出的"选择网络"界面中,单击分布式端口组"DPortGroup 1-vSAN",勾选"将此端口组分配应用于其余主机",单击"确定"。端口组分配完成,如图 3-82 所示,单击"NEXT"。

如图 3-83 所示,进入步骤"5 迁移虚拟机网络",此界面中保持默认值,单击"NEXT"。

如图 3-84 所示,进入步骤"6 即将完成",用户核对配置参数,单击"FINISH"。

图 3-81　分布式交换机管理与使用 17

图 3-82　分布式交换机管理与使用 18

图 3-83　分布式交换机管理与使用 19

图 3-84　分布式交换机管理与使用 20

如图 3-85 所示，单击分布式交换机"DSwitch-vSAN"，依次单击"配置－设置－拓扑"，读者可以查看当前分布式交换机的分布式端口组和上行链路端口组的拓扑情况。当前分布式端口组仅关联了一个 VMkernel 端口，因为目前只有主机 10.10.4.2 创建了承载 vSAN 流量的 VMkernel，其余单台主机还未创建相应的 VMkernel 端口；上行链路端口组一共有两条上行链路，每条上行链路分别关联每台主机的一个 vmnic 网卡适配器。

如图 3-86 所示，单击"DPortGroup 1-vSAN"右侧的省略号，然后单击"添加 VMkernel 适配器"。

图 3-85　分布式交换机管理与使用 21

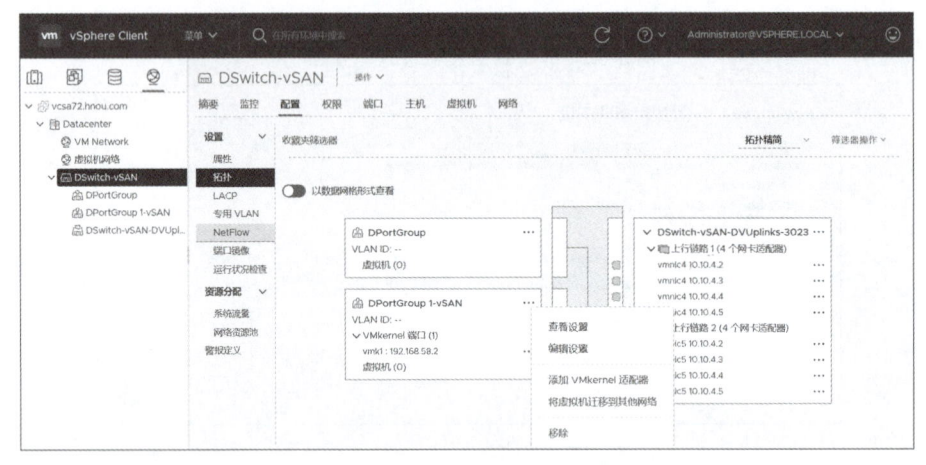

图 3-86　分布式交换机管理与使用 22

如图 3-87 所示,弹出"添加 VMkernel 适配器"界面,进入步骤"1 选择主机",单击"＋连接的主机..."。如图 3-88 所示,在弹出的"选择成员主机"界面勾选主机"10.10.4.3、10.10.4.4、10.10.4.5",单击"确定"。如图 3-89 所示,三台主机添加完毕,单击"下一页"。

图 3-87　分布式交换机管理与使用 23

如图 3-90 所示,进入步骤"2 配置 VMkernel 适配器"。在"可用服务"中勾选"vSAN",其他配置项保持默认值,单击"下一页"。

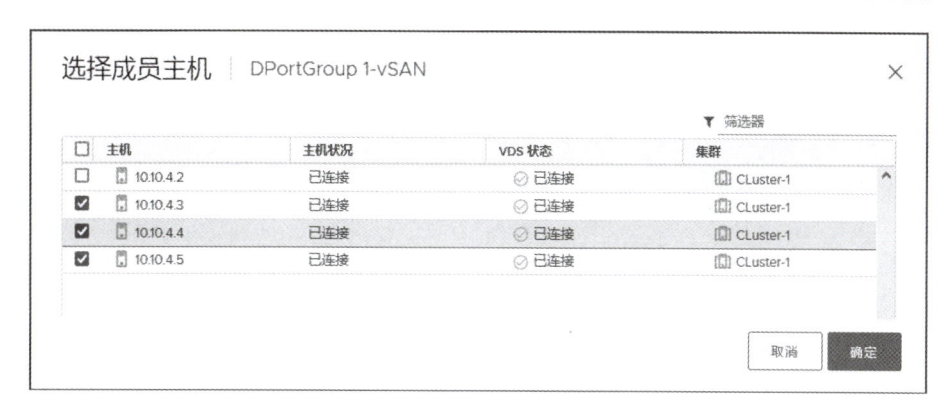

图 3-88　分布式交换机管理与使用 24

图 3-89　分布式交换机管理与使用 25

图 3-90　分布式交换机管理与使用 26

如图 3-91 所示，进入步骤"3 IPv4 设置"。选择"使用静态 IPv4 设置"，然后按照规划输入主机的 IPv4 地址、子网掩码和网关，单击"下一页"。

图 3-91　分布式交换机管理与使用 27

如图 3-92 所示，进入步骤"4 即将完成"。读者核对 VMkernel 适配器的配置参数，然后单击"完成"，创建完成的 VMkernel 适配器的分布式交换机拓扑，如图 3-93 所示。

图 3-92　分布式交换机管理与使用 28

图 3-93　分布式交换机管理与使用 29

至此，基于 vSphere 分布式交换机用于承载 vSAN 流量的虚拟网络基本构建完成，后续项目将基于此网络创建 vSAN 集群。

项目实战练习

1. 在每台 ESXi 主机上创建标准交换机 vSwitch 2 并配置 vmk 2，用于承载 iSCSI 和 NFS 流量。

2. 创建分布式交换机及其分布式端口组，并将 vSwitch 2 中的 vmk 2 迁移至分布式交换机。

项目 4
管理与使用 vSphere 虚拟化环境中的存储

项目背景概述

存储系统是数据中心不可或缺的重要设施,它能为数据提供持久化的储存。在 vSphere 虚拟化环境中,既支持传统的存储系统,又支持虚拟化存储系统,支持便捷高效地接入、引用和管理不同类型的存储。本项目将介绍 iSCSI 和 NFS 等传统存储和 Virtual SAN 软件定义存储的基本概念和原理,重点讲解 vSphere 虚拟化环境中存储的管理和使用。

项目学习目标

知识目标:
1. 熟悉传统存储基本概念和原理
2. 熟悉软件定义存储的概念和原理

技能目标:
1. 会 iSCSI 存储的管理和使用
2. 会 NFS 存储的管理和使用
3. 会 Virtual SAN 存储的管理和使用

素质目标:
培养学生的创新思维和全球视野。

项目环境需求

1. 硬件环境需求

实验计算机双核及以上 CPU,32 GB 及以上内存,不低于 500 GB 硬盘,主板 BIOS 开启硬件虚拟化支持。

2. 操作系统环境需求

实验计算机安装 Windows 10 64 位专业版操作系统。

3. 软件环境需求

实验计算机安装 VMware Workstation 16 Pro。

项目规划设计

（见表 4-1、表 4-2）

表 4-1　　　　　　　　　　　　　　网络规划设计

设备名称	操作系统	网络适配器	网络适配器模式	IP 地址/掩码长度	网关	备注
实验计算机	Windows 10 Pro	—	—	10.10.4.1/24	—	—
ESXi 1	ESXi 7.0	网络适配器 1 网络适配器 2	桥接	vmk 0：10.10.4.2/24	10.10.4.254	管理和 vSphere 高级功能流量
		网络适配器 3 网络适配器 4	NAT	—	—	虚拟机流量
		网络适配器 5 网络适配器 6	仅主机模式	vmk 1：192.168.58.2/24	192.168.58.1	vSAN 流量
		网络适配器 7	仅主机模式	vmk 2：192.168.100.2/24	192.168.100.1	iSCSI、NFS 流量
		网络适配器 8	仅主机模式	vmk 3：192.168.100.12/24	192.168.100.1	iSCSI、NFS 流量
ESXi 2	ESXi 7.0	网络适配器 1 网络适配器 2	桥接	vmk 0：10.10.4.3/24	10.10.4.254	管理和 vSphere 高级功能流量
		网络适配器 3 网络适配器 4	NAT	—	—	虚拟机流量
		网络适配器 5 网络适配器 6	仅主机模式	vmk 1：192.168.58.3/24	192.168.58.1	vSAN 流量
		网络适配器 7	仅主机模式	vmk 2：192.168.100.3/24	192.168.100.1	iSCSI、NFS 流量
		网络适配器 8	仅主机模式	vmk 3：192.168.100.13/24	192.168.100.1	iSCSI、NFS 流量
ESXi 3	ESXi 7.0	网络适配器 1 网络适配器 2	桥接	vmk 0：10.10.4.4/24	10.10.4.254	管理和 vSphere 高级功能流量
		网络适配器 3 网络适配器 4	NAT	—	—	虚拟机流量
		网络适配器 5 网络适配器 6	仅主机模式	vmk 1：192.168.58.4/24	192.168.58.1	vSAN 流量
		网络适配器 7	仅主机模式	vmk 2：192.168.100.4/24	192.168.100.1	iSCSI、NFS 流量
		网络适配器 8	仅主机模式	vmk 3：192.168.100.14/24	192.168.100.1	iSCSI、NFS 流量
ESXi 4	ESXi 7.0	网络适配器 1 网络适配器 2	桥接	vmk 0：10.10.4.5/24	10.10.4.254	管理和 vSphere 高级功能流量
		网络适配器 3 网络适配器 4	NAT	—	—	虚拟机流量
		网络适配器 5 网络适配器 6	仅主机模式	vmk 1：192.168.58.5/24	192.168.58.1	vSAN 流量
		网络适配器 7	仅主机模式	vmk 2：192.168.100.5/24	192.168.100.1	iSCSI、NFS 流量
		网络适配器 8	仅主机模式	vmk 3：192.168.100.15/24	192.168.100.1	iSCSI、NFS 流量
vCenter Server 7.0	vCenter Server Appliance7.0	—	—	10.10.4.10/24	10.10.4.254	—

表 4-2　　　　　　　　　　　　　设备配置规划设计

设备名称	操作系统	CPU 核数	内存/GB	硬盘/GB	用户名	密码
实验计算机	Windows 10 Pro	8	32	1 000	administrator	—
ESXi 1	ESXi 7.0	8	16	500	root	Root！@2021
ESXi 2	ESXi 7.0	8	16	500	root	Root！@2021
ESXi 3	ESXi 7.0	8	16	500	root	Root！@2021
ESXi 4	ESXi 7.0	8	16	500	root	Root！@2021
vCenter Server 7.0	vCenter Server Appliance 7.0	2	12	root	Root！@2021	—	—

项目知识储备

1. iSCSI 存储

(1) SCSI(Small Computer System Interface,小型计算机系统接口)

SCSI 是一种并行 I/O 协议规范,常用于磁盘、光驱、打印机、扫描仪等设备的访问和控制。典型的应用场景是 SCSI 总线通过 SCSI 控制器与磁盘设备进行通信,类似于客户服务器模式,SCSI 控制器类似于服务端,也被称为 Target,磁盘设备的应用或客户端称为 Initiator。每个 SCSI 总线的磁盘设备都有唯一的 ID,也被称为 SCSI 设备地址,窄 SCSI 总线位宽 8 bit,ID 编号为 0~7,宽 SCSI 总线位宽 16 bit,ID 编号为 0~15。

(2) iSCSI(Internet Small Computer System Interface,Internet 小型计算机系统接口)

SCSI 通过总线连接 Target 与 Initiator,iSCSI 将 SCSI 与以太网结合,将 SCSI 数据封装在 TCP/IP 协议中,利用最常用的以太网连接 Target 与 Initiator,扩展了 SCSI 连接距离,提升了 SCSI 的灵活性和可扩展性。

iSCSI 的 Initiator 在本质上是一个客户端设备用于请求连接并启动 Target。目前,市场上常用的 iSCSI 的 Initiator 实现方式有三种:iSCSI HBA 卡、硬件 TOE 卡与软件相结合、软件 iSCSI,如图 4-1 所示。三种实现方式的主要区别在于,iSCSI 与 TCP/IP 封装与解封装的实现位置不一样。iSCSI HBA 卡能够接收 SCSI 指令和数据并完全独立实现 iSCSI 与 TCP/IP 封装与解封装,最大限度地节省服务器 CPU 资源,但是其价格比较昂贵;硬件 TOE 卡与软件相结合的方式由服务器处理 iSCSI 的封装与解封装,由硬件 TOE 卡实现 TCP/IP 的封装与解封装,在一定限度上减轻了服务器 CPU 资源压力;软件 iSCSI 完全由服务器处理 iSCSI 与 TCP/IP 封装与解封装,对服务器 CPU 资源消耗较大,但是其成本最低,只需要服务器配置普通的网卡,这种方式在小型生产环境中较为常用,但是应注意评估软件 iSCSI 对服务器资源的消耗。

(3) iSCSI 基本工作过程

iSCSI 的基本工作过程,如图 4-2 所示:

① 由 Initiator 发出请求,本地应用程序读写操作触发操作系统生成 SCSI 指令和数据 I/O 请求;

② Initiator 将 SCSI 指令和数据 I/O 请求封装成 iSCSI PDU,进而封装成 TCP/IP 数据包;

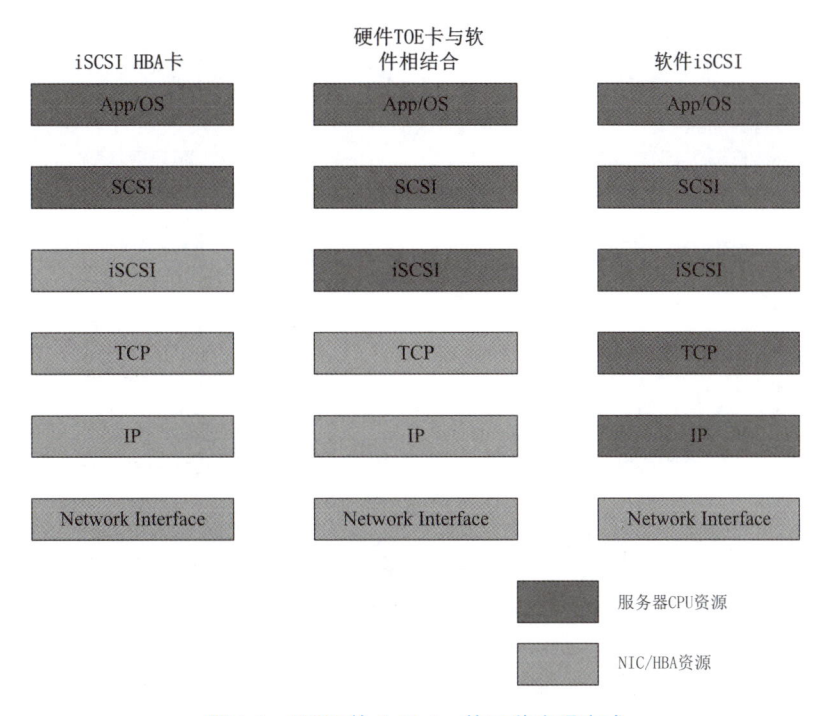

图 4-1 iSCSI 的 Initiator 的三种实现方式

③在 IP 网络上传输 TCP/IP 数据包；

④Target 接收到 TCP/IP 数据包，解封装 TCP/IP 数据包、iSCSI PDU，获取 SCSI 指令和数据 I/O 请求；

⑤SCSI 命令被发送到 SCSI 控制器，再传送到 SCSI 存储设备；

⑥存储设备执行 SCSI 命令后的响应，经过 Target 封装成 iSCSI PDU，进而封装成 TCP/IP 数据包；

⑦响应的 TCP/IP 数据包通过 IP 网络传送给 Initiator；

⑧Initiator 从 iSCSI PDU 中解封装出 SCSI 响应并传送给操作系统，操作系统再响应给应用程序。

2. NFS 存储

（1）NFS(Network File System，网络文件系统)

NFS 通过 TCP/IP 网络将服务端文件或目录共享给客户端。NFS 客户端一般通过挂载的方式将 NFS 服务端的数据目录挂载到客户端本地系统，从客户端来看挂载到本地的共享目录与本地目录或磁盘一样。vSphere 环境中 ESXi 主机通过内置的 NFS 客户端使用网络文件系统（NFS）协议第 3 版和第 4.1 版来与 NFS 服务器进行通信，直接在 ESXi 主机上挂载 NFS 卷，使用 NFS 数据存储来存储和管理虚拟机，这与使用 VMFS 数据存储的方式相同，而 ESXi 主机仅需要配置普通的以太网卡即可实现 NFS 存储访问。由于当前 10 Gbit/s、25 Gbit/s、40 Gbit/s 等高带宽以太网技术的发展和规模化应用，基于 TCP/IP 的网络存储如 NFS、iSCSI 等，其高带宽、高性价比优势凸显，因此越来越受到企业用户青睐。

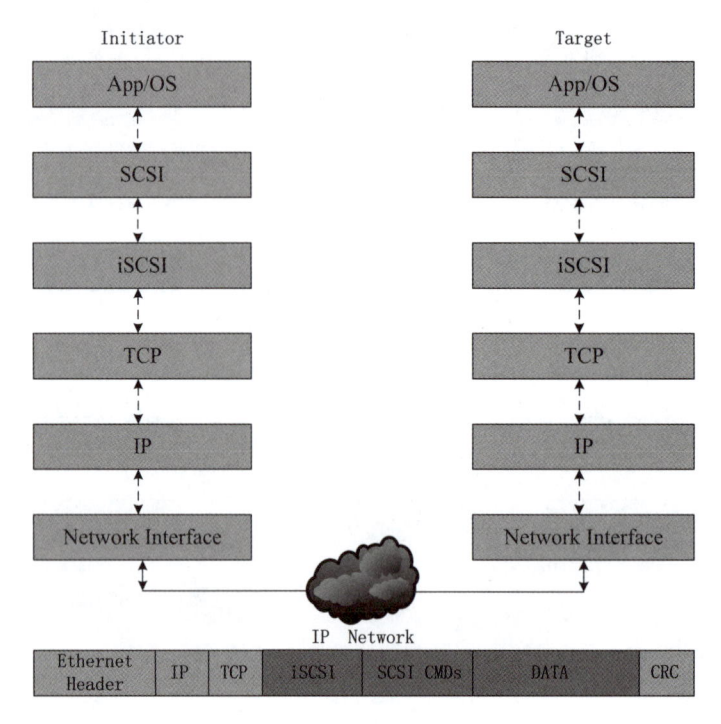

图 4-2　iSCSI 的基本工作过程

（2）NFS 基本原理

NFS 服务没有固定的端口号，每次重启 NFS 服务，其关联的端口号都有可能发生改变，为了确保客户端与 NFS 服务端正确连接，NFS 引入了 RPC（Remote Procedure Call，远程过程调用）协议/服务。NFS 基本实现原理，如图 4-3 所示。

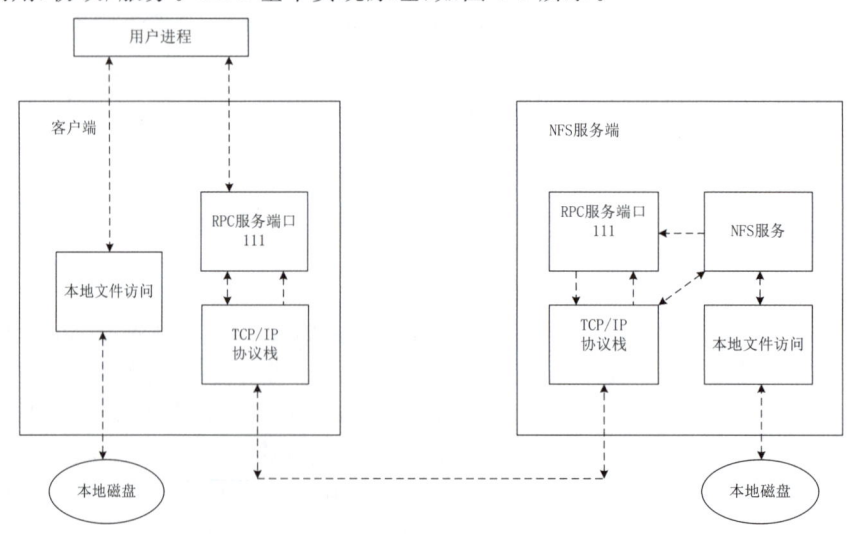

图 4-3　NFS 基本实现原理

NFS 服务端先启动 RPC 服务，然后启动 NFS 服务，每次 NFS 服务启动后向 RPC 注册 NFS 服务端口号和对应服务信息。当客户端要访问 NFS 服务时，客户端先通过端口号为 111 的 RPC 服务从 NFS 服务端的 RPC 服务处获取当前 NFS 服务端口号及其对应的服务信息,然后 NFS 客户端使用通过 RPC 获取的端口号向 NFS 服务发起访问连接,连接建立成功后,客户端即可访问挂载成功的 NFS 存储。

(3) NFS 的基本工作过程

① NFS 服务端启动 RPC 服务,并开启 111 端口;

② NFS 服务端启动 NFS 服务,并向 RPC 注册端口号及服务信息;

③ NFS 客户端启动 RPC 服务,并向 NFS 服务端的 RPC 服务请求获取 NFS 端口号;

④ NFS 服务端的 RPC 服务反馈端口号给 NFS 客户端的 RPC;

⑤ NFS 客户端通过 NFS 服务端 RPC 反馈回来的端口号与服务端建立连接并传输数据。

3. Virtual SAN 存储

(1) vSAN 常用术语

① 磁盘组

磁盘组是为 vSAN 集群提供性能和容量的 ESXi 主机上的物理存储容量单元。在向 vSAN 集群提供其本地存储设备的每台 ESXi 主机上,存储设备按磁盘组形式进行组织。每个磁盘组必须具有一个固态硬盘(SSD)作为缓存设备和一个或多个机械硬盘作为容量设备。混合磁盘组是由一个固态硬盘和一个或多个机械硬盘组成的磁盘组;全闪存磁盘组是由一个高耐用性固态硬盘作为缓存,容量设备也全部为固态硬盘。每台 ESXi 主机最多支持 5 个磁盘组,每个磁盘组可由 1 个缓存设备和 1~7 个容量设备组成,VMware 推荐磁盘组的缓存容量不少于磁盘组容量设备存储总和的 10%。

② 基于对象的存储

vSAN 以灵活的数据容器(称为对象)形式存储并管理数据。对象是指其数据和元数据分布于集群中的逻辑卷。例如,每个 vmdk 是一个对象,每个快照也是一个对象。在 vSAN 数据存储上置备虚拟机时,vSAN 为每个虚拟磁盘创建一组由多个组件组成的对象。还创建了虚拟机主页命名空间,用作存储所有虚拟机元数据文件的容器对象。

③ vSAN 数据存储

在集群上启用 vSAN 后,将创建一个 vSAN 数据存储。vSAN 提供集群中所有主机(无论是否向集群提供存储)均可访问的单个 vSAN 数据存储。可以使用 Storage vMotion 在 vSAN 数据存储、NFS 数据存储和 VMFS 数据存储之间移动虚拟机。仅用于容量的机械硬盘和固态硬盘可以提供数据存储容量。用于缓存的固态硬盘不计入数据存储的一部分。

④ 见证

见证是一个仅包含元数据的组件,不包含任何实际应用程序数据。当 vSAN 发生故障时,由于存在多个副本对象可能发生脑裂现象,为了确保外部主机仅可以访问可用的唯一对象,需要通过见证投票决定哪一个对象可被外部主机访问,一般只有在见证投票中得票率超过 50% 的对象才能正常访问。

⑤ 对象和组件

vSAN 存储的每个对象都由一组组件组成,由虚拟机存储策略中正在使用的功能决定。例如,通过将允许的故障数主要级别设置为 1,vSAN 可确保副本和见证等保护组件放置在

vSAN 集群中的不同主机上,其中每个副本都是一个对象组件。此外,在相同策略中,如果每个对象的磁盘条带数配置为 2 个或更多,则 vSAN 还可以跨多个容量设备条带化对象,每个条带视为指定对象的一个组件。vSAN 中常见的对象类型有 vmdk、虚拟机主页命名空间、虚拟机交换对象、快照、内存对象。

⑥基于存储策略的管理(SPBM)

vSAN 中可以根据虚拟机和应用程序的服务质量要求定义不同的存储策略以满足不同的性能要求。当创建虚拟机和应用程序时,可以将预先定义的存储策略与其进行关联。常见的存储策略配置项包括允许的故障数主要级别、磁盘条带、精简置备、读缓存预留等。

⑦故障域

vSAN 推荐将集群中的 ESXi 主机分别部署在不同列数据中心机柜中,并以各个数据中心机柜的 ESXi 主机为一个故障域,这样 vSAN 会将配置的虚拟机存储策略应用于故障域而非单台 ESXi 主机上。例如,有一个四节点 vSAN 集群,每个数据中心机柜安装两台主机,如果将允许的故障数主要级别设置为 1 并且不启用故障域,则 vSAN 可能会将对象的两个副本与主机存储在同一个数据中心机柜中。因此,当两个副本所在的数据中心机柜发生电源等故障时,应用程序可能有潜在的数据丢失风险。当将可能同时发生故障的多台主机配置到单独的故障域时,vSAN 会确保将每个保护组件(副本和见证)置于单独的故障域中以提高应用的可靠性。规划中故障域数量的计算公式为:故障域数量=2×允许的故障数主要级别+1,允许的故障数主要级别是存储策略的一个重要属性,将在下文中予以介绍。

(2) Virtual SAN 集群类型

①标准 vSAN 集群

一个标准的 vSAN 集群至少包含三台 ESXi 主机(生产环境推荐至少包含四台 ESXi 主机),所有的 ESXi 主机要求在同一个二层网络。在三台主机配置中,只能通过将允许的故障数主要级别设置为 1 来允许一台主机发生故障。此时,虚拟机数据将运行两个必需副本,vSAN 将各个副本保存在不同的主机上。见证对象位于第三台主机上。由于集群中的主机数量较少,因此存在以下限制:当某台主机出现故障时,vSAN 无法在另外的主机上重新构建新的副本以防止出现另一个故障,如果再发生其他故障,vSAN 对象将面临无法访问的风险。这也是推荐在生产环境 vSAN 集群中至少配置四节点的原因。如图 4-4 所示,是一个标准的四节点 vSAN 集群。

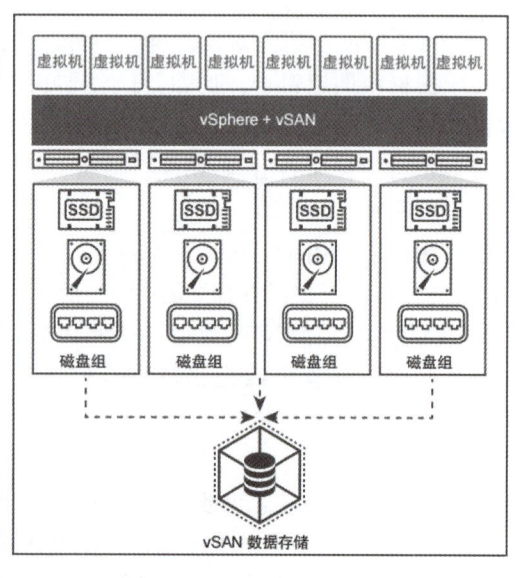

图 4-4 标准的四节点 vSAN 集群

②双节点 vSAN 集群

如图 4-5 所示,双节点 vSAN 集群通常用于远程办公室/分支机构,运行时需要高可用性的少量工作负载。双节点 vSAN 集群中包含的两台主机位于同一位置,且连接到同一网络交换机或直接连接。配置双节点 vSAN 集群时,可以将第三台主机用作见证主机,该见证主机可以位于分支机构的远程位置。在通常情况下,见证主机与 vCenter Server 一起位于主站点。

③vSAN 延伸集群

如图 4-6 所示,vSAN 延伸集群是在两个不同地理位置的数据中心部署 vSAN 集群,两个数据中心之间网络延迟要求小于 5 毫秒,实现容灾备份级别的高可用性和数据中心间的负载均衡。vSAN 延伸集群的一个数据中心被设置为首选站点,另一个数据中心被设置为辅助站点,vSAN 见证主机一般部署在网络互连的第三个数据中心且网络延迟小于 200 毫秒。当构建 vSAN 延伸集群中的一个数据中心而出现灾难情况时,vSAN 会使用另一个数据中心的存储,利用 vSphere HA 等高级特性快速重新启动业务虚拟机和应用程序,确保业务快速恢复。

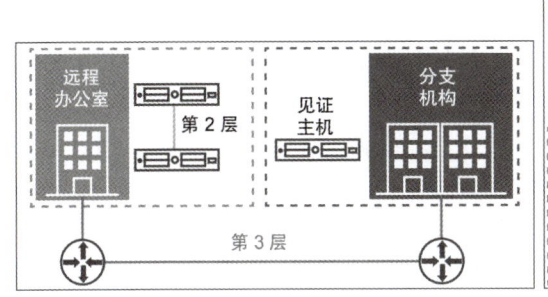

图 4-5　双节点 vSAN 集群　　　　　　　图 4-6　vSAN 延伸集群

(3)Virtual SAN 存储策略

vSAN 允许用户根据不同的虚拟机和应用程序服务质量要求定义不同的存储策略以保证达到要求的服务级别。在启用了 vSAN 功能的集群中会自动创建一个默认的 vSAN 存储策略,将该策略允许的故障数主要级别设置为 1,则每个对象都有一个磁盘条带,另外还有一个精简置备的虚拟磁盘。下面对 vSAN 存储策略的重要属性进行介绍。

①允许的故障数主要级别(PFTT)

允许的故障数主要级别定义虚拟机对象允许的主机和设备故障的数量。如果允许 n 个故障,则写入的每条数据存储在 n+1 个位置;如果已配置故障域,则需要 2n+1 个故障域,且这些故障域中具有可提供存储容量的主机。允许的故障数主要级别默认值为 1,最大值为 3。

②每个对象的磁盘条带数

虚拟机对象的每个副本在其上进行条带化的容量设备的最低数量。值如果大于 1,则可能产生较好的性能,但也会导致使用较多的系统资源。默认值为 1,最大值为 12。在一般情况下,不建议更改默认的条带化值。

③闪存读取缓存预留

作为虚拟机对象的读取缓存预留的闪存容量,预留的闪存容量无法供其他对象使用,未预留的闪存在所有对象之间公平共享。设置闪存读取缓存预留可能会导致在移动虚拟机对象时出现问题,因为该对象始终包含缓存预留设置,而目标主机无法提供相应预留。闪存读取缓存预留默认值为 0,最大值为 1。默认情况下,vSAN 将按需为存储对象动态分配闪存读取缓存预留,此功能是最灵活、最优化的资源利用方式,因此,通常无须更改此参数的默认值 0。

④强制置备

强制置备是指即使数据存储不满足存储策略中指定的允许的故障数主要级别,每个对象的磁盘条带数和闪存读取缓存预留策略也会置备该对象。当出现故障而无法再进行标准置备时,可考虑使用强制置备。

⑤容错方法

容错方法是指确定数据复制方法针对性能还是容量进行优化。vSAN 容错方法支持以下几种:

a. RAID-1（映像）-性能,vSAN 将使用较多磁盘空间来放置对象的组件,但提供的对象访问性能较高。

b. RAID-5/6（纠删码）-容量,vSAN 将使用较少磁盘空间,但性能会下降。

c. RAID-5/6（擦除编码）-容量属性,应用于具有四个或更多故障域的群集,并将允许的故障数主要级别设置为 1。

d. RAID-5/6（擦除编码）-容量属性,应用于具有六个或更多故障域的群集,并将允许的故障数主要级别设置为 2。

上述几种容错方法使用存储容量和允许的故障数见表 4-3。

表 4-3　　　　　　不同容错方法使用存储容量和允许的故障数

容错方法	允许故障数	原始数据大小	所需存储容量
RAID-1（映像）-性能	1	100 GB	200 GB
RAID-5/6（擦除编码）具有四个故障域	1	100 GB	133 GB
RAID-1（映像）-性能	2	100 GB	300 GB
RAID-5/6（擦除编码）具有六个故障域	2	100 GB	150 GB

⑥对象空间预留

部署虚拟机时必须预留或厚置备虚拟机磁盘（vmdk）对象的逻辑大小百分比。可用选项如下:精简置备（默认）,25％预留,50％预留,75％预留,厚置备。精简置备可以根据输入的虚拟磁盘值置备磁盘所需的数据存储空间,精简磁盘开始时很小,只使用与初始操作所需的大小完全相同的存储空间。如果精简磁盘以后需要更多空间,可以增加到其最大容量,并占据为其置备的整个数据存储空间。厚置备在创建时为虚拟磁盘分配所需的全部存储空间,创建这种磁盘时,会将物理设备上保留的数据置零,创建这种格式的虚拟磁盘所需的时间可能会比创建精简磁盘所需的时间长。

(4)Virtual SAN 部署要求

①硬件要求

在生产环境中,建议使用通过 VMware 官方认证的厂商的服务器,因为这些服务器的磁盘控制器、磁盘、内存、网络等符合 VMware 官方发布的兼容列表并通过其官方测试认证。建议标准 vSAN 集群至少配置四个 ESXi 主机节点,每台主机配置尽量一致,至少配置四个故障域,每个故障域的主机数量尽可能保持一致,每个节点的内存不少于 32 GB。

②软件要求

想要使用完整的 vSAN 功能集,加入 vSAN 集群的 ESXi 主机必须为 7.0 Update 1 或更高版本,实验任务中使用当前最新的 7.0 Update 2。vSAN 7.0 Update 1 及更高版本软件支持所有磁盘格式。

③vSAN 的网络要求

vSAN 集群推荐使用的最小网络要求见表 4-4。

表 4-4　　　　　　　　vSAN 集群推荐使用的最小网络要求

ESXi 主机带宽	每台主机都必须具有专用于 vSAN 的最小带宽; 对于混合配置,专用带宽为 1 Gbit/s; 对于全闪存配置,专用或共享带宽为 10 Gbit/s
ESXi 主机网络	vSAN 集群中的所有 ESXi 主机都必须连接到 vSAN 的第 2 层或第 3 层网络
IPv4 和 IPv6 支持	vSAN 网络同时支持 IPv4 和 IPv6
网络延迟	集群中所有主机之间的标准 vSAN 集群的 RTT 最大为 1 毫秒; 延伸集群的两个主站点之间的 RTT 最大为 5 毫秒; 从主站点到 vSAN 见证主机的 RTT 最大为 200 毫秒

任务 4-1　管理与使用 vSphere 环境中的 iSCSI 存储

任务介绍

iSCSI 存储是 IP SAN 存储的典型代表,随着高速以太网的不断发展,iSCSI 存储越来越受到企业青睐,本任务将详细介绍 vSphere 环境中管理和使用 iSCSI 存储。

任务目标

(1)熟练掌握使用 Windows Server 2019 创建 iSCSI 存储。
(2)熟练掌握管理和使用 vSphere 环境中的 iSCSI 存储。

任务实施

1. 使用 Windows Server 2019 创建 iSCSI 存储

任务中使用 VMware Workstation 创建一台 Windows Server 2019 虚拟机,4 CPU,8 GB 内存,系统盘为 60 GB,数据盘为 500 GB,一块网卡并与 ESXi 主机的 vmnic 6 与 vmnic 7 配置一致,IP 地址为 192.168.100.6/24,在数据盘中创建文件夹,命名为 iscsi。本任务的实验中使用相同的物理计算机,同时完成 vSphere 虚拟化实验和存储实验,因此对物理计算机的配置要求较高,尤其是内存配置至少为 32 GB(64 GB~128 GB 更佳),有条件的读者可以考虑分别在不同物理计算机或服务器上部署，但是需要投入更多的硬件设备。使用 Windows Server 2019 创建 iSCSI 存储的详细过程请扫码观看视频或查看文档。

视频：使用 Windows Server 2019 创建 iSCSI 存储　　文档：使用 Windows Server 2019 创建 iSCSI 存储

2. 管理与使用 vSphere 环境中的 iSCSI 存储

在 vSphere 中连接和使用 iSCSI 存储之前，首先要部署相关的网络环境，根据规划每台 ESXi 主机有两个 VMkernel 端口承载 iSCSI 流量，以支持 iSCSI 存储多路径。在项目 3 的实战练习中，已经创建了分布式交换机和分布式端口组 DPortGroup-iSCSI-NFS 并关联了 VMkernel 端口 vmk 2，在连接 iSCSI 存储前已经在同一台分布式交换机上创建了新的分布式端口组 DPortGroup-iSCSI-NFS2 并关联了 VMkernel 端口 vmk 3，按照规划为 vmk 3 分配相应的 IP 地址和其他网络参数。如图 4-7 所示，在分布式端口组 DPortGroup-iSCSI-NFS 的"绑定和故障切换"中，将上行链路 1 放置于"活动上行链路"，将上行链路 2 放置于"未使用的上行链路"。如图 4-8 所示，在分布式端口组 DPortGroup-iSCSI-NFS2 的"绑定和故障切换"中，将上行链路 2 放置于"活动上行链路"，将上行链路 1 放置于"未使用的上行链路"。

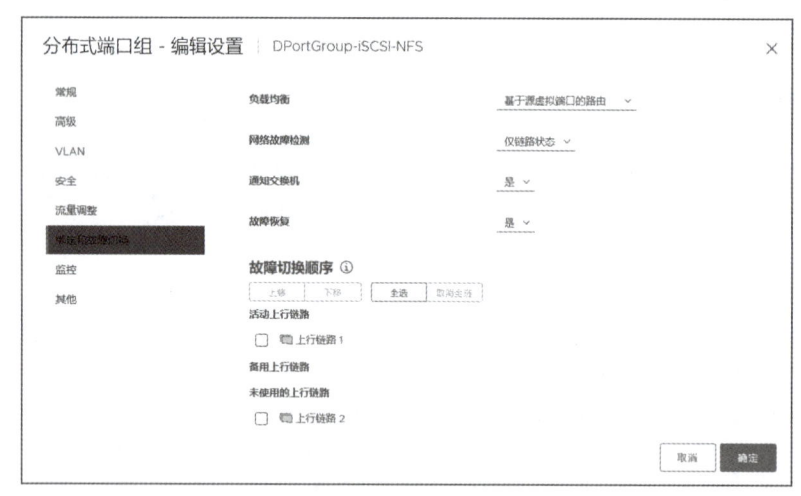

图 4-7　DPortGroup-iSCSI-NFS 的"绑定和故障切换"配置

下面简单介绍 iSCSI 存储多路径的概念。iSCSI 存储多路径 I/O（Multi-Path Input/Output，MPIO，多路径输入输出）在服务器（iSCSI Initiator 端）与存储设备（iSCSI Target 端）之间建立多条逻辑通道，通过在多条逻辑通道上轮替的存取动作，避免单一实体通道中断时，连带导致存取中断，或是使传输负载在多条逻辑通道之间均衡，避免传输负荷集中在单一实体通道上，可建立负载均衡、故障失效切换等带宽聚合应用，提供更可靠的存储网络环境。

图 4-8　DPortGroup-iSCSI-NFS2 的"绑定和故障切换"配置

在 vSphere 环境中，可以在每台 ESXi 主机上启用 iSCSI Initiator，并且允许将 iSCSI Initiator 与一个或多个 VMkernel 端口进行绑定。配置端口绑定后，iSCSI 启动器将创建从所有绑定端口到所有 iSCSI Target 端口的 iSCSI 会话，使用 vSphere 端口绑定功能要求所有 VMkernel 端口要与所有 iSCSI Target 端口网络互通。若在 vSphere 环境中，无法具备实现端口绑定的条件，则 ESXi 主机网络连接层会根据其路由表选择最佳 VMkernel 端口与 iSCSI Target 端口建立 iSCSI 会话。在无端口绑定的情况下，只能为每个 iSCSI Target 端口创建一个会话。是否启用 vSphere 端口绑定 iSCSI 会话建立情况对比见表 4-5。

表 4-5　　　　　　　　是否启用 vSphere 端口绑定 iSCSI 会话建立情况对比

VMkernel 端口	iSCSI Target 端口	iSCSI 会话
2 个绑定的 VMkernel 端口	2 个	4 个会话（2×2）
4 个绑定的 VMkernel 端口	1 个	4 个会话（2×2）
2 个绑定的 VMkernel 端口	4 个	8 个会话（2×4）
2 个未绑定的 VMkernel 端口	2 个	2 个会话
4 个未绑定的 VMkernel 端口	1 个	1 个会话
2 个未绑定的 VMkernel 端口	4 个	4 个会话

在完成 iSCSI 网络环境准备后，创建 iSCSI 软件适配器作为 iSCSI Initiator。如图 4-9 所示，在 vSphere Client 中，单击 ESXi 主机"10.10.4.2"，然后依次单击"配置—存储—存储适配器—+添加软件适配器"。

如图 4-10 所示，在弹出的"添加软件适配器"界面中，选择"添加软件 iSCSI 适配器"，单击"确定"。添加完成的 iSCSI 软件适配器如图 4-11 所示。

图 4-9　创建 iSCSI 软件适配器 1

图 4-10　创建 iSCSI 软件适配器 2

图 4-11　创建 iSCSI 软件适配器 3

接下来，配置 iSCSI 软件适配器与 VMkernel 端口绑定。如图 4-12 所示，依次单击 ESXi 主机"10.10.4.2"的"配置—存储—存储适配器—vmhba65—网络端口绑定—＋添加…"。

图 4-12 配置 iSCSI 软件适配器与 VMkernel 端口绑定 1

如图 4-13 所示，在弹出的"将 vmhba65 与 VMkernel 适配器绑定"界面中，勾选 vmk 2 和 vmk 3，然后单击"确定"。完成端口绑定如图 4-14 所示，端口策略正常，但是绑定的两条路径处于未使用状态，因为当前还没与 iSCSI Target 建立 iSCSI 会话。

图 4-13 配置 iSCSI 软件适配器与 VMkennel 端口绑定 2

在创建 iSCSI 存储的过程中，启用了 CHAP 认证，因此在 iSCSI Initiator 端需要配置 CHAP 的认证信息。如图 4-15 所示，依次单击"配置—存储—存储适配器—vmhba65-属性—身份验证—编辑…"，弹出"vmhba65-编辑身份验证"界面，如图 4-16 所示，在"身份验证方法"栏选择"使用单向 CHAP（如果目标需要）"，即只进行 iSCSI Target 端对 iSCSI

图 4-14　配置 iSCSI 软件适配器与 VMkemel 端口绑定 3

Initiator 端的认证，在"名称"栏输入"iscsi"，在"密钥"栏输入"Root！@2021"，其他配置项保持默认值，单击"确定"。

图 4-15　配置 CHAP 认证信息 1

图 4-16　配置 CHAP 认证信息 2

项目4 ● 管理与使用vSphere虚拟化环境中的存储

在 vSphere 环境中,与 iSCSI Target 创建 iSCSI 会话有两种方式,即动态发现和静态发现。本任务的实验中使用动态发现的方式连接 iSCSI 存储服务器。如图 4-17 所示,依次单击"配置—存储—存储适配器—vmhba65—动态发现—+添加…"。

图 4-17　动态发现 iSCSI 服务器 1

如图 4-18 所示,在弹出的"添加发送目标服务器"界面中,在"iSCSI 服务器"栏输入 iSCSI 服务器的 IP 地址"192.168.100.6","端口"栏保持默认值"3260",勾选"从父项继承身份验证设置",这将继承上文设置的 CHAP 认证信息。设置完毕,单击"确定",iSCSI 服务器添加成功如图 4-19 所示,界面中提示"由于最近更改了配置,建议重新扫描'vmhba65'",单击"重新扫描适配器",以添加动态发现的 iSCSI 服务器。

图 4-18　动态发现 iSCSI 服务器 2

图 4-19　动态发现 iSCSI 服务器 3

完成适配器扫描后,如图 4-20 所示,在 iSCSI 软件适配器"vmhba65"的"设备"界面中可以观察到连接成功的 iSCSI 存储,存储容量为 200 GB,操作状态为"已连接",传输协议为"iSCSI"。

图 4-20　观察 iSCSI 存储设备

如图 4-21 所示,在 iSCSI 软件适配器"vmhba65"的"路径"界面中可以观察到 iSCSI 存储多路径,当前 iSCSI Initiator 端与 iSCSI Target 端建立了两条路径,因为 iSCSI Initiator 通过端口绑定与 vmk 2 和 vmk 3 进行了绑定,iSCSI Target 端口为 1 个,因此可以建立 2(2×1)个会话,即两条 iSCSI 路径。

图 4-21　观察 iSCSI 存储多路径

如图 4-22 所示,此时端口绑定表中显示路径状态为"活动"。

采用同样的方式配置其余 ESXi 主机与 iSCSI Target 的连接。在 vSphere 环境中,连接完成的 iSCSI 存储并不能直接使用,需要通过创建数据存储将 iSCSI 存储格式化为 VMFS 格式才能分配给虚拟机使用。

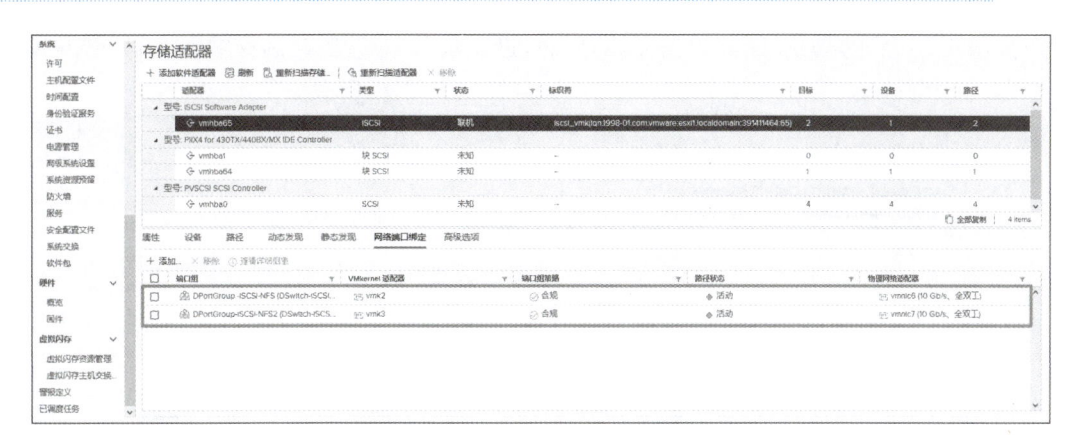

图 4-22 观察 iSCSI 存储多端口绑定

如图 4-23 所示，单击 ESXi 主机"10.10.4.2"，然后单击"数据存储"，当前与主机"10.10.4.2"关联的数据存储只安装了 ESXi 系统的本地存储"datastore1(3)"。

图 4-23 创建数据存储 1

如图 4-24 所示，右击集群或主机，单击"存储—新建数据存储..."。

图 4-24 创建数据存储 2

如图 4-25 所示,弹出"新建数据存储"界面,进入步骤"1 类型",选择"VMFS",单击"下一页"。

图 4-25　创建数据存储 3

如图 4-26 所示,进入步骤"2 名称和设备选择",在"名称"栏输入"Datastore",选择连接成功的 iSCSI 存储,单击"下一页"。

图 4-26　创建数据存储 4

如图 4-27 所示,进入步骤"3 VMFS 版本",选择"VMFS 6",单击"下一页"。

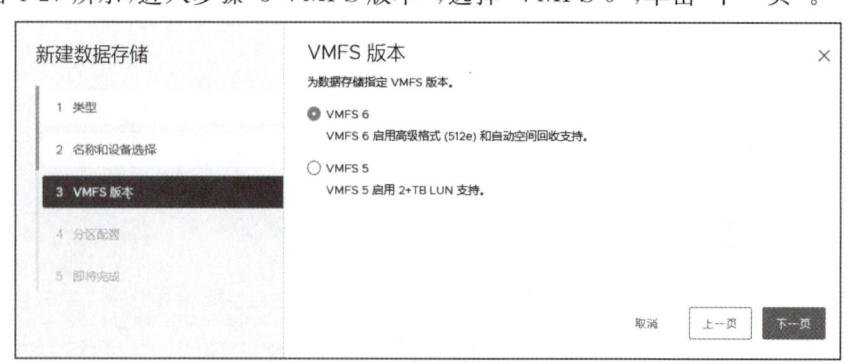

图 4-27　创建数据存储 5

如图 4-28 所示，进入步骤"4 分区配置"，保持所有配置项默认值，单击"下一页"。

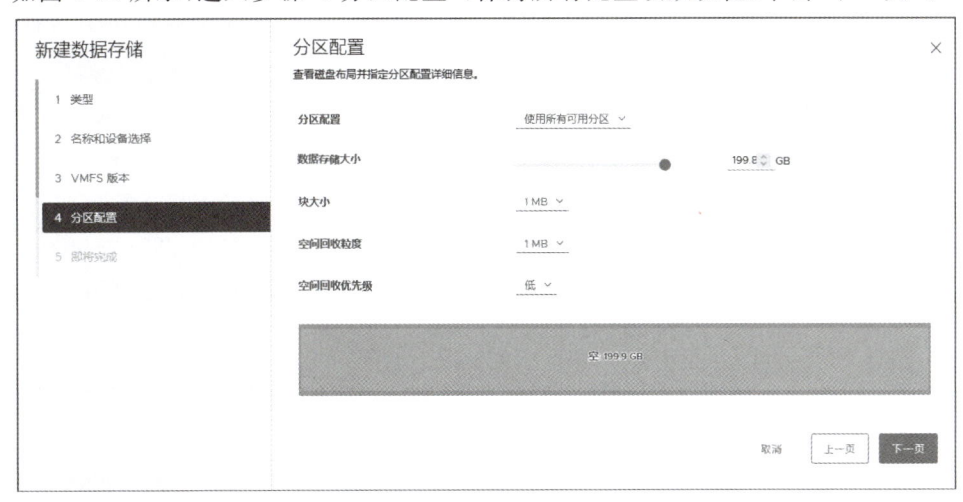

图 4-28　创建数据存储 6

如图 4-29 所示，进入步骤"5 即将完成"，核对配置项的值，单击"完成"。

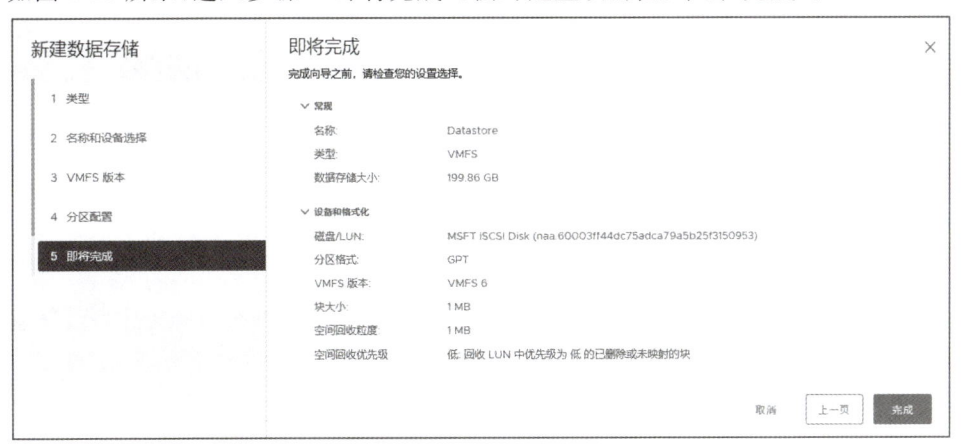

图 4-29　创建数据存储 7

创建完成的 iSCSI 数据存储将自动关联至其他所有连接到 iSCSI 存储的 ESXi 主机，如图 4-30 所示。在创建虚拟机的过程中，在"选择存储"步骤中可以选择刚刚创建完成的 iSCSI 数据存储，如图 4-31 所示，说明 vSphere 环境中的 iSCSI 存储已经可以正常使用。

图 4-30　创建数据存储 8

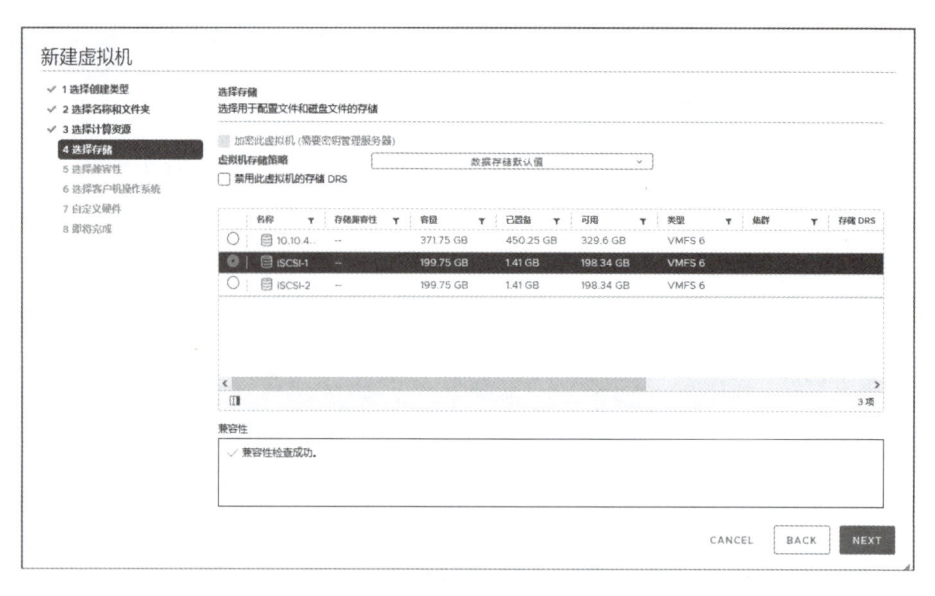

图 4-31　创建数据存储 9

任务 4-2　管理与使用 vSphere 环境中的 NFS 存储

任务介绍

　　NFS 存储依托 TCP/IP 协议栈提供共享存储服务，常用于存储文件、图片和视频等非结构化数据，也是目前主流 NAS(Network Attached Storage，网络附属存储)必须支持的协议之一，同样 vSphere 虚拟环境支持 NFS 存储的挂载，本任务将详细介绍 vSphere 环境中管理和使用 NFS 存储。

任务目标

　　(1) 熟练掌握使用 Windows Server 2019 创建 NFS 存储。
　　(2) 熟练掌握管理和使用 vSphere 环境中的 NFS 存储。

任务实施

1. 使用 Windows Server 2019 创建 NFS 存储

　　任务中使用 VMware Workstation 创建一台 Windows Server 2019 虚拟机，4 CPU，8 GB 内存，系统盘为 60 GB，数据盘为 500 GB，一块网卡并与 ESXi 主机的 vmnic6 与 vmnic 7 配置一致，IP 地址为 192.168.100.6/24，在数据盘(实验中为 E 盘)中创建文件夹，命名为 nfs。在本任务的实验中使用相同的物理计算机，同时完成 vSphere 虚拟化实验和存储实验，因此对物理计算机的配置要求较高，尤其是内存配置至少为 32 GB(64 GB～128 GB 更佳）。有条件的读者可以考虑分别在不同的物理计算机或服务器上部署，但是需要投入更多的硬件设备。使用 Windows Server 2019 创建 NFS 存储的详细过程请扫码观看视频或查看文档。

视频：使用 Windows Server 2019 创建 NFS 存储　　文档：使用 Windows Server 2019 创建 NFS 存储

2. 管理与使用 vSphere 环境中的 NFS 存储

在 vSphere 环境中挂载 NFS 存储需要右击 ESXi 主机新建数据存储，如图 4-32 所示，弹出"新建数据存储"界面，进入步骤"1 类型"，选择"NFS"，单击"下一页"。

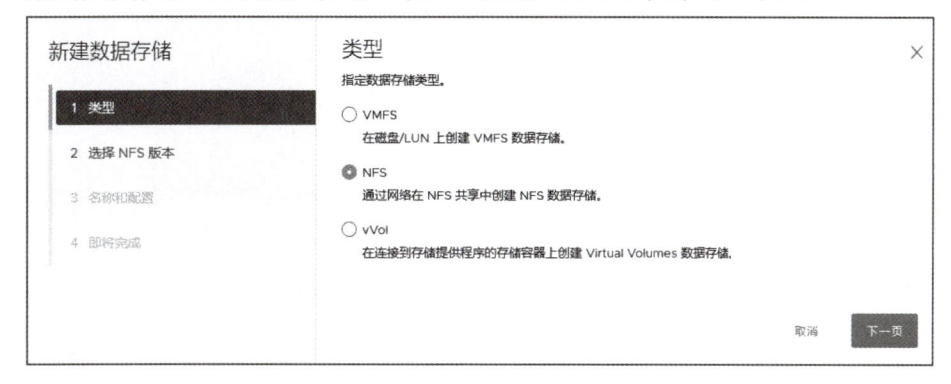

图 4-32　在 vSphere 环境中挂载 NFS 存储 1

如图 4-33 所示，进入步骤"2 选择 NFS 版本"，选择"NFS 3"，单击"下一页"。

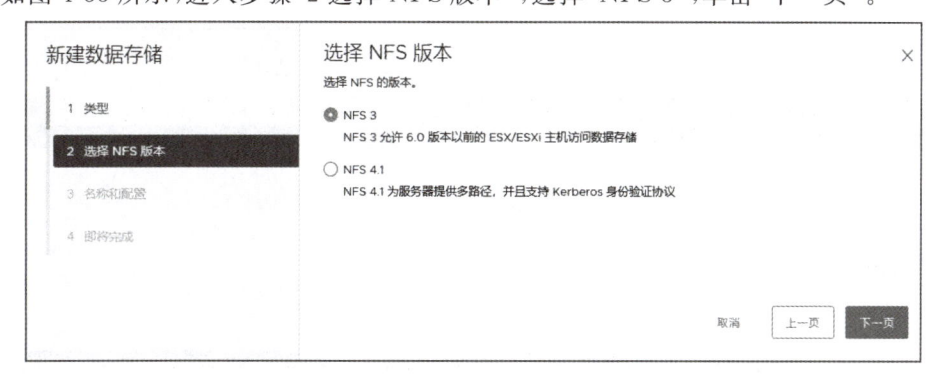

图 4-33　在 vSphere 环境中挂载 NFS 存储 2

如图 4-34 所示，进入步骤"3 名称和配置"，在"名称"栏中输入"nfs"，在"文件夹"栏中输入"E:\nfs\"，即在 Windows Server 2019 服务器上共享 NFS 文件的绝对路径，在"服务器"栏中输入 NFS 服务器的 IP 地址"192.168.100.6"，单击"下一页"。

如图 4-35 所示，进入步骤"4 即将完成"，核对 NFS 配置项信息，单击"完成"。创建完成后，单击 ESXi 主机"10.10.4.2"，再单击"数据存储"，查看新建 NFS 数据存储，如图 4-36 所示。

图 4-34　在 vSphere 环境中挂载 NFS 存储 3

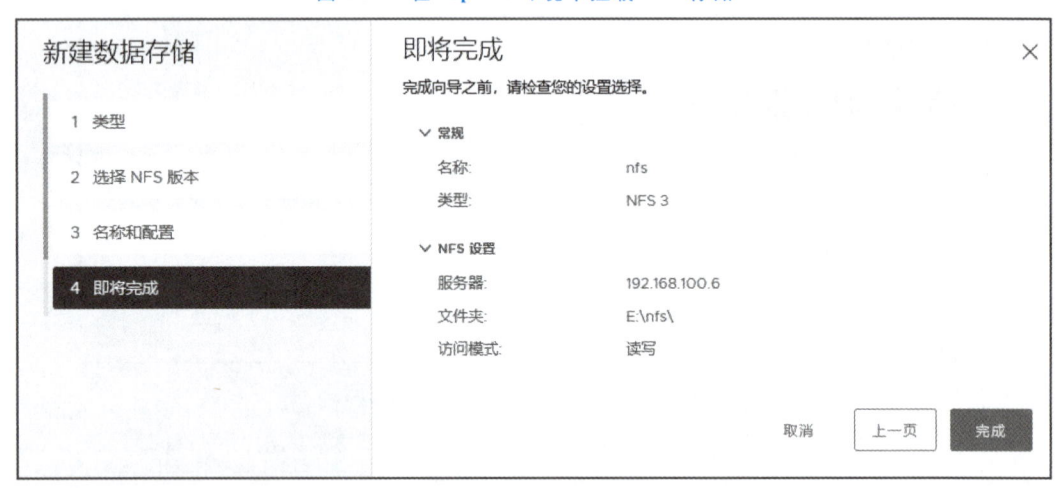

图 4-35　在 vSphere 环境中挂载 NFS 存储 4

图 4-36　在 vSphere 环境中挂载 NFS 存储 5

此时的 NFS 存储仅挂载到单台 ESXi 主机上，其他的 ESXi 主机同样需要执行挂载操作，vSphere 支持在其他 ESXi 主机上批量挂载。如图 4-37 所示，右击名为"nfs"的数据存储，单击"将数据存储挂载至其他主机…"。

图 4-37 在 vSphere 环境中挂载 NFS 存储 6

如图 4-38 所示,在弹出的"将数据存储挂载至其他主机"界面中勾选剩余需要挂载 NFS 存储的 ESXi 主机,单击"确定"。

图 4-38 在 vSphere 环境中挂载 NFS 存储 7

此时查看 ESXi 主机"10.10.4.3"的数据存储,观察到名为"nfs"的数据存储已经挂载成功,如图 4-39 所示。如图 4-40 所示,在新建虚拟机的"4 选择存储"步骤中可以选择挂载的 NFS 存储分配给虚拟机,说明 NFS 存储可以正常使用。

图 4-39 在 vSphere 环境中挂载 NFS 存储 8

图 4-40　在 vSphere 环境中挂载 NFS 存储 9

任务 4-3　管理与使用 Virtual SAN

任务介绍

Virtual SAN(vSAN)是软件定义共享存储的技术。vSAN 使用 ESXi 主机本地的物理存储构建跨主机的集群存储池,并根据用户定义的存储策略为虚拟机和应用程序提供高质量的存储服务,本任务将详细介绍 Virtual SAN 的创建、管理和使用。

任务目标

(1)熟练掌握 Virtual SAN 的创建。
(2)熟练掌握 Virtual SAN 的管理和使用。

任务实施

1. 创建 Virtual SAN

Virtual SAN(vSAN)是一种由软件定义的分布式存储解决方案,vSAN 6.5 版本和更低版本需要 IP 多播协议的支持,而 vSAN 6.6 版本和更高版本支持 IP 单播,因此建议尽可能使用最新的 vSAN 版本且不建议使用混合版本的 vSAN。vSAN 所有的存储流量都需要依靠高性能、可扩展且富弹性的网络,因此在创建 vSAN 前请一定进行合理的网络规划并严格执行。下面强调一些规划 vSAN 网络的要求,以期帮助读者更好地执行 vSAN 网络规划和实施。

(1)物理网卡的要求

vSAN 主机中使用的网卡必须满足特定要求,vSAN 可以在 10 Gbit/s、25 Gbit/s、40 Gbit/s、50 Gbit/s 和 100 Gbit/s 的网络上运行。vSAN 部署必须满足最低网卡要求见表 4-6。

表 4-6　　　　　　　　　vSAN 部署必须满足最低网卡要求

集群类型	磁盘组架构	支持1 GbE网卡	支持10 GbE 网卡	支持速度高于10 GbE 的网卡	节点间延迟	站点间链路带宽或延迟	节点和 vSAN 见证主机之间的延迟与带宽
标准集群	混合	是(最低)	是(推荐)	是	RTT 低于 1 毫秒	不适用	不适用
	全闪存	否	是	是(推荐)			
延伸集群	混合或全闪存	否	是(最低)	是	每个站点中的 RTT 低于 1 毫秒	建议使用 10 GbE(取决于工作负载)和 5 毫秒或更低的 RTT	低于 200 毫秒 RTT,每个站点最多 10 台主机。低于 100 毫秒 RTT,每个站点 11~15 台主机。每 1 000 个组件 2 Mbit/s(最高为 100 Mbit/s,最多包含 45 000 个组件)
双主机集群	混合	是(最多 10 台虚拟机)	是(推荐)	是	同一站点内的 RTT 低于 1 毫秒	建议使用 10 GbE 和 5 毫秒或更低的 RTT	低于 500 毫秒 RTT。每 1 000 个组件 2 Mbit/s
	全闪存	否	是(最低)				

(2)物理组网要求

vSAN 支持二层或三层网络,推荐标准集群所有 vSAN 主机采用二层网络连接,使用 VLAN 进行网络流量隔离并组织在统一子网中;延伸集群推荐数据站点之间采用二层组网,数据站点与见证站点采用三层组网。vSAN 集群关于二、三层网络支持情况见表 4-7。

表 4-7　　　　　　　　　vSAN 集群关于二、三层网络支持情况

集群类型	支持二层网络	支持三层网络	注意事项
混合集群	是	是	建议使用二层网络,支持三层网络
全闪存集群	是	是	建议使用二层网络,支持三层网络
延伸集群数据	是	是	建议使用二层网络,支持三层网络
延伸集群见证	否	是	支持三层网络,数据站点与见证站点不支持二层网络
双节点集群	是	是	数据站点之间同时支持二层网络和三层网络

(3)vSphere 网络要求

vSAN 除了需要物理网络支持,同样也需要组建 vSphere 虚拟网络,vSAN 同时支持标准交换机和分布式交换机。关于分布式交换机与标准交换机支持 vSAN 的情况对比见表 4-8。在项目 4 中,已经为 vSAN 创建了分布式交换机、分布式端口组并分配了 vmnic 和承载 vSAN 流量的 VMkernel 端口,本任务将在此基础上配置 vSAN 服务。

表 4-8　　　　　　　两种 vSphere 虚拟交换机支持 vSAN 的情况对比

对比内容	标准交换机	分布式交换机	描述
可用性	无影响	无影响	可以使用任意选项
可管理性	负面影响	正面影响	与在每台主机上进行单独管理的标准交换机不同,分布式交换机可在所有主机间集中进行管理
性能	负面影响	正面影响	分布式交换机添加了一些控件(例如 Network I/O Control),可以使用这些控件来保证 vSAN 流量的性能
可恢复性	负面影响	正面影响	分布式交换机具备备份和还原功能,标准交换机不具备此功能
安全性	负面影响	正面影响	分布式交换机添加了可帮助保护流量的内置安全控件

(4)vSphere Network I/O Control 应用举例

在生产环境中,从成本效益的角度出发常常会让 vSAN 与其他业务共用物理链路带宽。例如,打算使用两条 10 Gbit/s 的物理链路承载 vSAN、vSphere vMotion 和虚拟机的流量,为了更好地控制每种流量的带宽,确保 vSAN 即便在链路满载的情况下也能稳定运行,推荐使用分布式交换机并启用 vSphere Network I/O Control 功能。通过设置预留以便 Network I/O Control 保证 vSAN 可用的最小带宽,通过设置份额以便当承载 vSAN 的物理链路变得满载时(当网卡组中两块 10 Gbit/s 网卡都承载流量,其中一块出现故障则所有流量被转移到组中可用网卡上,物理网络适配器可能满负载运行),vSAN 仍有特定带宽可用并且防止 vSAN 在重新构建和同步操作期间占用物理链路的全部带宽。建议为相应的 vmnic 配置 vSphere Network I/O Control,具体配置参考值见表 4-9。

表 4-9　　　　　　　vSphere Network I/O Control 配置参考值

流量类型	预留(Gbit/s)	份额
vSAN	1	100
vSphere vMotion	0.5	70
虚拟机	0.5	30

根据业务需求和未来发展需要组建好承载 vSAN 的网络后便可以配置 vSAN 服务了。如图 4-41 所示,单击集群"CLuster-1",然后依次单击"配置—vSAN—服务—配置 VSAN",启动 vSAN 配置。

图 4-41　创建 vSAN 1

项目4 管理与使用vSphere虚拟化环境中的存储

如图 4-42 所示,弹出"配置 vSAN"界面,进入步骤"1 配置类型",选择"单站点集群",单击"下一步"。

图 4-42 创建 vSAN 2

如图 4-43 所示,进入步骤"2 服务","空间效率"选择"去重和压缩",勾选"允许精简冗余",其余配置项保持默认值,单击"下一步"。

图 4-43 创建 vSAN 3

"空间效率"配置项支持三个选项:"无"、"去重和压缩"和"仅压缩"。vSAN 支持块级别的"去重和压缩"以节省存储空间,"去重"可以移除冗余的数据块,而"压缩"可以移除每个数据块中的额外冗余数据。vSAN 将数据从缓存层移至容量层时,会应用去重和压缩。去重和压缩功能虽然以集群为单位来进行设置启用,但需要以磁盘组为单位来应用。在 vSAN 集群中启用去重和压缩时,特定磁盘组中的冗余数据会减少为一个副本。启用或禁用去重和压缩时,vSAN 会对每台主机上的每个磁盘组执行滚动重新格式化操作,该过程可能需要很长时间,具体取决于 vSAN 数据存储上存储的数据,为了确保已存储的数据不丢失,在格式化目标磁盘时需要额外的存储空间来存储数据,因此在已经运行 vSAN 服务的集群中启用去重和压缩要考虑是否有足够额外的容量支持执行滚动格式化操作。

配置项"静态数据加密"在对数据执行所有其他处理(例如,去重)后对数据加密,从集群中移除设备时,静态数据加密可保护存储设备上的数据。

配置项"传输中数据加密"对在集群中主机之间传输的数据进行加密,启用传输数据加密后,vSAN 会对主机之间的所有数据和元数据流量进行加密。

配置项"大规模集群支持"启用后能够在一个集群中支持 64 个 ESXi 主机节点,而默认只支持 32 个主机节点。

配置项"RDMA 支持"是启用 vSAN 对远程直接内存访问(Remote Direct Memory Access,RDMA)技术的支持,vSAN 7.0 Update 2 及更高版本可以使用,并且需要额外的经 VMware 认证的 RDMA 网卡和无损以太网支持。

如图 4-44 所示,进入步骤"3 声明磁盘",单击"vSAN","分组依据"选择"主机",磁盘列表中将按照主机列出所有还未声明的磁盘。

图 4-44 创建 vSAN 4

vSAN 的每个磁盘组都是由一个固态缓存磁盘和一个或最多七个容量磁盘组成的,混合磁盘组中容量磁盘为机械硬盘,而全闪存磁盘组中容量磁盘为固态硬盘。一般情况下,vSAN 会自动识别磁盘配型,识别为"闪存"即为固态硬盘,识别为"HDD"则为机械硬盘,读者也可以根据磁盘实际类型更改为正确的磁盘类型。由于实验中使用的都是固态硬盘,因此 vSAN 将所有主机上的磁盘自动识别为"闪存"。

如图 4-45 所示,读者需要手动为每个磁盘做声明,哪个磁盘是缓存磁盘,哪个是容量磁盘,注意每个磁盘组仅有一个缓存磁盘。正确声明磁盘以后,界面上方会显示 vSAN 容量和 vSAN 缓存大小并显示百分比。标准集群中建议缓存与容量的比值为 1∶10。接着单击

"下一步"。

图 4-45　创建 vSAN 5

如图 4-46 所示,进入步骤"4 检查",检查 vSAN 配置项参数,单击"完成"。

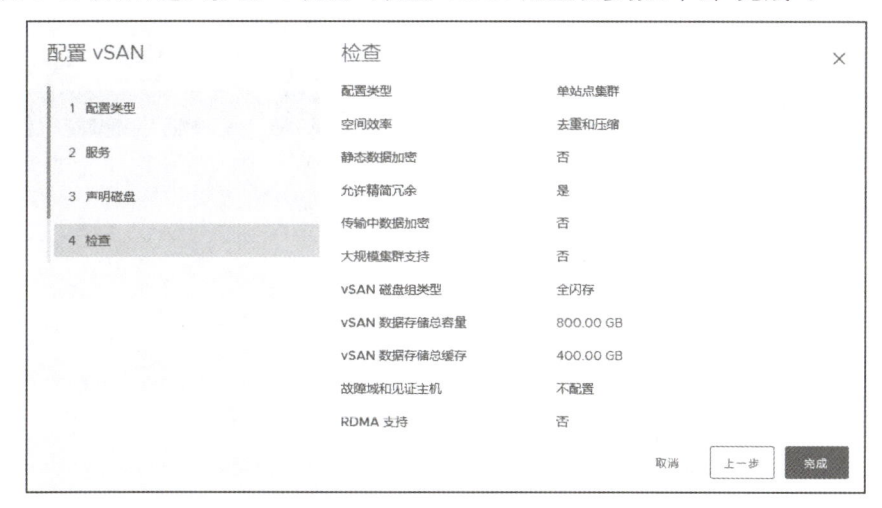

图 4-46　创建 vSAN 6

如图 4-47 所示,创建完成的 vSAN 存储"vsanDatastore"在虚拟机创建步骤"选择存储"中可以正常使用,说明 vSAN 存储创建成功。

2. 管理和使用 Virtual SAN

在日常 vSAN 使用过程中,需要密切关注 vSAN 运行状态并及时根据业务需求和 vSAN 运行状态管理 vSAN。

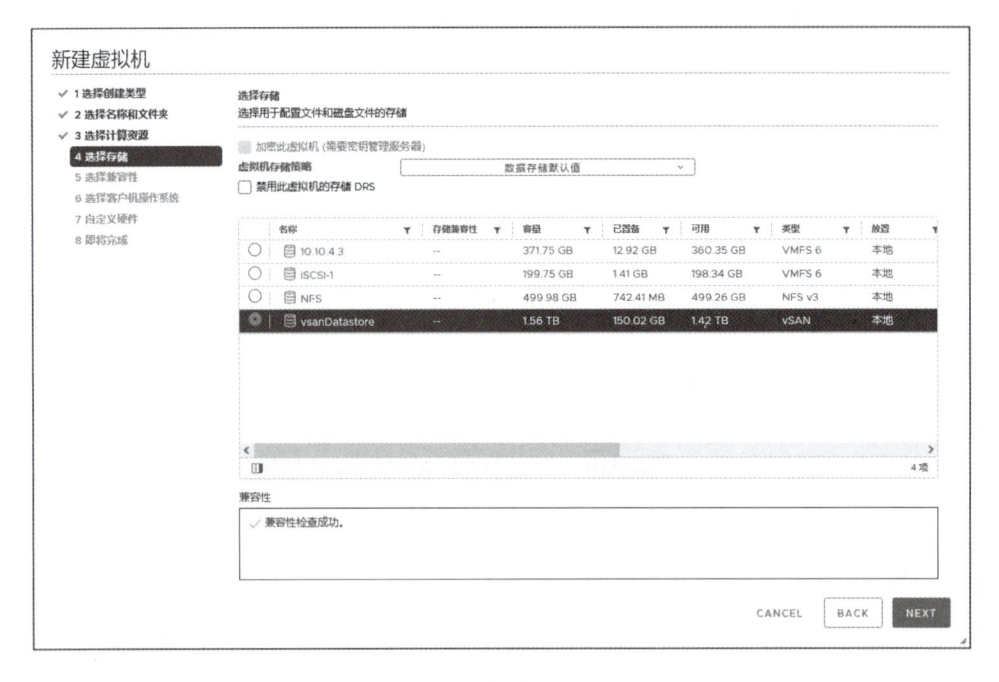

图 4-47　创建 vSAN 7

(1) 管理 vSAN 服务

如图 4-48 所示，单击集群"CLuster-1"，然后依次单击"配置—vSAN—服务"，查看并配置 vSAN 相关服务。

图 4-48　管理与使用 vSAN 1

vSAN 服务界面中主要包括性能服务、文件服务、网络、vSAN iSCSI 目标服务、数据服务、预留和警示以及高级选项。下面介绍常用的服务项：

如图 4-49 所示，性能服务板块，可以观察到统计信息对象运行状况、合规性状态等信息。

单击"编辑"，弹出"vSAN 性能服务设置"界面，此界面可以启用或关闭 vSAN 性能服

图 4-49　管理与使用 vSAN 2

务,对"存储策略"、"详细模式"和"网络诊断模式"进行设置,如图 4-50 所示。

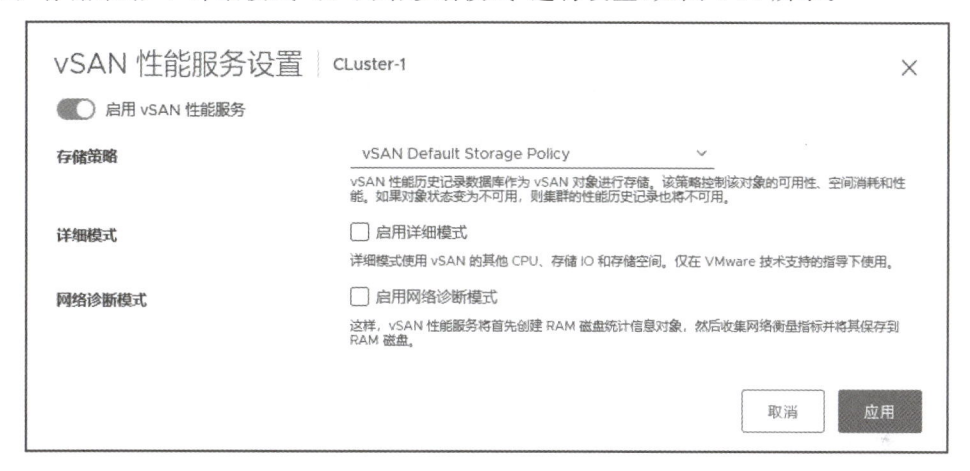

图 4-50　管理与使用 vSAN 3

该界面上的"存储策略"是为历史性能数据库对象指定合适的存储策略,当前只能选择默认的 vSAN 存储策略。下面为历史性能数据库对象创建一个新的 vSAN 存储策略。如图 4-51 所示,单击"菜单",然后单击"策略和配置文件"。

图 4-51　管理与使用 vSAN 4

如图 4-52 所示，在弹出的界面中单击"虚拟机存储策略"，然后单击"创建"。

图 4-52　管理与使用 vSAN 5

如图 4-53 所示，弹出"创建虚拟机存储策略"界面，进入步骤"1 名称和描述"，在"名称"栏中输入"vSAN Storage Policy-RAID-5"，单击"下一页"。

图 4-53　管理与使用 vSAN 6

如图 4-54 所示，进入步骤"2 策略结构"，勾选"为'vSAN'存储启用规则"，单击"下一页"。

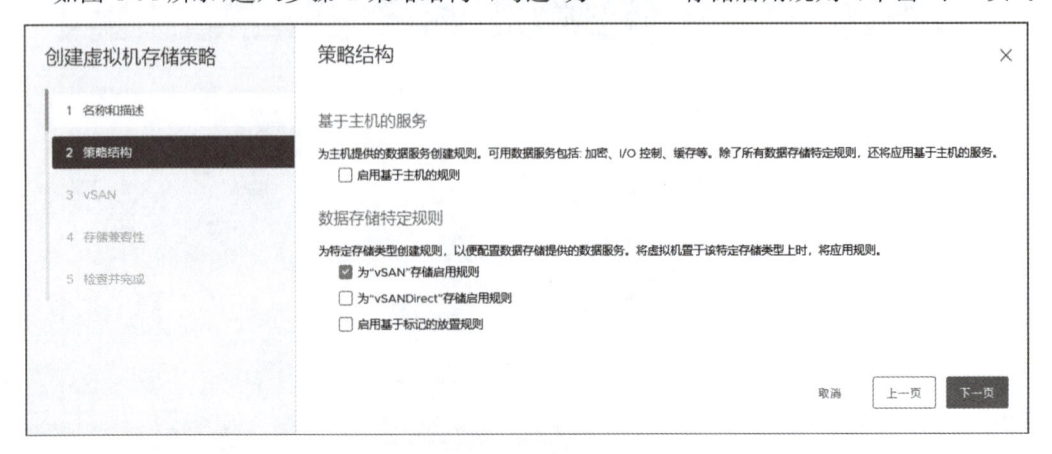

图 4-54　管理与使用 vSAN 7

如图 4-55 所示,进入步骤"3 vSAN","站点容灾"选择"无-标准集群","允许的故障数"选择"1 个故障-RAID-5(纠删码)",此时界面中给出红色提示"RAID 5/6（Erasure Coding)-Capacity 需要使用全闪存配置"。

图 4-55　管理与使用 vSAN 8

如图 4-56 所示,单击"存储规则","存储层"选择"全闪存","空间效率"选择"去重和压缩",其他配置项保持默认值,此时刚刚出现的红色提示信息消失。

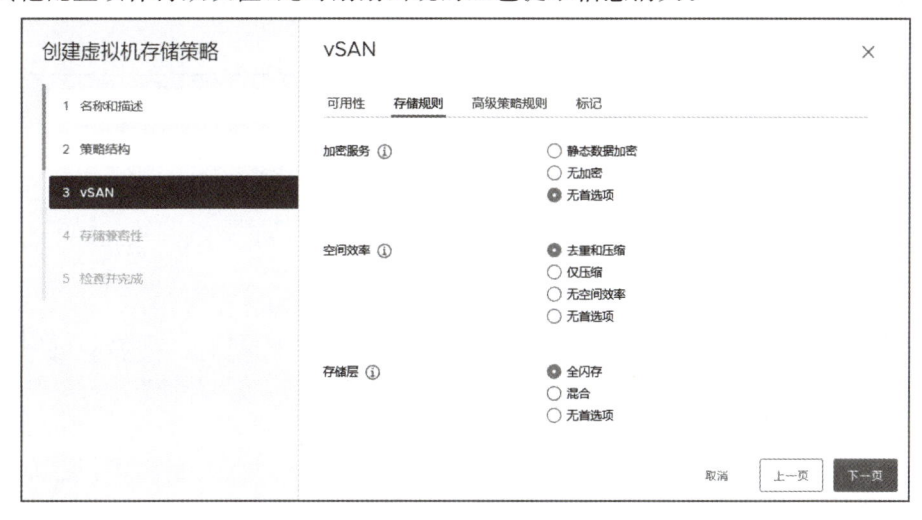

图 4-56　管理与使用 vSAN 9

如图 4-57 所示,单击"高级策略规则",所有配置项保持默认值,单击"下一页"。

图 4-57　管理与使用 vSAN 10

如图 4-58 所示，进入步骤"4 存储兼容性"，列表中显示满足上述配置的 vSAN 存储，单击"下一页"。

图 4-58　管理与使用 vSAN 11

如图 4-59 所示，进入步骤"5 检查并完成"，核对 vSAN 存储策略配置项参数，单击"完成"。

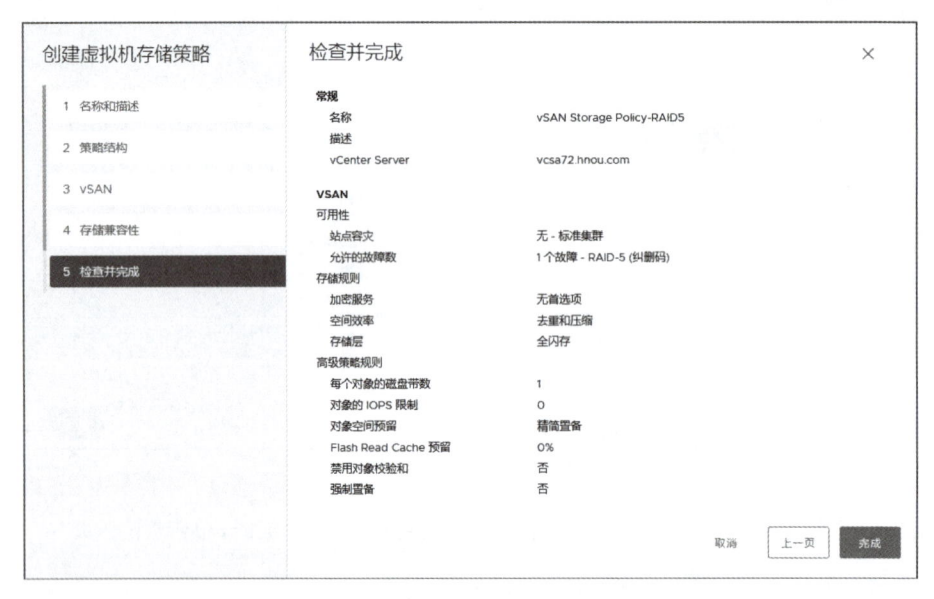

图 4-59　管理与使用 vSAN 12

如图 4-60 所示，返回"vSAN 性能服务设置"界面，"存储策略"选择"vSAN Storage Policy-RAID5"。

在"vSAN 性能服务设置"界面中，还可以启用"详细模式"和"网络诊断模式"，实验中并不启用，单击"应用"。详细模式仅当启用 vSAN 性能服务后，才会显示此复选框。启用详细模式后，vSAN 会收集其他性能衡量指标，并将其保存到统计信息数据库对象中。如果启用详细模式超过五天，则会出现一条警告消息，提示详细模式可能会占用大量资源，因此不建议长时间启用。网络诊断模式仅当启用 vSAN 性能服务后，才会显示此复选框。启用网络诊断模式后，vSAN 会收集其他网络性能衡量指标，并将其保存到 RAM 磁盘统计信息对

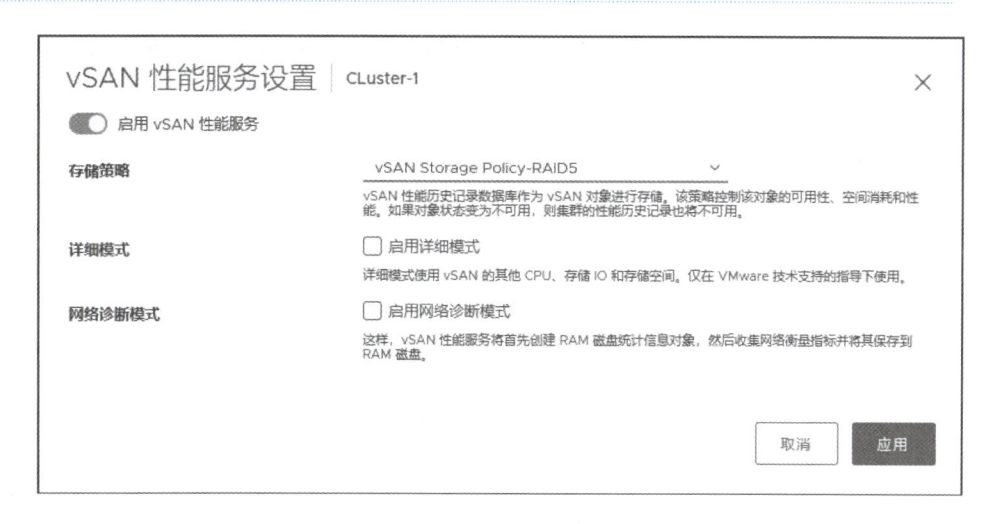

图 4-60 管理与使用 vSAN 13

象中。如果启用网络诊断模式超过一天,则会出现一条警告消息,提示网络诊断模式可能会占用大量资源,因此不建议长时间启用。

文件服务是将 vSAN 存储作为文件共享存储,使得非 vSAN 集群或物理服务器可以通过 NFS 或 SMB 协议访问文件共享存储。vSAN iSCSI 目标服务是利用 iSCSI 协议将 vSAN 存储共享给外部主机或服务器,启用 vSAN 文件服务和 vSAN iSCSI 服务的门户如图 4-61 所示。由于篇幅所限本小节不对上述两个服务展开讲解。

图 4-61 管理与使用 vSAN 14

(2) 管理 vSAN 磁盘组和磁盘

如图 4-62 所示,单击集群"CLuster-1",然后依次单击"配置—vSAN—磁盘管理",界面中展示了当前 vSAN 集群中的所有主机,单击每台主机左侧的">"可以展示指定主机的磁盘组,如图 4-63 所示。

单击主机"10.10.4.5",然后单击"创建磁盘组",弹出"创建磁盘组"界面,如图 4-64 所示,选择一个固态硬盘作为缓存磁盘,选择剩下的两个固态硬盘作为容量磁盘,单击"创建"。

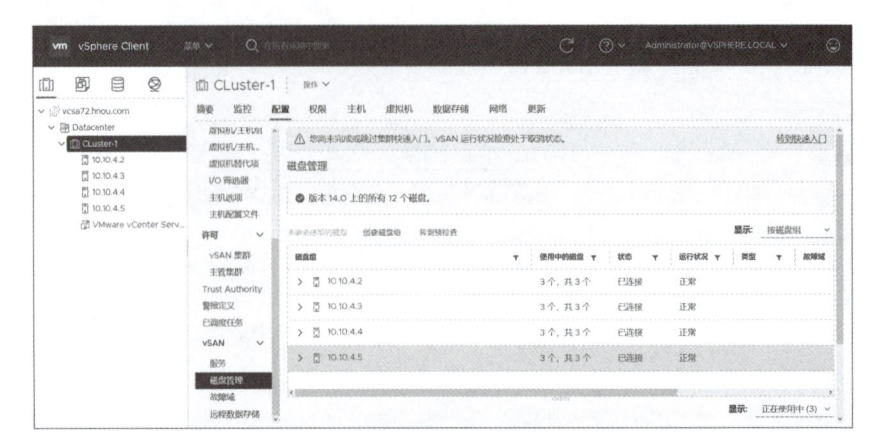

图 4-62　管理与使用 vSAN 15

图 4-63　管理与使用 vSAN 16

图 4-64　管理与使用 vSAN 17

项目4 管理与使用vSphere虚拟化环境中的存储

如图 4-65 所示,主机"10.10.4.5"现在有两个磁盘组,每个磁盘组包含 3 个磁盘。

图 4-65　管理与使用 vSAN 18

由于 vSAN 集群启用了"去重和压缩"功能,无法直接移除磁盘组中的容量磁盘,若要移除容量磁盘需要将整个目标磁盘组移除。移除磁盘组前,vSAN 将会把目标磁盘组上存储的数据进行转移,若 vSAN 集群没有足够的容量存储相关数据,则可能会降低数据保护级别,也有可能导致数据丢失。下面演示如何移除磁盘组,选择刚刚创建的磁盘组,然后单击磁盘组列表上方的"...",在弹出的下拉式菜单中单击"移除",如图 4-66 所示。

图 4-66　管理与使用 vSAN 19

如图 4-67 所示,弹出"移除磁盘组"界面,"vSAN 数据迁移"选择"确保可访问性",另外两个可选项包括"迁移全部数据"和"不迁移数据",然后单击"移除"。确保可访问性模式比迁移全部数据模式更快,因为确保可访问性模式仅从主机上迁移对运行虚拟机至关重要的组件。处于此模式时,如果遇到故障,虚拟机的可用性将受影响。选择确保可访问性模式后,在故障期间不会重新保护数据,因此可能会遇到意外丢失数据的情况。选择迁移全部数据模式时,如果资源可用,并且允许的故障数主要级别设置为 1 或更高,则会在出现故障时自动重新保护数据。处于此模式时,主机中的所有组件都会迁移,并且根据主机上的数据量,迁移可能需要较长时间。

图 4-67　管理与使用 vSAN 20

如图 4-68 所示，主机"10.10.4.5"新创建的磁盘组已被移除。

图 4-68　管理与使用 vSAN 21

在启用了"去重和压缩"功能的 vSAN 集群中不建议为主机在用的磁盘组添加容量磁盘，推荐的做法是以磁盘组为单位向主机添加存储容量，尽管如此在用的磁盘组仍然可以执行磁盘添加，如图 4-69 所示，单击主机"10.10.4.5"的磁盘组，该磁盘组有 3 个磁盘，容量磁盘为 2 个，然后单击"添加磁盘"。

图 4-69　管理与使用 vSAN 22

项目4 管理与使用vSphere虚拟化环境中的存储

如图 4-70 所示，弹出"添加容量磁盘"界面，勾选一个磁盘作为新增加的容量磁盘，单击"添加"。

图 4-70 管理与使用 vSAN 23

如图 4-71 所示，主机"10.10.4.5"的磁盘组有 4 个磁盘，其中容量磁盘为 3 个。

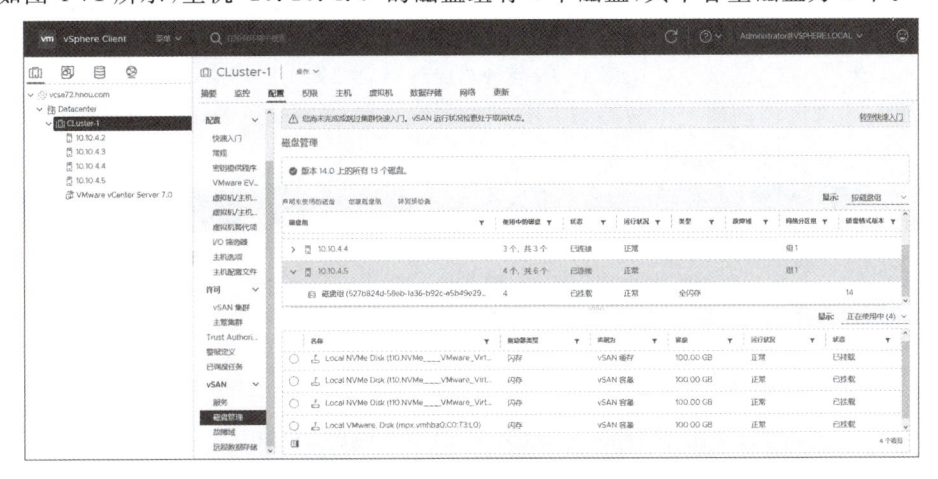

图 4-71 管理与使用 vSAN 24

（3）管理故障域

如图 4-72 所示，单击集群"CLuster-1"，然后依次单击"配置—vSAN—故障域"，当前四台主机是独立主机，没有创建故障域。单击图中"＋"开始创建故障域。

图 4-72 管理与使用 vSAN 25

如图 4-73 所示，弹出"新建故障域"界面，在"故障域名称"栏输入"故障域 1"，勾选主机"10.10.4.2"，将选中的目标主机移动至故障域 1 中，单击"创建"。

图 4-73　管理与使用 vSAN 26

按照上述方法再创建三个故障域并分别把各台主机移动至故障域，配置完成，四台主机分别位于四个故障域中，如图 4-74 所示。

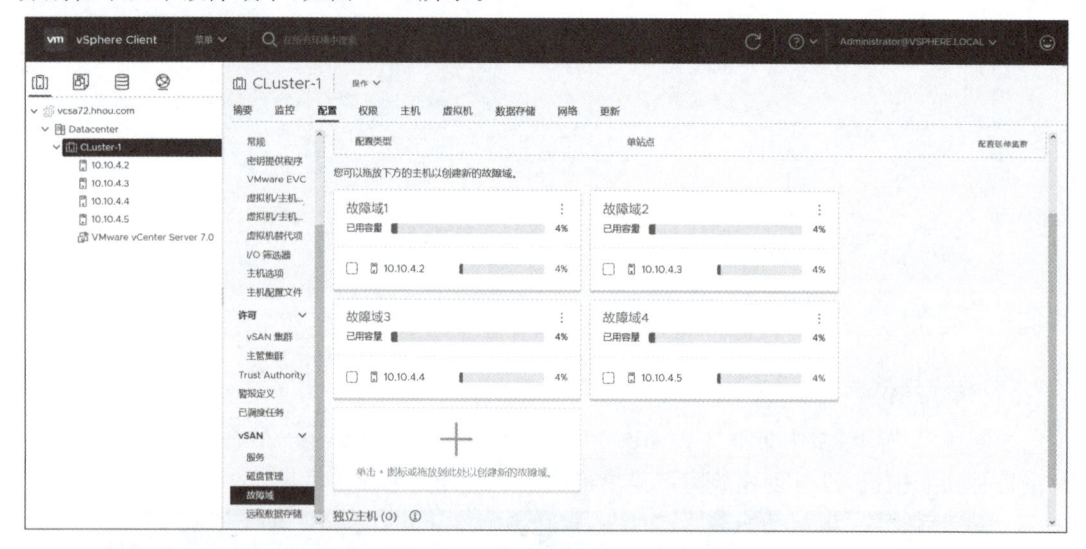

图 4-74　管理与使用 vSAN 27

(4) 使用 HCI 网格共享 vSAN 远程数据存储

本实验在某企业物理环境中执行，该企业在生产环境中已经部署了一个 vSAN 集群 CLuster-1，因业务需要需新增集群 CLuster-2，但是由于采购预算有限，CLuster-2 无法采购足够的磁盘构建 vSAN 集群，只能提供计算资源，因此 CLuster-2 需要共享 CLuster-1 的 vSAN 存储，共享的前提条件是 CLuster-2 需要配置 VMkernel 端口以支持 vSAN 服务且 VMkernel 端口 IP 地址与 CLuster-1 的 vSAN 关联的 VMkernel 端口 IP 地址在同一个网段，两个集群每台 ESXi 主机仅有 1 台支持 vSAN 的 VMkernel 端口，此时可以使用 HCI 网格共享 vSAN 远程数据存储服务。

项目4 管理与使用vSphere虚拟化环境中的存储

如图 4-75 所示，单击集群 CLuster-2，然后依次单击"配置—vSAN—服务—配置 vSAN"。

图 4-75　管理与使用 vSAN 28

如图 4-76 所示，弹出"配置 vSAN"界面，进入步骤"1 配置类型"，选择"vSAN HCI 网格计算集群"，单击"下一步"。

图 4-76　管理与使用 vSAN 29

如图 4-77 所示，进入步骤"2 检查"，单击"完成"，带有 vSAN 功能的数据集群创建完毕。

图 4-77　管理与使用 vSAN 30

如图 4-78 所示，单击集群 CLuster-2，然后依次单击"配置—vSAN—服务—挂载远程数据存储"。

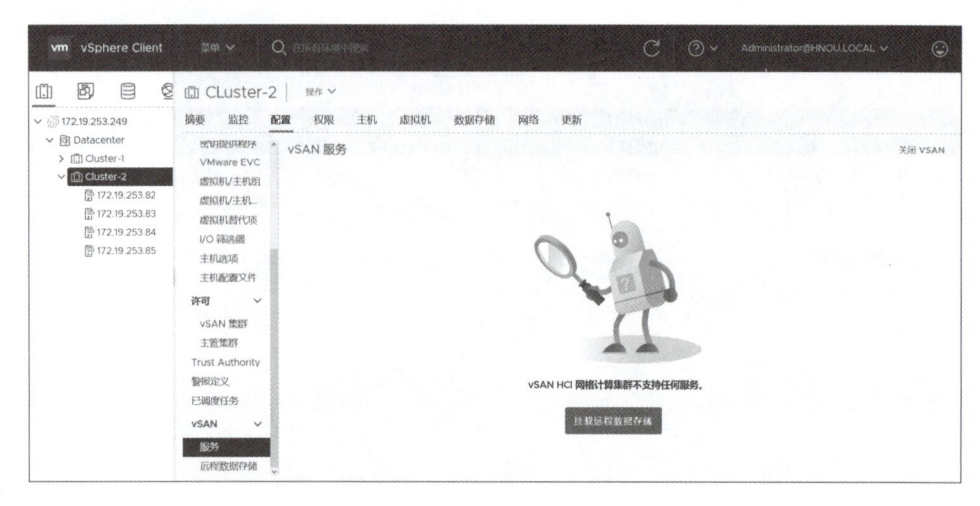

图 4-78　管理与使用 vSAN 31

如图 4-79 所示，弹出"挂载远程数据存储"界面，进入步骤"1 选择数据存储"，单击"下一步"。

图 4-79　管理与使用 vSAN 32

如图 4-80 所示，进入步骤"2 检查兼容性"，当所有项目兼容性检查通过后，单击"完成"，远程 vSAN 数据存储挂载完毕，如图 4-81 所示。

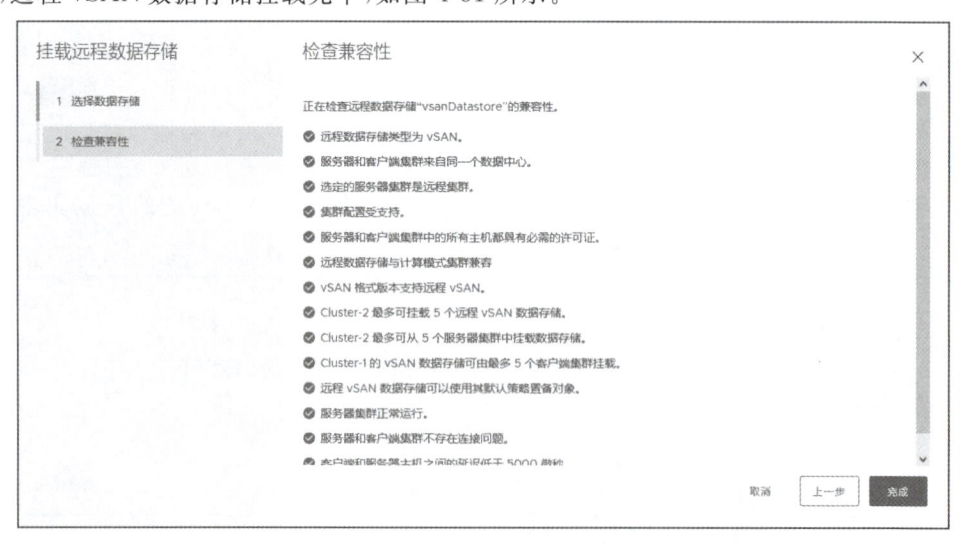

图 4-80　管理与使用 vSAN 33

如图 4-82 所示，在 CLuster-2 中创建的虚拟机的磁盘可以使用远程 vSAN 数据存储。

图 4-81　管理与使用 vSAN 34

图 4-82　管理与使用 vSAN 35

项目实战练习

1. 使用 VMware Workstation 创建一台 Windows Server 2019 虚拟机，4 CPU，8 GB 内存，40 GB 系统盘，E 盘为 200 GB，F 盘为 200 GB。分别基于 E 盘和 F 盘创建 iSCSI 存储和 NFS 存储。将创建的 iSCSI 存储和 NFS 存储挂载到 vSphere 虚拟化环境中。

2. 为每台 ESXi 主机添加额外 3 个 200 GB 的磁盘，然后为 vSAN 集群所有主机添加一个磁盘组，观察磁盘组添加任务执行的过程。

项目 5　管理与使用虚拟机

项目背景概述

部署好 vSphere 基本的网络环境和存储环境以后，就可以部署虚拟机了。虚拟机是 vSphere 数据中心的重要承载对象，是构建服务和共享数据的基础，掌握虚拟机的管理和使用是虚拟化管理员的关键任务之一。本任务将详细介绍虚拟机的创建、管理和使用。

项目学习目标

知识目标：
1. 熟悉虚拟机的基本概念和原理
2. 熟悉虚拟 CPU 的基本原理
3. 熟悉虚拟内存的基本原理
4. 熟悉虚拟磁盘的基本原理

技能目标：
1. 会创建虚拟机
2. 会创建与管理虚拟机快照
3. 会使用虚拟机备份与还原

素质目标：
虚拟化技术学习中培养学生刻苦练习，勤于思考的品质。

项目环境需求

1. 硬件环境需求

实验计算机双核及以上 CPU，32 GB 及以上内存，不低于 500 GB 硬盘，主板 BIOS 开启硬件虚拟化支持。

2. 操作系统环境需求

实验计算机安装 Windows 10 64 位专业版操作系统。

3. 软件环境需求

实验计算机安装 VMware Workstation 16 Pro。

项目规划设计

(见表 5-1、表 5-2)

表 5-1 网络规划设计

设备名称	操作系统	网络适配器	网络适配器模式	IP 地址/掩码长度	网关	备注
实验计算机	Windows 10 Pro	—	—	10.10.4.1/24	—	—
ESXi 1	ESXi 7.0	网络适配器 1 网络适配器 2	桥接	vmk 0:10.10.4.2/24	10.10.4.254	管理和 vSphere 高级功能流量
		网络适配器 3 网络适配器 4	NAT	—	—	虚拟机流量
		网络适配器 5 网络适配器 6	仅主机模式	vmk 1:192.168.58.2/24	192.168.58.1	vSAN 流量
		网络适配器 7	仅主机模式	vmk 2:192.168.100.2/24	192.168.100.1	iSCSI、NFS 流量
		网络适配器 8	仅主机模式	vmk 3:192.168.100.12/24	192.168.100.1	iSCSI、NFS 流量
ESXi 2	ESXi 7.0	网络适配器 1 网络适配器 2	桥接	vmk 0:10.10.4.3/24	10.10.4.254	管理和 vSphere 高级功能流量
		网络适配器 3 网络适配器 4	NAT	—	—	虚拟机流量
		网络适配器 5 网络适配器 6	仅主机模式	vmk 1:192.168.58.3/24	192.168.58.1	vSAN 流量
		网络适配器 7	仅主机模式	vmk 2:192.168.100.3/24	192.168.100.1	iSCSI、NFS 流量
		网络适配器 8	仅主机模式	vmk 3:192.168.100.13/24	192.168.100.1	iSCSI、NFS 流量
ESXi 3	ESXi 7.0	网络适配器 1 网络适配器 2	桥接	vmk 0:10.10.4.4/24	10.10.4.254	管理和 vSphere 高级功能流量
		网络适配器 3 网络适配器 4	NAT	—	—	虚拟机流量
		网络适配器 5 网络适配器 6	仅主机模式	vmk 1:192.168.58.4/24	192.168.58.1	vSAN 流量
		网络适配器 7	仅主机模式	vmk 2:192.168.100.4/24	192.168.100.1	iSCSI、NFS 流量
		网络适配器 8	仅主机模式	vmk 3:192.168.100.14/24	192.168.100.1	iSCSI、NFS 流量
ESXi 4	ESXi 7.0	网络适配器 1 网络适配器 2	桥接	vmk 0:10.10.4.5/24	10.10.4.254	管理和 vSphere 高级功能流量
		网络适配器 3 网络适配器 4	NAT	—	—	虚拟机流量
		网络适配器 5 网络适配器 6	仅主机模式	vmk 1:192.168.58.5/24	192.168.58.1	vSAN 流量
		网络适配器 7	仅主机模式	vmk 2:192.168.100.5/24	192.168.100.1	iSCSI、NFS 流量
		网络适配器 8	仅主机模式	vmk 3:192.168.100.15/24	192.168.100.1	iSCSI、NFS 流量
vCenter Server 7.0	vCenter Server Appliance 7.0	—	—	10.10.4.10/24	10.10.4.254	—
vSphere Replication	vSphere Replication 8.4	—	—	10.10.4.13	10.10.4.254	主机名 replication.hnou.com

表 5-2　　　　　　　　　　　　　设备配置规划设计

设备名称	操作系统	CPU 核数	内存/GB	硬盘/GB	用户名	密码
实验计算机	Windows 10 Pro	8	32 以上	1 000	administrator	—
ESXi 1	ESXi 7.0	8	16	500	root	Root！@2021
ESXi 2	ESXi 7.0	8	16	500	root	Root！@2021
ESXi 3	ESXi 7.0	8	16	500	root	Root！@2021
ESXi 4	ESXi 7.0	8	16	500	root	Root！@2021
vCenter Server 7.0	vCenter Server Appliance 7.0	2	12 root	Root！@2021	—	—

项目知识储备

1. vSphere 虚拟机的基本概念

vSphere 虚拟机可以像物理机一样运行操作系统和应用，但是虚拟机一般没有像物理机一样的独立硬件，因此需要支持虚拟化环境中运行的规则和组件。虚拟机常见的组件包括：

（1）操作系统

这与物理机一样，虚拟机用户要使用虚拟机资源运行相关服务之前需要安装合适版本的操作系统，如 Windows Server 2019 或 CentOS 7 等。从操作系统管理员和应用程序开发人员的角度看虚拟机与物理机操作系统体验几乎没有区别。

（2）VMware Tools

VMware Tools 是一套实用程序，能够提高虚拟机操作系统的性能，并增强虚拟机的管理。使用 VMware Tools 可以适配和增强虚拟机驱动程序，可以更好地控制虚拟机界面。在使用具有图形化用户界面的操作系统时，如果没有安装合适版本的 VMware Tools 可能无法正常移动鼠标或者界面无法按照合适的分辨率呈现，同时部分虚拟机的操作也将受限，因此，不论是 Windows 系统还是 Linux 系统，开发人员一定要为操作系统安装合适的 VMware Tools。

（3）兼容性设置

兼容性设置主要是决定虚拟机可以在哪些版本的 ESXi 主机上运行，能得到哪些虚拟硬件的支持，恰当的兼容性设置能确保虚拟硬件之间、虚拟硬件与虚拟机操作系统之间适配，这与物理机环境中主板与 CPU、内存等硬件兼容才能正常开机运行是一样的。虚拟机兼容性包括若干级别，每个级别支持若干版本的 vSphere，具体支持情况见表 5-3。

表 5-3　　　　　　　　　　　　　vSphere 虚拟机兼容性说明

ESXi 版本	兼容性说明
ESXi 7.0 Update 1 及更高版本	该虚拟机(硬件版本 18)与 ESXi 7.0 Update 1 及更高版本兼容
ESXi 7.0 及更高版本	该虚拟机(硬件版本 17)与 ESXi 7.0 和 ESXi 7.0 Update 1 兼容
ESXi 6.7 Update 2 及更高版本	该虚拟机(硬件版本 15)与 ESXi 6.7 Update 2、ESXi 6.7 Update 3、ESXi 7.0 和 ESXi 7.0 Update 1 兼容
ESXi 6.7 及更高版本	该虚拟机(硬件版本 14)与 ESXi 6.7、ESXi 6.7 Update 2、ESXi 6.7 Update 3、ESXi 7.0 和 ESXi 7.0 Update 1 兼容
ESXi 6.5 及更高版本	该虚拟机(硬件版本 13)与 ESXi 6.5、ESXi 6.7、ESXi 6.7 Update 2、ESXi 6.7 Update 3、ESXi 7.0 和 ESXi 7.0 Update 1 兼容
ESXi 6.0 及更高版本	该虚拟机(硬件版本 11)与 ESXi 6.0、ESXi 6.5、ESXi 6.7、ESXi 6.7 Update 2、ESXi 6.7 Update 3、ESXi 7.0 和 ESXi 7.0 Update 1 兼容

读者请注意在创建虚拟机时并不一定要选择最新的 ESXi 版本,要根据数据中心具体情况来选择合适的 ESXi 版本,例如在用数据中心建设历经多年,目前存在 ESXi 6.0、ESXi 6.5 和 ESXi 6.7 等多个版本,为了确保新、旧版本平滑过渡,建议采用合适的配置,见表 5-4。

表 5-4　　　　　　　　　　　　　兼容性版本选择示例

数据中心存在的 ESXi 主机集群	兼容性版本选择	兼容性描述
包含 ESXi 6.0、ESXi 6.5 和 ESXi 6.7 主机的集群	ESXi 6.5 及更高版本	可访问 ESXi 6.0 主机中不可用的虚拟硬件功能;不能将此虚拟机迁移到 ESXi 6.0 主机;该虚拟机不具备在 ESXi 6.7 主机上运行的虚拟机可用的所有功能
包含 ESXi 6.0、ESXi 6.5 和 ESXi 6.7 主机的集群	ESXi 6.7 及更高版本	这会提供对最新虚拟硬件功能的访问,并确保获得最佳性能。但是,具有此类兼容性的虚拟机不能在 ESXi 6.0 或 ESXi 6.5 上运行

(4)虚拟硬件

虚拟机同样也需要虚拟 CPU、虚拟内存、虚拟硬盘等虚拟硬件的支持,虚拟机通过 vSphere 虚拟化层抽象、虚拟化和共享 ESXi 集群主机的物理硬件资源,每个虚拟硬件设备在虚拟机上执行的功能与物理机上的硬件执行的功能相同。

虚拟机包含一系列虚拟机文件,这些文件中较为关键的包括配置文件、虚拟磁盘描述文件、NVRAM 设置文件和日志文件等,不同类型的文件主要以后缀名和名称加以区分。

①虚拟机配置文件

命名规范:虚拟机名称.vmx。该文件主要记录操作系统类型和版本以及虚拟硬件信息。

②虚拟磁盘描述文件

命名规范:虚拟机名称.vmdk。该文件主要描述虚拟磁盘特性。

③虚拟磁盘数据文件

命名规范:虚拟机名称[编号]-flat.vmdk。虚拟机实际使用的虚拟磁盘,用于存放虚拟机数据。

④NVRAM 设置文件

命名规范：虚拟机名称.nvram。类似物理主机 BIOS 文件，记录 BIOS 信息。

⑤日志文件

命名规范：虚拟机名称.log。虚拟机日志文件。

⑥虚拟机快照文件

命名规范：虚拟机名称.vmsd。创建虚拟机快照时产生此文件，是记录虚拟机快照信息的数据库和快照管理器的主要信息源。

⑦虚拟机快照内存文件

命名规范：虚拟机名称-[编号].vmsn。记录虚拟机的活动状况，通过捕获虚拟机的内存状况，可恢复到已打开的虚拟机状况。

⑧快照增量磁盘文件

命名规范：虚拟机名称[编号]-delta.vmdk。记录虚拟磁盘的当前状况和上次执行快照时存在的状况之间的差异。

⑨交换文件

命名规范：虚拟机名称.vswp。用于虚拟机开、关机时内存交换使用。

2. 虚拟 CPU

(1)常用术语

在使用虚拟机 CPU 之前，必须要了解有关虚拟 CPU 的基本概念和术语。

①CPU 插槽

如图 5-1 所示，这是物理服务器的一块主板，图中有两个带有黄色封盖的长方形区域，即 CPU 插槽，用于安装 CPU。在设置虚拟机时，同样有虚拟 CPU 插槽，是用来连接虚拟 CPU 与虚拟主板的，一个插槽内可以安放一个 CPU。

②内核

内核是一个包含 1 级缓存和运行应用程序的功能单元，它可以独立运行应用程序或线程，单个 CPU 上可以有一个或多个内核。

③CPU 资源共享与分配

在 vSphere 虚拟化环境中，CPU 被作为一种计算资源来看待，因此 CPU 资源在分配中也有份额、预留和限制的概念。假如将 ESXi 主机上的一个虚拟机 CPU 资源份额设置为另一个虚拟机的两倍，当两个虚拟机争用主机 CPU 资源时，第一个虚拟机有权消耗两倍于第二个虚拟机的 CPU 资源。有些应用或程序需要保持较高的运算和处理能力，因此在创建虚拟机时可以为其预留足够的 CPU 资源，例如在线交易数据库集群，读者就可以预留 CPU 设置，即便在主机 CPU 超载运行时也能保障数据库集群的 CPU 消耗。

④Virtual SMP

Virtual SMP 可以使单个虚拟机同时使用多个物理 CPU 上的资源并能够在 CPU 之间负载均衡，但必须具有 Virtual SMP 功能才能打开多处理器(有多个虚拟 CPU 插槽)虚拟机的电源。当然，也需要操作系统和上层应用(如数据库)支持并利用 SMP 执行任务才能享受到 Virtual SMP 带来的性能提升。

图 5-1　物理服务器主板上的 CPU 插槽

(2) 多核处理器与超线程

① 多核处理器

VMware 使用"插槽"来描述一个 CPU 的封装，一个 CPU 内封装一个或多个 CPU 内核，每个内核具有一个或多个逻辑处理器，这就是多核处理器，如图 5-2 所示，是两个多核物理 CPU。ESXi 系统运行 CPU 调度程序，该程序能够独立使用每个处理器内核的每个逻辑处理器运行虚拟机，从而提高 SMP 系统的性能。例如，两路虚拟机可以让虚拟处理器运行在属于相同内核的逻辑处理器上，或运行在不同物理内核的逻辑处理器上，CPU 调度程序可以检测处理器拓扑，以及处理器内核与它上面的逻辑处理器之间的关系，使用此信息来调度虚拟机和优化性能。

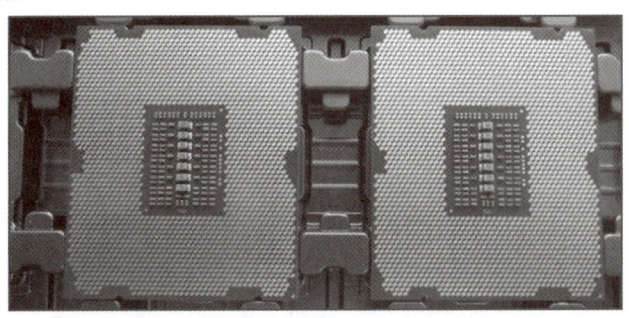

图 5-2　多核物理 CPU

② 超线程

超线程技术允许单个物理处理器内核像两个逻辑处理器一样工作。处理器可以同时运行两个独立的应用程序，即超线程技术允许单个处理器内核同时执行两个独立的线程。虽然超线程不会使系统的性能加倍，但是它可以通过更好地利用空闲资源来提高性能，例如一个线程执行 A 应用的整数指令集时,可以让另一个线程执行 A 应用的浮点指令集,这样使得两种运算同时运用 CPU 的资源,提升 CPU 的利用率,使得某些重要的工作负载类型产生更大的吞吐量。在 vSphere 虚拟化环境中,超线程被称为 LCPU,虚拟机的虚拟 CPU（vCPU）需要被调度到 LCPU 上运行,并且 vCPU 与 LCPU 按照 1∶1 的比例调度使用,即一个 vCPU 会占用一个 LCPU,反过来,一个 LCPU 上也只能运行一个 vCPU,如图 5-3 所示,ESXi 主机以智能方式管理处理器时间,保证负载均匀分布在系统的多个处理器内核上。相同内核上的逻辑处理器具有连续的 CPU 编号,因此 CPU 0 和 CPU 1 在第一个内核上,而 CPU 2 和 CPU 3 在第二个内核上,依次类推。优先在两个不同的内核上调度虚拟机,然后才选择在同一内核的两个逻辑处理器上调度虚拟机。当运行所有虚拟机的 vCPU 数量超过 ESXi 主机总的 LCPU 时,CPU 就会出现超额分配的情况,CPU 调度程序将在一定时间间隔里轮流调度 vCPU 运行,虚拟机之间将会竞争 CPU 资源,因此,为了保障关键应用的性能,可以通过合理设置虚拟机的预留和份额,确保 CPU 争用时关键应用仍能保持理想的性能。

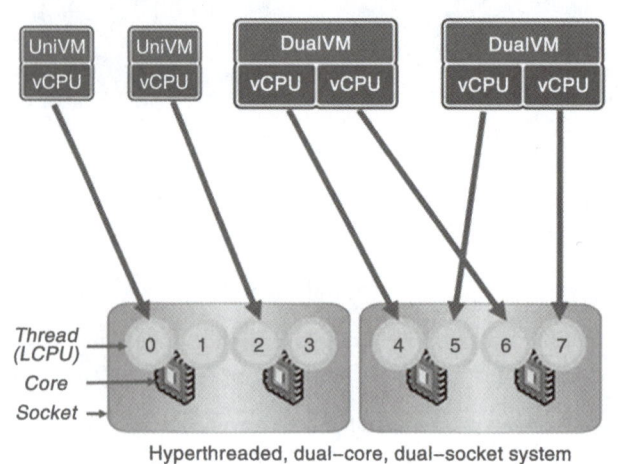

图 5-3　超线程环境 vCPU 调度

(3) 虚拟 CPU 热添加

虚拟 CPU 热添加是指在不关闭虚拟机的情况下为虚拟机添加 CPU 资源,这样可以在不中断业务的情况下提升虚拟机的性能。CPU 热添加功能不仅需要虚拟机操作系统的支持,还需要用户安装最新版的 VMware Tools。

(4) 虚拟 CPU 使用注意事项

vSphere 7.0 Update 2 允许每台虚拟机最大配置 768 个 vCPU,虚拟机 vCPU 总数取决于主机上能提供的 LCPU 数量和虚拟机上安装的操作系统类型。在为虚拟机配置 vCPU 时,需要注意以下事项:

虚拟机的 vCPU 数量不能超过主机上 LCPU 的数量。如果禁用了超线程功能,则 LCPU 的数量等于物理内核的数量；如果启用了超线程功能,则 LCPU 的数量为物理内核数量的两倍。

如果正在运行的虚拟机的 vCPU 数量不超过 128 个,则无法使用热添加进一步增加

vCPU 的数量,这个启用热添加的 vCPU 数量限制可以待关闭虚拟机电源后进行调整。如果正在运行的虚拟机的 vCPU 数量已超过 128 个,则可以使用热添加进一步将虚拟机的 CPU 的数量增加到最多 768 个。

虚拟机可以拥有的最大虚拟 CPU 插槽数为 128。如果要为虚拟机配置 128 个以上的虚拟 CPU,必须使用多核虚拟 CPU。

超线程主机可能会影响虚拟机性能,具体取决于工作负载。开启超线程后,LCPU 将可能争用资源,如 CPU 缓存,在重负载的情况下可能会加剧 CPU 的调度负担,导致虚拟机性能下降。

3. 虚拟内存

(1) 虚拟机内存

为了运行操作系统及应用程序,虚拟机会消耗内存,同时为了虚拟化管理虚拟化软件本身也会消耗内存。当进行虚拟机内存配置时,实际上设置的是虚拟机内存配置大小即提供给虚拟机及其应用程序使用的内存上限,虚拟机实际消耗的主机物理内存取决于主机上资源设置(份额、预留和限制)和内存压力级别。例如有一台内存配置为 2 GB 的虚拟机,当其操作系统引导时,BIOS 系统检测操作系统当前运行在一台内存为 2 GB 的主机上,有时虚拟机能分配到 2 GB 的物理内存,有时仅能分配到 1 GB 的物理内存,但就虚拟机操作系统而言,它始终认为自己运行在一个内存为 2 GB 的机器上。

(2) 内存虚拟化

ESXi 主机进行虚拟内存管理时,并不需要了解每台驻留在其上的虚拟机操作系统的情况,ESXi 也不会干涉虚拟机操作系统内部的内存管理。ESXi 通过每台虚拟机的虚拟机管理程序(VMM)实现从虚拟机操作系统的物理内存页到 ESXi 主机实际物理内存页的映射。虚拟机虚拟内存地址到虚拟机物理地址的转换由虚拟机操作系统管理,一般转换为连续的可寻址的虚拟机物理地址空间;VMM 负责将虚拟机物理地址转换为 ESXi 主机实际的物理地址,而分配给虚拟机实际的物理地址可能不是连续的地址空间,整个分配过程如图 5-4 所示。

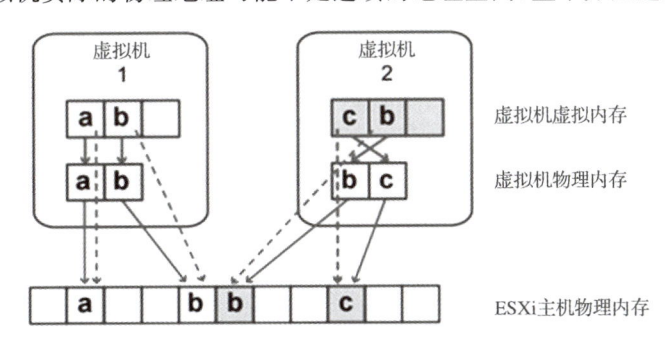

图 5-4 ESXi 主机内存地址映射

虚拟机内的正方形方框表示内存页(一般为 4 KB),而箭头表示不同的内存映射。从虚拟机虚拟内存到虚拟机物理内存的箭头表示虚拟机操作系统中的页表所保持的映射。从虚拟机物理内存到 ESXi 主机物理内存的箭头表示由 VMM 保持的映射。虚线箭头表示从虚拟机虚拟内存到 ESXi 主机物理内存的映射,该映射也由 VMM 保持。

(3)配置虚拟机内存的注意事项

使用 BIOS 固件的虚拟机的内存最小值为 4 MB。使用 EFI 固件的虚拟机至少需要 96 MB 的内存,否则无法打开电源。

虽然使用 BIOS 固件的虚拟机的最大内存为 24 560 GB,但是对于内存超过 6 128 GB 的虚拟机,必须使用 EFI 固件。

虚拟机的最大内存取决于 ESXi 主机的物理内存和虚拟机的兼容性设置,虚拟机最大内存与兼容性关系见表 5-5。

表 5-5　　　　　　　　　　　　虚拟机最大内存与兼容性关系

ESXi 主机版本	虚拟机兼容性	内存最大值
ESXi 7.0 Update 1	ESXi 7.0 Update 1 及更高版本	24 560 GB
ESXi 7.0	ESXi 7.0 及更高版本	6 128 GB
ESXi 6.7 Update 2	ESXi 6.7 Update 2 及更高版本	6 128 GB
ESXi 6.7	ESXi 6.7 及更高版本	6 128 GB
ESXi 6.5	ESXi 6.5 及更高版本	6 128 GB
ESXi 6.0	ESXi 6.0 及更高版本	4 080 GB

4. 虚拟磁盘

(1)虚拟磁盘的特性

①允许在虚拟机开机状态下,为虚拟机添加虚拟磁盘,虚拟磁盘由主机文件系统中的一个或多个文件组成,因此可在一台主机或多台主机之间复制或移动虚拟磁盘。

②具有大容量虚拟硬盘或大于 2 TB 磁盘的虚拟机必须满足最佳虚拟机性能的资源和配置要求。

③大容量虚拟磁盘的最大值为 62 TB。如果向虚拟机分配了 62 TB 的磁盘,执行快照拍摄或克隆任务可能会失败,而执行克隆、Storage vMotion 或无共享存储环境中的 vMotion 任务时可能时间会较长,因此,建议谨慎向虚拟机分配最大磁盘空间。

④需要虚拟机操作系统支持相应的虚拟磁盘空间大小,尤其在使用大容量虚拟磁盘时。

⑤每台虚拟机最多可有四个 SCSI 磁盘控制器和四个 SATA 磁盘控制器。默认 SCSI 或 SATA 控制器为 0。在创建虚拟机时,会将默认磁盘分配给总线节点(0∶0)上的默认控制器 0。将不同类型的存储控制器添加到使用 BIOS 固件的虚拟机会产生操作系统引导问题,将额外磁盘添加到使用 EFI 固件的虚拟机则不会产生引导问题。

(2)虚拟磁盘置备策略

①厚置备延迟置零

这是虚拟机默认的虚拟磁盘创建策略。在创建虚拟磁盘时,分配该磁盘所需的空间。在创建过程中,不会清除物理设备上保留的数据,但以后首次从虚拟机写入时则会按需置零,虚拟机不会从物理设备上读取失效数据。

②厚置备快速置零

它是一种厚虚拟磁盘类型,可支持集群功能,如 Fault Tolerance。在创建时,为虚拟磁盘分配所需的空间。与厚置备延迟置零格式相反,在创建虚拟磁盘时,它会将物理设备上保留的数据置零。创建这种格式的虚拟磁盘所需的时间可能会比创建其他类型的磁盘所用的时间长。增加厚置备快速置零虚拟磁盘的内存会导致虚拟机关闭时间延长。

③精简置备

使用此格式可节省存储空间。对于精简磁盘,可以根据输入的虚拟磁盘大小值置备磁盘所需的数据存储空间。但是,精简磁盘开始时很小,只使用与初始操作所需的大小完全相同的存储空间。如果精简磁盘以后需要更多空间,可以将其增大到其最大容量。精简置备是创建虚拟磁盘的最快方法,因为它创建的磁盘仅具有头文件信息。它不会分配存储块或将其置零。初次访问存储块时,才分配存储块并将其置零。如果虚拟磁盘支持集群解决方案(如 Fault Tolerance),请勿将磁盘设置为精简格式。

(3)虚拟磁盘模式

①从属:从属磁盘将包含在快照中。

②独立-持久:处于持久模式的磁盘,其行为与物理机上常规磁盘的行为相似。在持久模式下,写入磁盘的所有数据都会永久写入磁盘。

③独立-非持久:关闭虚拟机或重置虚拟机时,在非持久模式下对磁盘进行的更改将丢失。使用非持久模式,读者可以每次使用相同的虚拟磁盘状态重新启动虚拟机。对磁盘的更改会被写入重做日志文件并可从中读取,关闭虚拟机或重置虚拟机时会删除重做日志文件。

任务 5-1　创建与使用虚拟机

任务介绍

vSphere 虚拟机的组成部件与物理计算机基本一致,能像物理计算机一样运行操作系统和执行应用程序。本任务详细讲解 Windows 虚拟机和 Linux 虚拟机的创建和使用。

任务目标

(1)熟练掌握 Windows 虚拟机的创建和使用。
(2)熟练掌握 Linux 虚拟机的创建和使用。

任务实施

1. 创建和使用 Windows 虚拟机

(1)上载 Windows 操作系统映像文件至数据存储

实验中以创建 Windows Server 2019 虚拟机为例详细讲解 Windows 虚拟机的创建和使用。在创建 Windows 虚拟机之前,读者需要先下载相应 Windows 操作系统的安装映像文件,然后通过 vSphere Client 将 Windows 操作系统映像文件上载到 vSphere 存储中,以方便后续在实验或生产环境中使用映像文件。

下面讲解如何将准备好的 Windows Server 2019 映像文件上载到 vSAN 存储当中。如图 5-5 所示，在 vSphere 存储清单中右击 vSAN 存储"vsanDatastore"，单击"浏览文件"。

图 5-5　上载操作系统映像文件至 vSAN 存储 1

如图 5-6 所示，单击"按文件夹名称筛选"树形列表中的"vsanDatastore"文件夹，即可查看该目录下的子文件夹和文件，此时"vsanDatastore"文件夹下没有用户自定义文件夹，单击"新建文件夹"，如图 5-7 所示，弹出"创建新的文件夹"界面，在"输入文件夹的名称"栏中输入"ISO"，单击"确定"，此操作会将操作系统的映像文件上传至 ISO 文件夹。

图 5-6　上载操作系统映像文件至 vSAN 存储 2

图 5-7　上载操作系统映像文件至 vSAN 存储 3

如图 5-8 所示，通过文件夹筛选器导航至 ISO 文件夹，单击"上载文件"，如图 5-9 所示，弹出"将 VMDK 上载到 vSAN 数据存储"提示界面，提示用户上传至 vSAN 存储的映像文件将优化为 VMware 流格式的 VMDK 文件，这是因为 vSAN 只能识别和使用这种格式的文件，接着单击"上载"。

图 5-8　上载操作系统映像文件至 vSAN 存储 4

如图 5-10 所示，初次上载文件可能会出现"操作失败"的错误，此时请单击"详细信息…"，如图 5-11 所示，弹出"操作失败"的警告界面，界面会提示这种上载文件失败的情况可能是由证书问题引起的，由于

图 5-9　上载操作系统映像文件至 vSAN 存储 5

用户浏览器未信任指定主机的自签名证书导致文件上载失败，按照界面指示在浏览器中同时打开 URL"https://10.10.4.4"，然后根据提示接受 ESXi 主机"10.10.4.4"的自签名证书，浏览到主机正常的 Host Client 登录界面即可。

图 5-10　上载操作系统映像文件至 vSAN 存储 6

之后重新执行文件上载操作，如图 5-12 所示，在存放 Windows Server 2019 映像文件的本地文件夹中选择相应映像文件，单击"打开"，文件开始上载，如图 5-13 所示。

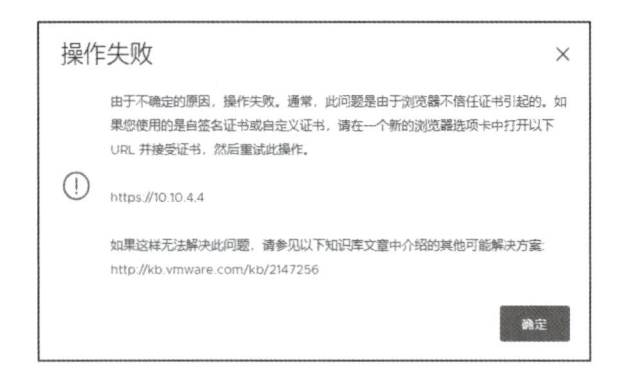

图 5-11 上载操作系统映像文件至 vSAN 存储 7

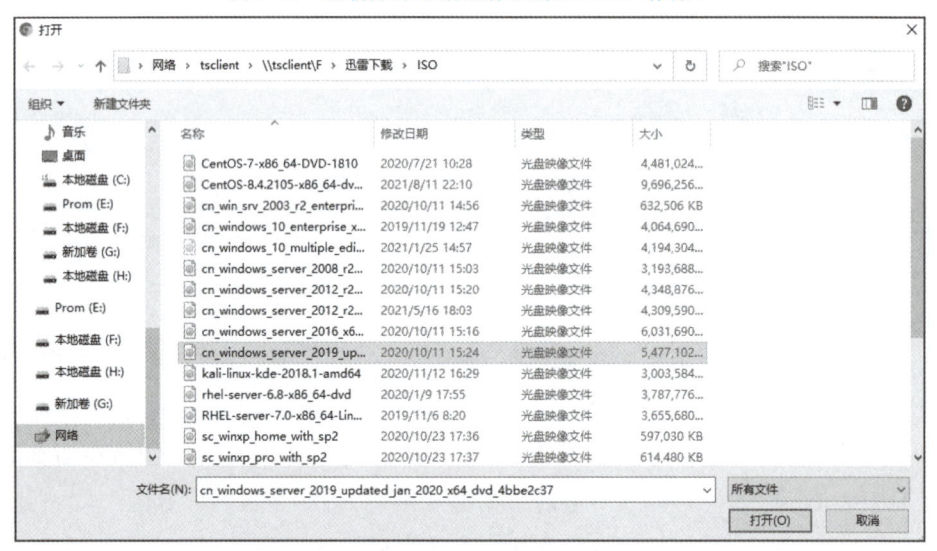

图 5-12 上载操作系统映像文件至 vSAN 存储 8

图 5-13 上载操作系统映像文件至 vSAN 存储 9

上载任务提示"已完成",文件上载成功后,可以在 ISO 文件中浏览到 Windows Server 2019 映像文件,如图 5-14 所示。

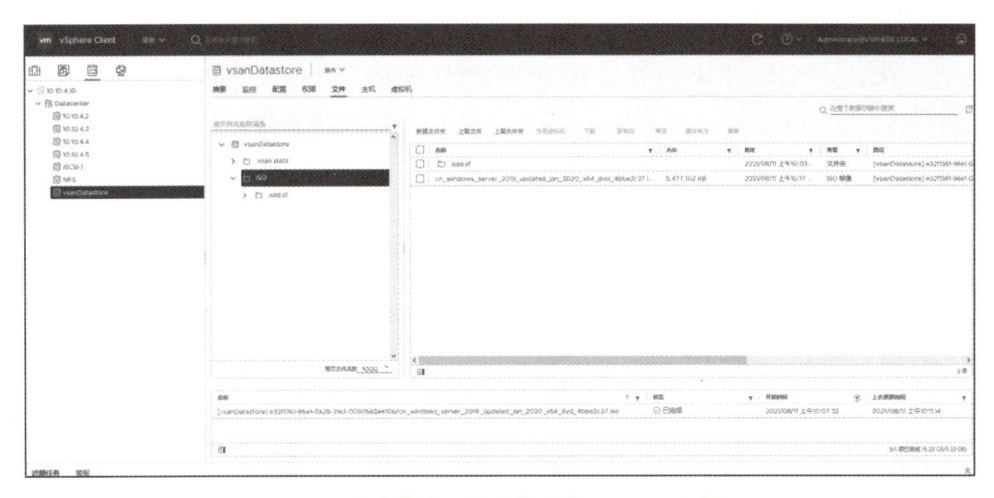

图 5-14　上载操作系统映像文件至 vSAN 存储 10

(2)创建 Windows 虚拟机

如图 5-15 所示,右击集群或者 ESXi 主机,单击"新建虚拟机"。

图 5-15　创建 Windows 虚拟机 1

如图 5-16 所示,弹出"新建虚拟机"界面,进入步骤"1 选择创建类型",单击"创建新虚拟机",单击"NEXT"。

图 5-16　创建 Windows 虚拟机 2

如图 5-17 所示，进入步骤"2 选择名称和文件夹"，在"虚拟机名称"栏中输入"Windows Server 2019-01"，"为该虚拟机选择位置"保持默认，即在本数据中心自动为虚拟机分配位置，单击"NEXT"。

图 5-17　创建 Windows 虚拟机 3

如图 5-18 所示，进入步骤"3 选择计算资源"，单击集群"CLuster-1"展开主机列表，选择其中一台主机，实验中选择主机"10.10.4.4"，单击"NEXT"。

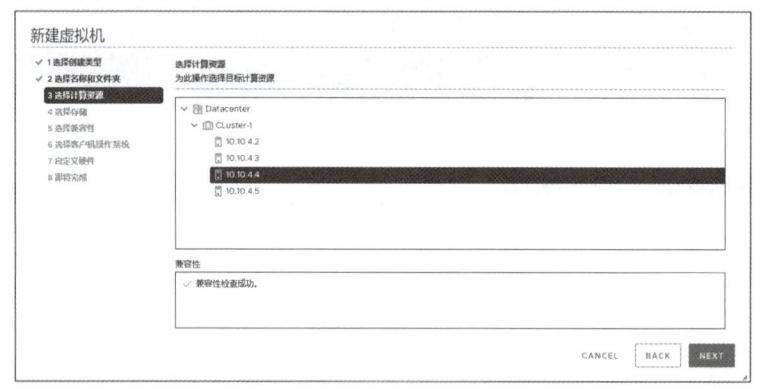

图 5-18　创建 Windows 虚拟机 4

如图 5-19 所示，进入步骤"4 选择存储"，"虚拟机存储策略"保持默认值，选择"iSCSI-1"存储，单击"NEXT"。

图 5-19　创建 Windows 虚拟机 5

如图 5-20 所示，进入步骤"5 选择兼容性"，选择"ESXi 7.0 U2 及更高版本"，单击"NEXT"。

图 5-20　创建 Windows 虚拟机 6

如图 5-21 所示，进入步骤"6 选择客户机操作系统"，"客户机操作系统系列"选择"Windows"，"客户机操作系统版本"选择"Microsoft Windows Server 2019(64 位)"，操作系统的版本选择将直接影响虚拟设备驱动程序的安装，因此一定要选择与操作系统映像文件一致的版本，单击"NEXT"。

图 5-21　创建 Windows 虚拟机 7

如图 5-22 所示，进入步骤"7 自定义硬件"，这个步骤可以自定义几乎所有的虚拟化设备，如 CPU、内存、磁盘等。

图 5-22　创建 Windows 虚拟机 8

如图 5-23 所示,单击"CPU"左侧">"符号,展开 CPU 详细配置项,由于当前实验主机是一个八核心物理 CPU,开启超线程,共计 16LCPU,因此虚拟机最大使用虚拟 16 vCPU。实验中,vCPU 为 2,每个插槽内核数为 2,因此插槽数为 1,vCPU 数量＝每个插槽内核数×插槽数。"CPU 热插拔"勾选"启用 CPU 热添加",CPU 预留、限制、份额等配置项在实验中保持默认值。CPU 预留指定了为虚拟机分配的最少资源量,预留值的单位为 MHz 或 GHz。CPU 限制是指限制虚拟机的 CPU 时间耗用,限制的单位为 MHz 或 GHz。CPU 份额是指虚拟机拥有的、相对于父级总数的 CPU 份额。虚拟机根据其预留量和限制量限定的相对份额值共享资源,份额选择为低、正常或高三种级别,这三种级别分别按 1∶2∶4 的比率指定份额值。读者若选择自定义份额可为每台虚拟机提供表示比例权重的特定份额数。

图 5-23　创建 Windows 虚拟机 9

如图 5-24 所示,单击"内存"左侧">"符号,展开内存详细配置项,内存的选择一方面要根据实际业务需要决定,另一方面还要考虑操作系统支持的内存容量,例如 Windows Server 2019 最大支持 24 TB 内存,而 Windows Server 2016 最大支持 6 TB 内存,最后还需要根据 ESXi 主机实际内存配置虚拟机内存,尽管 vSphere 允许虚拟机超额分配内存,但是当内存超载时内存页需要频繁换出换入,将极大地影响虚拟机性能。"内存热插拔"勾选"启用",其他配置项保持默认值。

如图 5-25 所示,单击"新硬盘"左侧">"符号,展开硬盘详细配置项,"磁盘置备"选择"精简置备",由于该虚拟机驻留在 iSCSI 存储中,iSCSI 实验存储共计 200 GB,空间有限,而虚拟机默认是厚置备,Windows Server 2019 虚拟机默认分配 90 GB 系统盘,采用厚置备将

图 5-24　创建 Windows 虚拟机 10

一次性分配 90 GB 磁盘空间，为了节省实验存储空间，建议选择精简置备。硬盘其他配置项保持默认值。

图 5-25　创建 Windows 虚拟机 11

如图 5-26 所示，单击"新网络"左侧">"符号，展开网络详细配置项，单击"浏览"，弹出"选择网络"界面，如图 5-27 所示，选择"虚拟机网络"端口组，单击"确定"。"状态"勾选"打开电源时连接"，如图 5-28 所示。完成虚拟硬件配置，单击"NEXT"。

如图 5-29 所示，进入步骤"8 即将完成"，读者核对虚拟机各个配置项参数值，然后单击"FINISH"，虚拟机创建完成如图 5-30 所示。

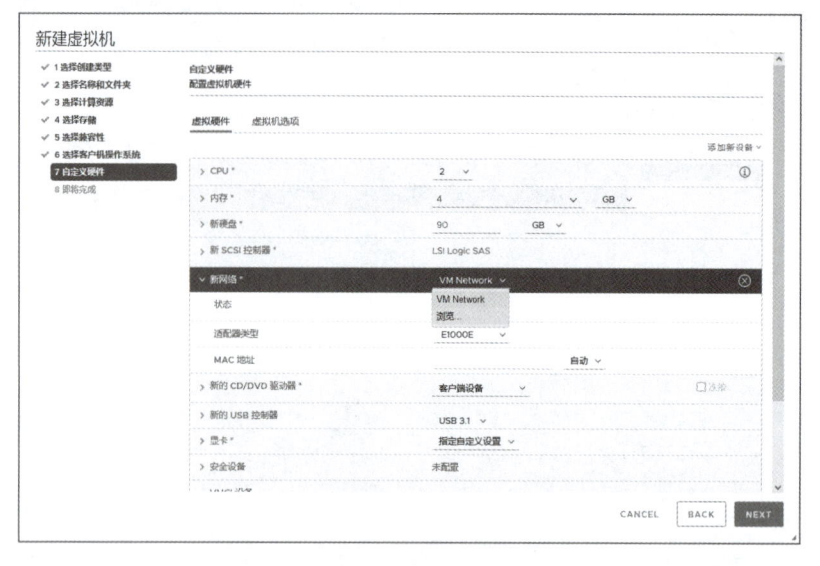

图 5-26 创建 Windows 虚拟机 12

图 5-27 创建 Windows 虚拟机 13

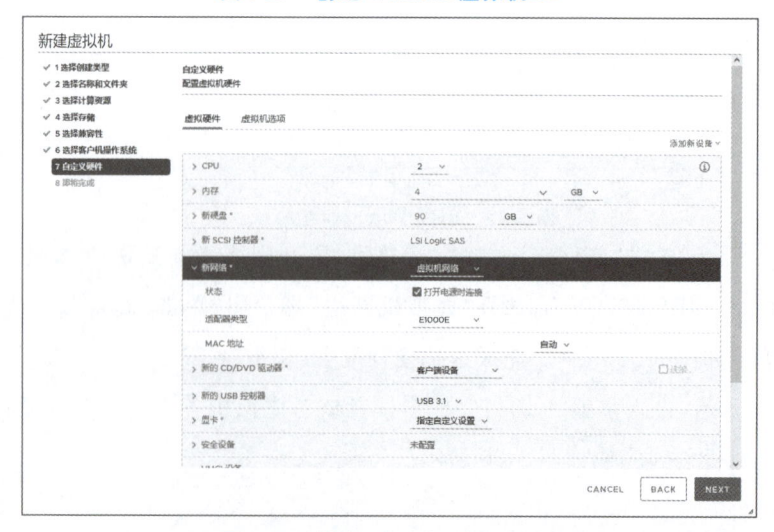

图 5-28 创建 Windows 虚拟机 14

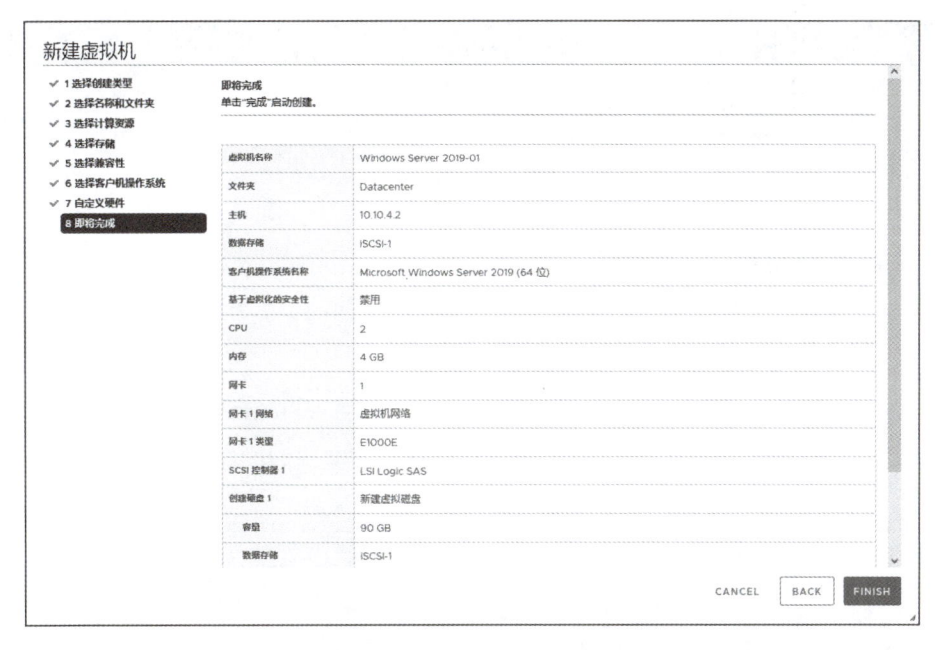

图 5-29　创建 Windows 虚拟机 15

图 5-30　创建 Windows 虚拟机 16

（3）安装虚拟机操作系统和 VMware Tools 工具

虚拟机操作系统安装与物理机基本一致，需要将操作系统映像通过光驱或者可移动设备进行挂载，也可以通过网络引导安装，实验中采用光驱引导安装。如图 5-31 所示，右击创建完成的 Windows 虚拟机，单击"编辑设置"。

如图 5-32 所示，弹出"编辑设置"界面，单击"CD/VCD 驱动器 1"左侧">"符号，展开光驱详细配置，将"客户端设备"选为"数据存储 ISO 文件"，随即弹出"选择文件"界面，通过数据存储导航定位到 vSAN 数据存储中 Windows Server 2019 映像文件并选择该文件，然后单击"确定"，如图 5-33 所示。

图 5-31　安装虚拟机操作系统 1

图 5-32　安装虚拟机操作系统 2

图 5-33　安装虚拟机操作系统 3

如图 5-34 所示,"CD/VCD 驱动器 1"下方"状态"勾选"打开电源时连接"。

图 5-34　安装虚拟机操作系统 4

如图 5-35 所示,单击"虚拟机选项",接着单击"引导选项"左侧">"符号,展开引导选项详细配置,在"强制执行 EFI 设置"中勾选"下次引导期间强制进入 EFI 设置屏幕",然后单击"确定"。以上操作完成了操作系统的挂载并在虚拟机开机时进入引导设备选择界面。

图 5-35　安装虚拟机操作系统 5

如图 5-36 所示，右击创建完成的 Windows 虚拟机，依次单击"启动—打开电源"，启动虚拟机。

图 5-36　安装虚拟机操作系统 6

如图 5-37 所示，虚拟机启动后，单击"启动 Web 控制台"，打开虚拟机的 Web 操作控制界面。

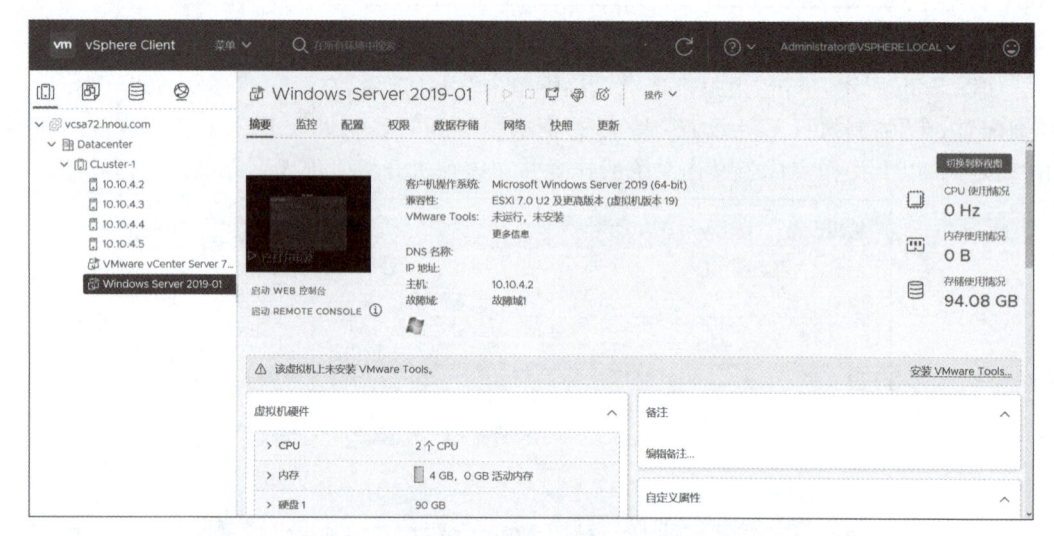

图 5-37　安装虚拟机操作系统 7

如图 5-38 所示，在浏览器中打开新的标签页以展示虚拟机的 Web 管理控制界面，读者可以在此界面中完成虚拟机操作系统和应用程序的安装、使用和管理工作。虚拟机启动后将直接进入 EFI 引导界面，读者通过下方向键选择引导设备为"EFI VMware Virtual SATA CDROM Drive(0.0)"，然后按下回车键执行操作系统引导。

如图 5-39 所示，进入 Windows Server 2019 操作系统安装界面，由于虚拟机后续操作系统的安装过程与物理机一致，因此有关操作系统的安装内容此处不再赘述。

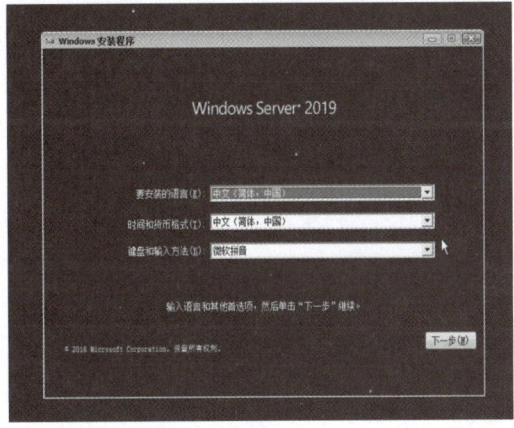

图 5-38　安装虚拟机操作系统 8　　　　图 5-39　安装虚拟机操作系统 9

Windows 操作系统安装完成后，如图 5-40 所示，单击清单中的 Windows 虚拟机，然后单击"摘要"，可以观察到 VMware Tools"未运行，未安装"，这样 Windows 虚拟机的部分高级功能和驱动增强功能将不能正常使用。单击图中黄色提示信息右侧的"安装 VMware Tools…"，如图 5-41 所示，弹出"安装 VMware Tools"界面，单击"挂载"，使 VMware Tools 工具安装映像文件挂载到 Windows 虚拟机中，正常情况下 VMware Tools 安装程序将自动启动（若未能自动启动，请读者通过 Windows 虚拟机 Web 管理界面打开虚拟机的 DVD 驱动，手动启动 VMware Tools 安装程序）。

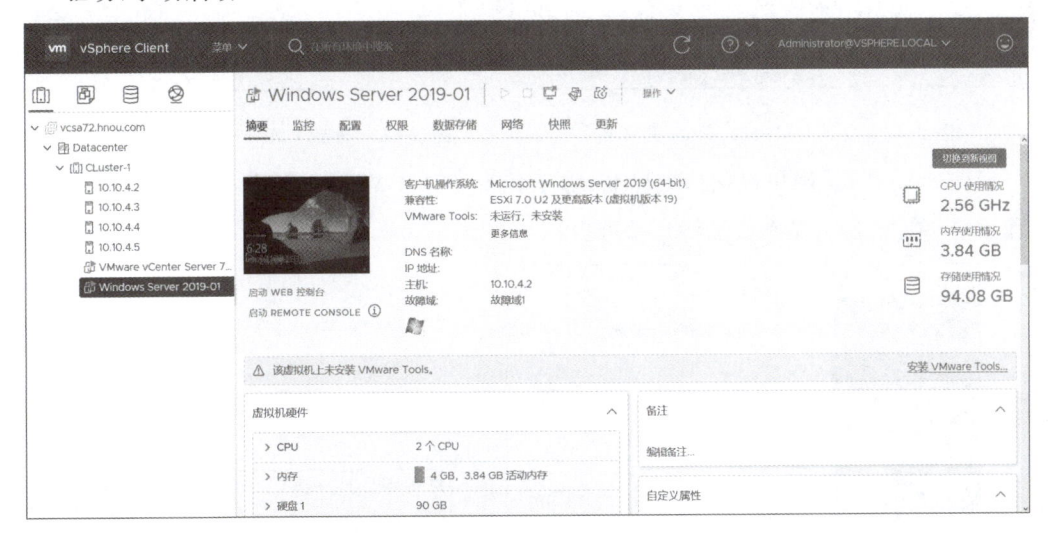

图 5-40　安装 VMware Tools 工具 1

如图 5-42 所示，VMware Tools 安装程序将首先进入安装向导界面，单击"下一步"。

图 5-41　安装 VMware Tools 工具 2 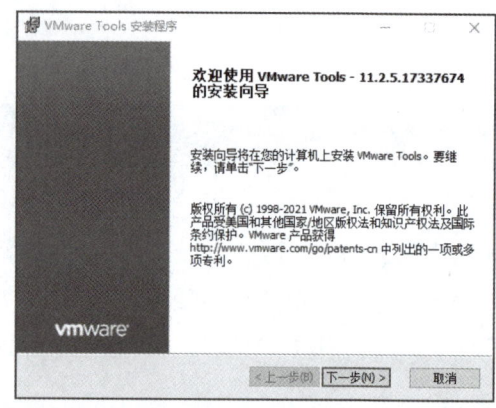　　　　　图 5-42　安装 VMware Tools 工具 3

如图 5-43 所示,弹出"选择安装类型"界面,选择"典型安装",单击"下一步"。

如图 5-44 所示,弹出"已准备好安装 VMware Tools"界面,单击"安装",安装完成单击"完成",如图 5-45 所示。

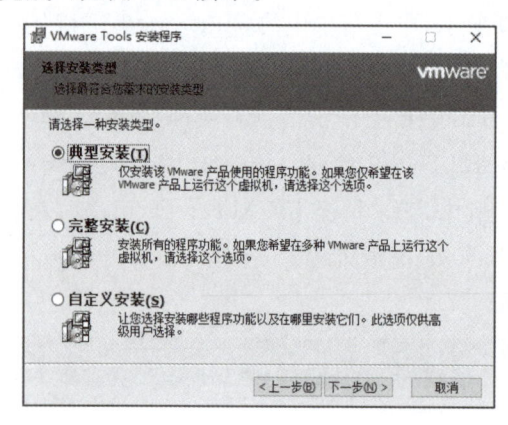

图 5-43　安装 VMware Tools 工具 4 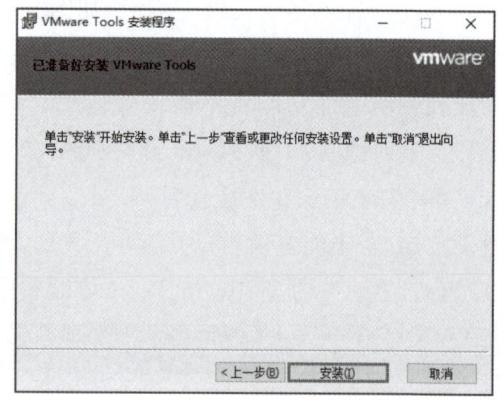　　　　　图 5-44　安装 VMware Tools 工具 5

如图 5-46 所示,弹出提示信息界面,提示用户要使 VMware Tools 功能生效需要重启操作系统,单击"是",操作系统将自动重启。

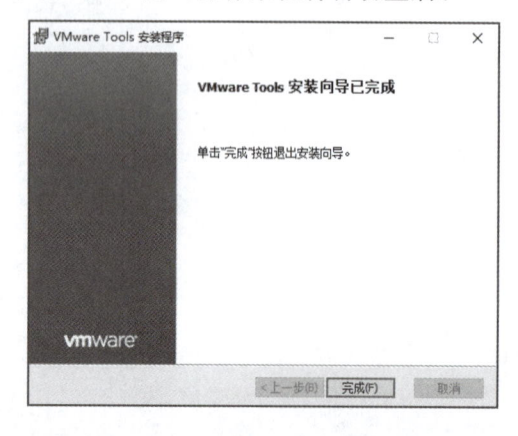

图 5-45　安装 VMware Tools 工具 6 　　　　　图 5-46　安装 VMware Tools 工具 7

操作系统重启完毕,在清单中单击 Windows 虚拟机并单击"摘要",如图 5-47 所示,VMware Tools 状态为"正在运行,版本:11333(当前版本)",同时虚拟机主机 DNS 名称和 IP 地址都能查看到。至此,虚拟机操作系统和 VMware Tools 工具安装完毕,Windows 虚拟机可以通过 Web 控制台管理界面进行使用和管理,也可以配置远程桌面服务等进行远程访问和操作,操作系统的操作和使用与物理机一致。

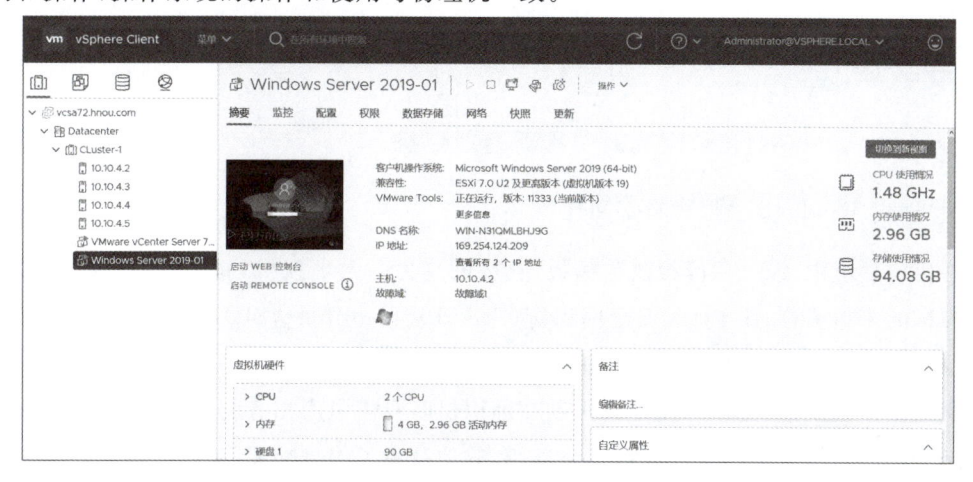

图 5-47　安装 VMware Tools 工具 8

2. 创建和使用 Linux 虚拟机

(1)创建 Linux 虚拟机

数据中心服务器操作系统除了 Windows Server 以外,还有 Linux 操作系统,熟练掌握 Linux 虚拟机的创建和使用是 vSphere 虚拟化管理员必备的技能。Linux 虚拟机的创建过程与 Windows 虚拟机的创建过程基本一致,而 VMware Tools 安装 Linux 操作系统只能通过命令行进行,生产环境中 Linux 操作系统最小化安装(不带 GUI)居多,因此管理员需要熟悉纯命令行操作界面的使用。实验中以创建 CentOS 7 虚拟机为例,Linux 虚拟机的创建过程请扫码观看视频或查看文档。

视频:创建和使用 Linux 虚拟机　　　　文档:创建和使用 Linux 虚拟机

任务 5-2　使用模板创建虚拟机

任务介绍

vSphere 提供了虚拟机模板功能,帮助用户快速创建相同配置的虚拟机,尤其是在创建集群应用时,可以大幅提升工作效率。本任务将详细讲解使用 Windows 虚拟机模板和 Linux 虚拟机模板创建新的虚拟机。

任务目标

（1）熟练掌握使用 Windows 虚拟机模板创建新的虚拟机。
（2）熟练掌握使用 Linux 虚拟机模板创建新的虚拟机。

任务实施

1. 使用 Windows 虚拟机模板创建新的虚拟机

（1）创建 Windows 虚拟机自定义规范

在生产环境中，以一台虚拟机为模板，直接创建另一台虚拟机，新创建的虚拟机可能与源虚拟机的主机名称、IP 地址、安全标识符（Security Identifiers，SID）等虚拟机信息是相同的，这样可能造成两台虚拟机都不能正常使用。为了解决上述问题，vSphere 允许用户创建自定义的虚拟机规范，当用户使用模板创建虚拟机时只需引用相应的虚拟机自定义规范，即可为新创建的虚拟机生成新的虚拟机信息，有效地避免了信息冲突问题。

首先，介绍如何在 vSphere 7.0 中创建 Windows 虚拟机自定义规范。如图 5-48 所示，单击 vSphere Client "菜单"，在下拉式菜单中单击"策略和配置文件"。

图 5-48　创建 Windows 虚拟机自定义规范 1

如图 5-49 所示，在"策略和配置文件"菜单中单击"虚拟机自定义规范"，然后单击"＋新建…"。

如图 5-50 所示，弹出"新建虚拟机自定义规范"界面，进入步骤"1 名称和目标操作系统"。在"名称"栏中输入"Windows Server 2019"，"目标客户机操作系统"选择"Windows"，勾选"生成新的安全身份（SID）"，单击"NEXT"。SID 是标识用户、组和计算机账户的唯一编号，用于对操作系统的资源进行访问控制，每个账户都有唯一的 SID，SID 重复将有可能引发严重的安全问题。

图 5-49　创建 Windows 虚拟机自定义规范 2

图 5-50　创建 Windows 虚拟机自定义规范 3

如图 5-51 所示，进入步骤"2 注册信息"，在"所有者名称"栏中输入"hndd"，在"所有者组织"栏中输入"hndd"，对于这两个配置项读者可以根据实际情况自行定义，单击"NEXT"。

图 5-51　创建 Windows 虚拟机自定义规范 4

如图 5-52 所示，进入步骤"3 计算机名称"，选择"输入名称"并在下方输入栏中输入自定义主机名称，然后勾选"附加唯一数值"，单击"NEXT"。通过刚刚的设置在使用自定义规范创建虚拟机时，将自动生成主机名称并带上唯一序号，请注意名称和序号的字符数要符合 vSphere 的限定要求（15 个字符）。

图 5-52　创建 Windows 虚拟机自定义规范 5

如图 5-53 所示，进入步骤"4 Windows 许可证"，若读者有相关产品密钥可自行输入，实验中所有配置项保持默认值，单击"NEXT"。

图 5-53　创建 Windows 虚拟机自定义规范 6

如图 5-54 所示，进入步骤"5 管理员密码"，在"密码"和"确认密码"栏中输入 administrator 的密码，勾选"以管理员身份自动登录"，"自动登录的次数"选择"1"，单击"NEXT"。

图 5-54　创建 Windows 虚拟机自定义规范 7

如图 5-55 所示，进入步骤"6 时区"，在时区列表中单击"(UTC+08：00)北京，重庆，香港特别行政区，乌鲁木齐"，单击"NEXT"。

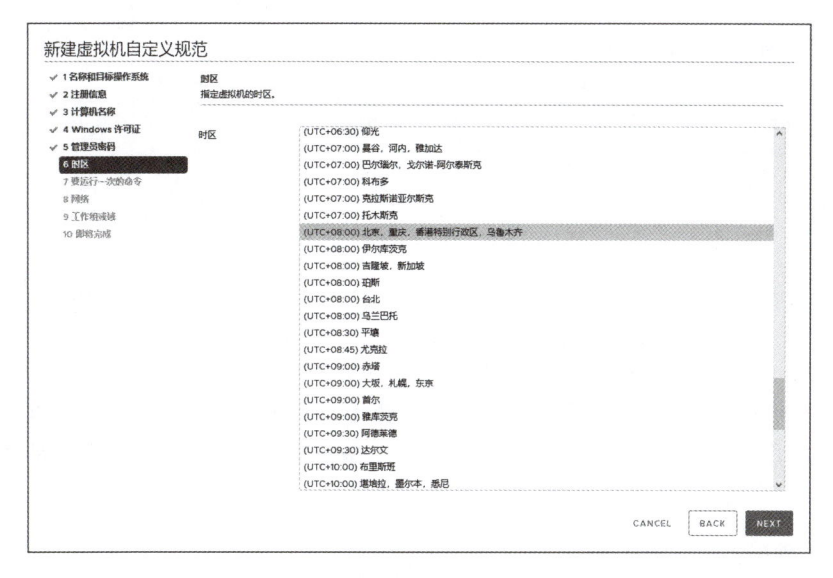

图 5-55　创建 Windows 虚拟机自定义规范 8

如图 5-56 所示，进入步骤"7 要运行一次的命令"，读者可以根据需要编写首次登录系统需要执行的命令脚本，如创建额外的用户和密码、设置防火墙、设置系统服务等，实验中保持默认值，单击"NEXT"。

图 5-56　创建 Windows 虚拟机自定义规范 9

如图 5-57 所示，进入步骤"8 网络"，选择"手动选择自定义设置"，在网卡列表中单击"网卡 1"，然后单击"编辑"。

图 5-57　创建 Windows 虚拟机自定义规范 10

如图 5-58 所示，弹出"编辑网络"界面，在"IPv4"选项卡中选择"当使用规范时，提示用户输入 IPv4 地址"，然后在"子网掩码"和"默认网关"栏中输入相应的掩码和网关地址。

图 5-58　创建 Windows 虚拟机自定义规范 11

如图 5-59 所示,单击"DNS"选项卡,选择"使用以下 DNS 服务器地址",在"首选 DNS 服务器"和"备用 DNS 服务器"栏输入合适的 DNS 服务器地址,实验中使用的是阿里云公共 DNS,单击"确定"。

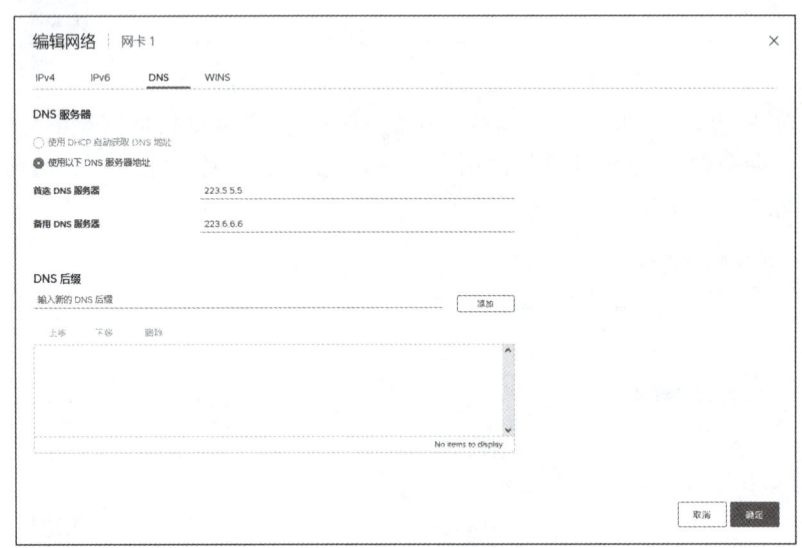

图 5-59　创建 Windows 虚拟机自定义规范 12

如图 5-60 所示,返回步骤"8 网络"界面,单击"NEXT"。

图 5-60　创建 Windows 虚拟机自定义规范 13

如图 5-61 所示,进入步骤"9 工作组或域",在一些大中型 Windows 生产环境中通常都会使用域,此时应该选择"Windows 服务器域"并输入对应的域名、用户名、密码等信息,这样可以使新建虚拟机方便地加入域中。由于实验中并没有域环境,因此选择"工作组",单击"NEXT"。

图 5-61　创建 Windows 虚拟机自定义规范 14

如图 5-62 所示,进入步骤"10 即将完成",核对自定义规范各个配置项的参数值,单击"FINISH",创建完成的 Windows 虚拟机自定义规范如图 5-63 所示。

图 5-62　创建 Windows 虚拟机自定义规范 15

图 5-63　创建 Windows 虚拟机自定义规范 16

(2)创建 Windows 虚拟机模板

为了快速开发或部署应用,读者可以提前准备多个版本的虚拟机模板,并在虚拟机模板中提前安装好开发环境或部署好应用程序,这样便可以利用模板快速创建生产中需要的虚拟机,而不必重复搭建环境或部署应用。

如图 5-64 所示,右击创建完成的 Windows 虚拟机,依次单击"启动—关闭客户机操作系统"。

图 5-64　创建 Windows 虚拟机模板 1

如图 5-65 所示,右击关机后的 Windows 虚拟机,依次单击"模板—转换成模板"。

图 5-65　创建 Windows 虚拟机模板 2

如图 5-66 所示,弹出"确认转换"提示界面,单击"是",执行模板转换。当虚拟机转换成模板后,源虚拟机在集群和主机清单中会被移除,如图 5-67 所示,Windows 虚拟机已经从集群和主机清单中移除。而在虚拟机和模板清单中会创建 Windows 虚拟机模

图 5-66　创建 Windows 虚拟机模板 3

板,如图 5-68 所示。

图 5-67　创建 Windows 虚拟机模板 4

图 5-68　创建 Windows 虚拟机模板 5

(3) 使用 Windows 虚拟机模板创建虚拟机

使用虚拟机模板创建虚拟机的过程实际上就是虚拟机克隆的过程。在生产环境中,建议使用单独的 VLAN、VMkernel 端口承载克隆和虚拟机置备流量,这样做一是可以避免不同类型的系统流量相互影响,二是可以增加安全性,尤其是在使用分布式虚拟交换机的环境,还可以使用 Network I/O Control 分别控制不同系统类型的流量以提升链路带宽利用率。但是由于实验环境中网络环境受限,无法真实有效地隔离流量,因此并没有额外创建专门的 VLAN 和 VMkernel 承载克隆虚拟机的流量,而是直接使用 vmk 0 承载相关流量。下面讲解使用 Windows 虚拟机模板创建虚拟机。

如图 5-69 所示,右击创建完成的 Windows 虚拟机模板,单击"从此模板新建虚拟机..."。

如图 5-70 所示,弹出"Windows Server 2019-01-从模板部署"界面,进入步骤"1 选择名称和文件夹",在"虚拟机名称"栏中输入"Windows Server 2019-02",其他配置项保持默认值,单击"NEXT"。

图 5-69 使用 Windows 虚拟机模板创建虚拟机 1

图 5-70 使用 Windows 虚拟机模板创建虚拟机 2

如图 5-71 所示，进入步骤"2 选择计算资源"，在集群中选择合适的 ESXi 主机，单击"NEXT"。

图 5-71 使用 Windows 虚拟机模板创建虚拟机 3

如图 5-72 所示，进入步骤"3 选择存储"，选择 vSAN 存储，其他配置项保持默认值，单击"NEXT"。

图 5-72　使用 Windows 虚拟机模板创建虚拟机 4

如图 5-73 所示,进入步骤"4 选择克隆选项",勾选"自定义操作系统",单击"NEXT"。

图 5-73　使用 Windows 虚拟机模板创建虚拟机 5

如图 5-74 所示,进入步骤"5 自定义客户机操作系统",单击创建完成的 Windows 虚拟机自定义规范"Windows Server 2019",单击"NEXT"。

图 5-74　使用 Windows 虚拟机模板创建虚拟机 6

如图 5-75 所示,进入步骤"6 用户设置",在"网络适配器 1"下方的"IPv4 地址"栏输入虚拟机 IP 地址,单击"NEXT"。

如图 5-76 所示,进入步骤"7 即将完成",核对各个配置项参数值,单击"FINISH",开始执行虚拟机克隆,如图 5-77 所示。

图 5-75　使用 Windows 虚拟机模板创建虚拟机 7

图 5-76　使用 Windows 虚拟机模板创建虚拟机 8

图 5-77　使用 Windows 虚拟机模板创建虚拟机 9

使用该模板创建虚拟机 Windows Server 2019-03，但在创建过程中不引用虚拟机自定义规范,创建完成的虚拟机如图 5-78 所示。

图 5-78　使用 Windows 虚拟机模板创建虚拟机 10

启动使用 Windows 虚拟机模板创建的两台虚拟机,并登录操作系统,在命令行界面中执行命令"whoami /user",分别查看两台虚拟机的 SID,如图 5-79 和图 5-80 所示。

图 5-79　查看 Windows Server 2019-02 虚拟机 SID

图 5-80　查看 Windows Server 2019-03 虚拟机 SID

至此,使用 Windows 虚拟机模板创建虚拟机完成,再次强调在生产环境中建议使用独立的 VLAN 和 VMkernel 隔离虚拟机克隆和置备流量。另外，根据不同需求创建不同虚拟机自定义规范，并在使用模板创建虚拟机过程中调用合适的模板，这样可以避免 SID 冲突等问题。

2. 使用 Linux 虚拟机模板创建新的虚拟机

(1) 创建 Linux 虚拟机自定义规范

使用 Linux 模板创建虚拟机之前同样需要创建 Linux 虚拟机用户自定义规范，在"策略和配置文件"菜单中单击"虚拟机自定义规范"，然后单击"＋新建..."，弹出"新建虚拟机自定义规范"界面，如图 5-81 所示，进入步骤"1 名称和目标操作系统"，在"名称"栏输入"CentOS7"，"目标客户机操作系统"选择"Linux"，单击"NEXT"。

图 5-81　创建 Linux 虚拟机自定义规范 1

如图 5-82 所示，进入步骤"2 计算机名称"，选择"输入名称"并在下方输入 Linux 主机名，勾选"附加唯一数值"，在"域名"栏输入注册域名（在实验环境中，读者可以输入符合域名规范的自定义域名），单击"NEXT"。

图 5-82　创建 Linux 虚拟机自定义规范 2

如图 5-83 所示,进入步骤"3 时区","区域"选择"亚洲","位置"选择"上海",其他配置项保持默认值,单击"NEXT"。

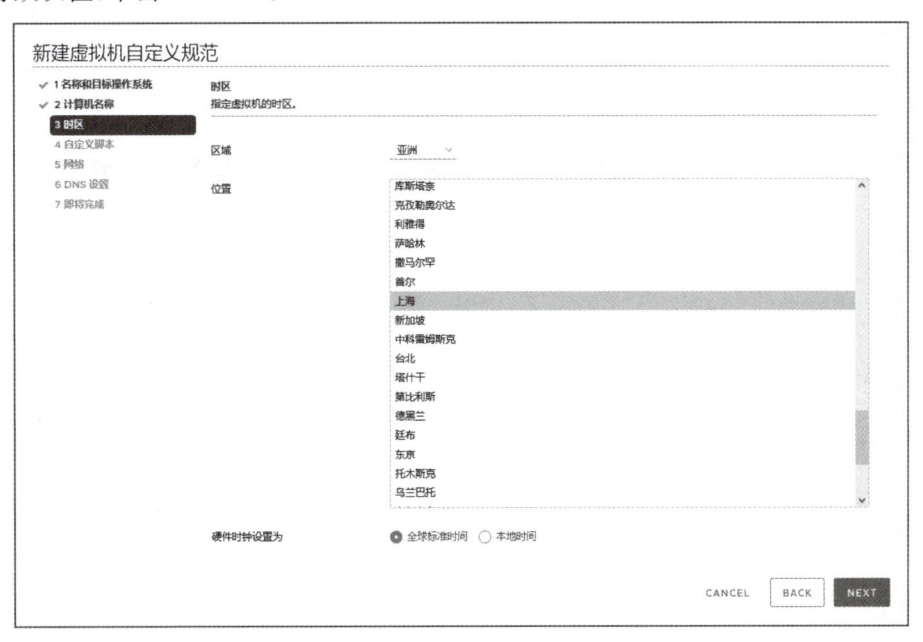

图 5-83　创建 Linux 虚拟机自定义规范 3

如图 5-84 所示,进入步骤"4 自定义脚本",读者在这个界面可以编辑初始化 Linux 操作系统脚本,如配置环境变量,启用或关闭服务,启用、设置、关闭防火墙等,实验中保持默认值,单击"NEXT"。

图 5-84　创建 Linux 虚拟机自定义规范 4

如图 5-85 所示,进入步骤"5 网络",选择"手动选择自定义设置",单击"网卡 1",然后单击"编辑"。

图 5-85　创建 Linux 虚拟机自定义规范 5

如图 5-86 所示，弹出"编辑网络"界面，在"IPv4"选项卡中选择"当使用规范时，提示用户输入 IPv4 地址"，然后在"子网掩码"和"默认网关"栏输入相应的掩码和网关地址，单击"确定"。

图 5-86　创建 Linux 虚拟机自定义规范 6

如图 5-87 所示，返回步骤"5 网络"界面，单击"NEXT"。

图 5-87　创建 Linux 虚拟机自定义规范 7

如图 5-88 所示，进入步骤"6 DNS 设置"，在"主 DNS 服务器"和"辅助 DNS 服务器"栏输入合适的 DNS 服务器地址，实验中使用的是阿里云公共 DNS，单击"NEXT"。

图 5-88　创建 Linux 虚拟机自定义规范 8

如图 5-89 所示,进入步骤"7 即将完成",核对各个配置项参数值,单击"FINISH",创建完成的 Linux 虚拟机自定义规范如图 5-90 所示。

图 5-89　创建 Linux 虚拟机自定义规范 9

(2)创建 Linux 虚拟机模板并使用该模板创建 Linux 虚拟机

虚拟机模板创建有两种方式:第一种方式直接将虚拟机转化为模板,这种方式要求目标虚拟机处于关机状态,模板创建完成,目标虚拟机将从集群和主机清单中移除,上一小节中创建 Windows 虚拟机模板就是使用的这种方式;另一种方式就是将虚拟机克隆为模板,这种方式不要求虚拟机关机且会保留目标虚拟机。下面使用第二种方式创建 Linux 虚拟机模板,详细创建过程请扫码观看视频或查看文档。

图 5-90　创建 Linux 虚拟机自定义规范 10

视频：创建 Linux 虚拟机模板　　　　　　文档：创建 Linux 虚拟机模板

Linux 虚拟机模板创建完成，可以使用该模板创建 Linux 虚拟机，详细创建过程请扫码观看视频或查看文档。

视频：使用模板创建 Linux 虚拟机　　　　文档：使用模板创建 Linux 虚拟机

任务 5-3　创建与管理虚拟机快照

任务介绍

vSphere 虚拟机快照允许为虚拟机操作系统创建一个某一时刻虚拟机操作系统的只读属性的映像，用户可以根据需要灵活地创建多个快照，并且可以使用快照快速地恢复到某一时刻操作系统的状态。本任务以 Windows 虚拟机为例，详细讲解虚拟机快照的创建和使用。

任务目标

(1) 熟练掌握虚拟机的快照创建。
(2) 熟练掌握虚拟机的快照恢复。

任务实施

1. 创建虚拟机快照

在进行重要的系统更新和操作前往往需要做好快照,为系统和应用保持调整前的正常运行状态拍一个"照片",在执行更新或操作过程中出现需要回退的情况时,可以使用快照功能使系统和应用程序退回到拍"照片"时的正常状态,而不必重新安装系统或部署应用,因此快照功能可以帮助管理员更好地管理和使用虚拟机。下面以 Windows Server 2019 虚拟机为例讲解快照的创建。

如图 5-91 所示,单击虚拟机"Windows Server 2019-02",然后单击"快照",可以看到当前虚拟机没有快照,单击"生成快照"。

图 5-91 创建虚拟机快照 1

如图 5-92 所示,弹出"生成快照"界面,勾选"包括虚拟机的内存",单击"创建"。内存快照将会捕获虚拟机内存状态,将创建快照时刻的内存数据保存,保持虚拟机的实时状态,这样当恢复快照时虚拟机将处于开机状态,操作系统和应用程序将处于运行状态。静默快照的创建需要虚拟机操作系统和 VMware Tools 工具的支持,静默表示暂停或更改计算机上正在运行的进程的状态,使得操作系统和应用程序不再写入数据,以确保快照的一致性和可用性。

图 5-92 创建虚拟机快照 2

如图 5-93 所示,创建快照过程正在执行,快照创建完成如图 5-94 所示。

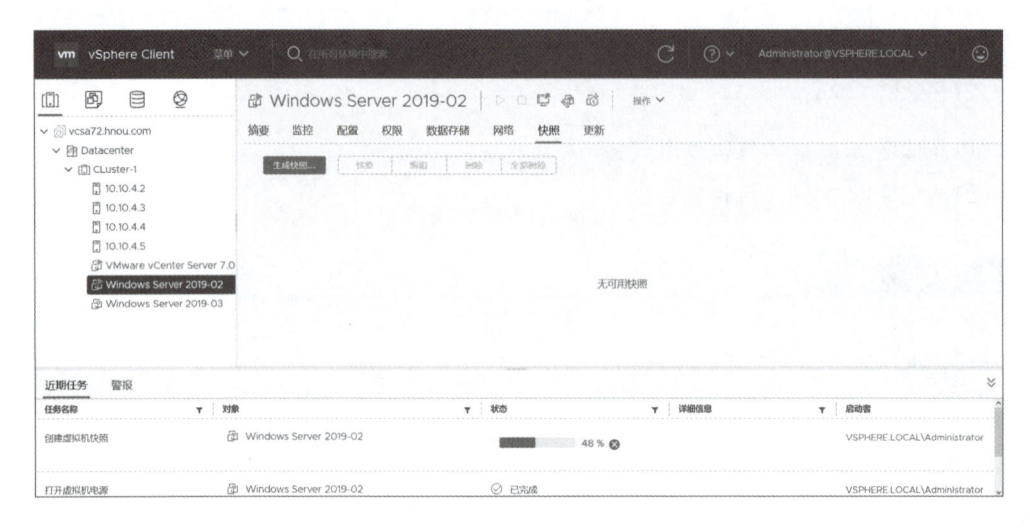

图 5-93　创建虚拟机快照 3

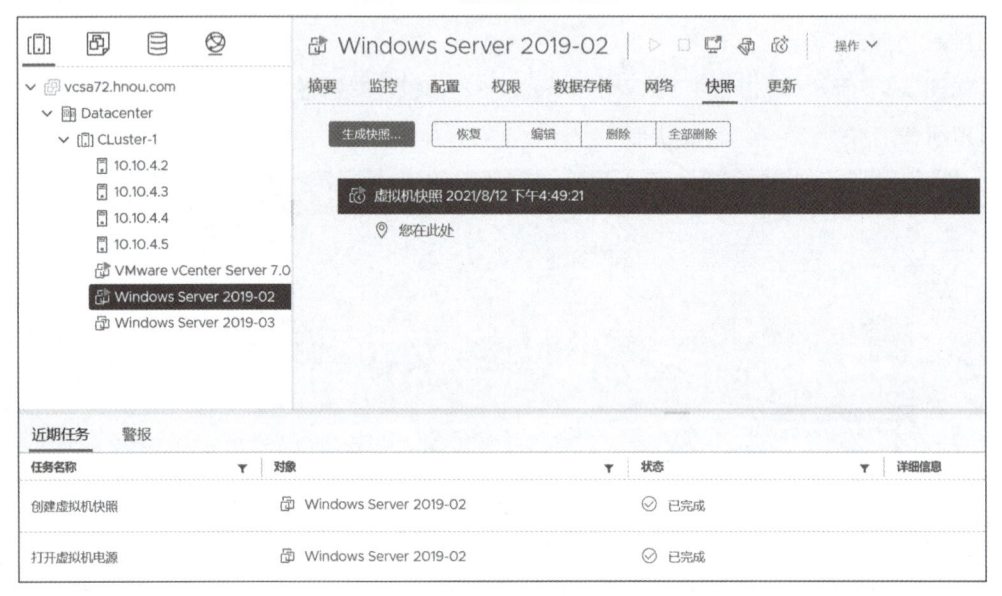

图 5-94　创建虚拟机快照 4

如图 5-95 所示,在存储清单中,导航到虚拟机"Windows Server 2019-02"文件,可以观察到创建快照所生成的文件,例如.vmsd 文件,包含了虚拟机的快照描述信息,定义了每个快照之间以及每个快照子磁盘之间的关系;.vmsn 文件,包含了虚拟机的内存活动状况。

如图 5-96 所示,登录到 Windows 虚拟机操作系统并在桌面创建 6 个文件,然后再次创建虚拟机快照,如图 5-97 所示。

如图 5-98 所示,再次登录操作系统并在桌面上新增 10 个文件,为接下来讲解快照恢复准备好对比环境。

图 5-95　创建虚拟机快照 5

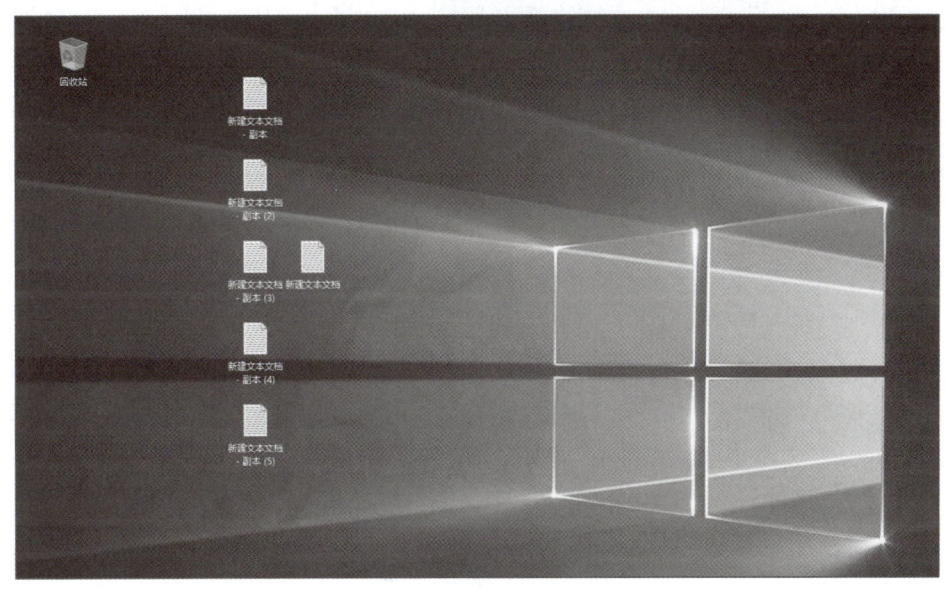

图 5-96　创建虚拟机快照 6

图 5-97　创建虚拟机快照 7

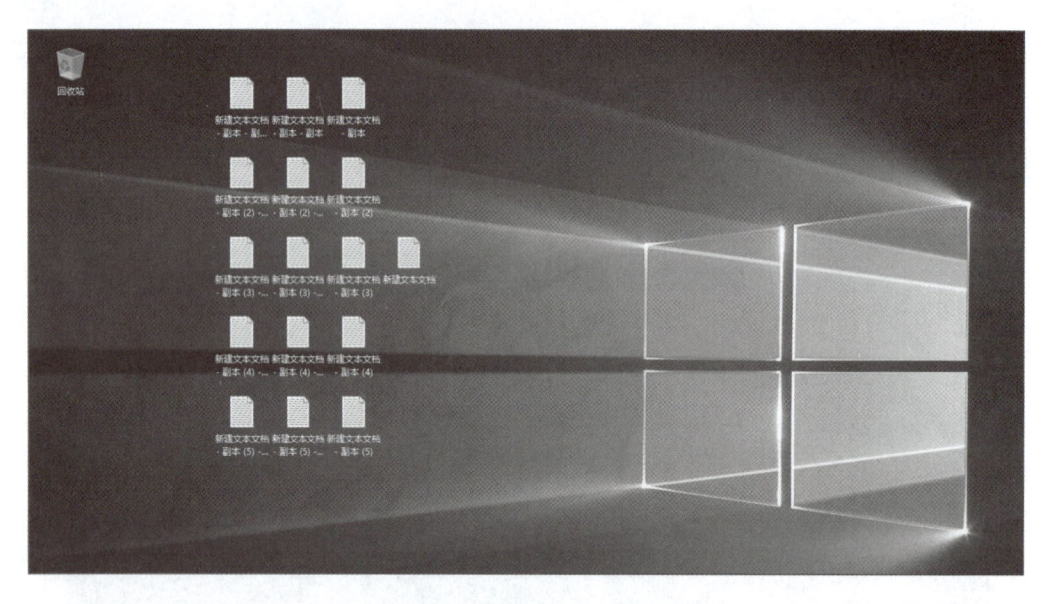

图 5-98　创建虚拟机快照 8

2. 使用虚拟机快照恢复虚拟机状态

图 5-98 中桌面上一共有 16 个文件,根据快照链中"您在此处"的提示可知,当前虚拟机状态处在快照链中的位置。现在使用虚拟机快照可以使虚拟机恢复到创建第一个快照时的状态,如图 5-99 所示,单击目标 Windows 虚拟机,然后依次单击"快照—虚拟机快照 2021/8/12 下午 4:49:21—恢复"。

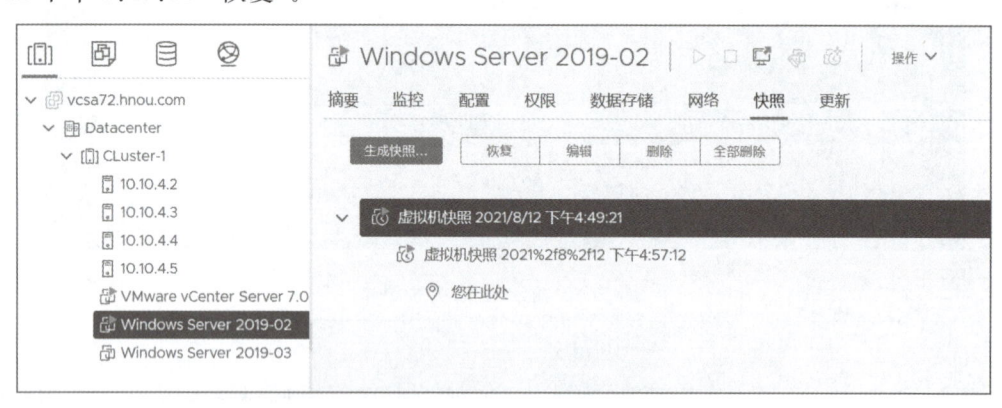

图 5-99　使用虚拟机快照恢复虚拟机状态 1

如图 5-100 所示,弹出"恢复为选定快照"界面,单击"恢复"。如图 5-101 所示,快照恢复完成,可以观察到"您在此处"的提示以展现虚拟机此刻处在快照链中的位置。

如图 5-102 所示,此时登录虚拟机操作系统,桌面上没有文件。

图 5-100　使用虚拟机快照恢复虚拟机状态 2

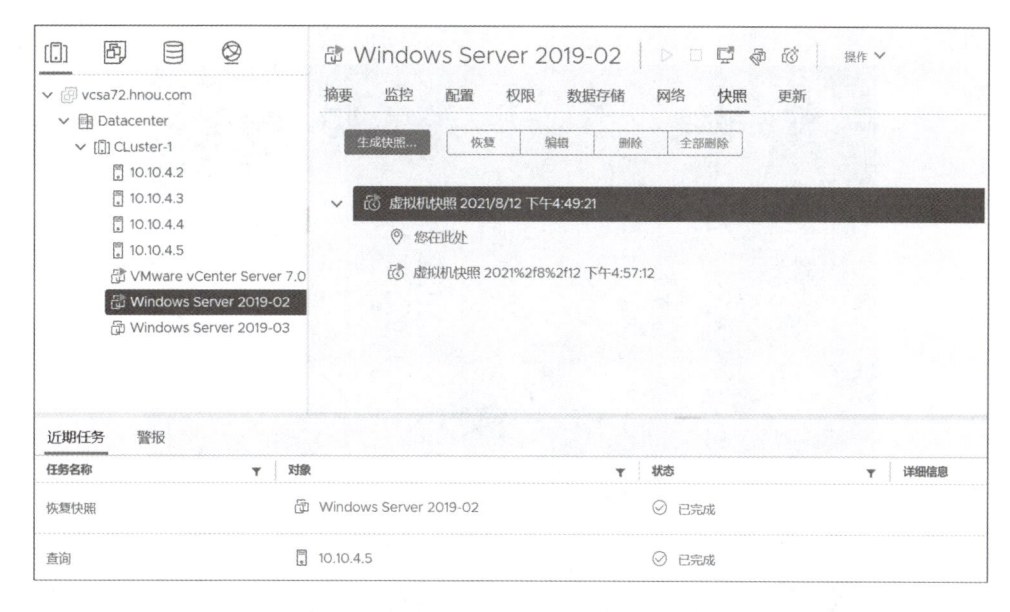

图 5-101　使用虚拟机快照恢复虚拟机状态 3

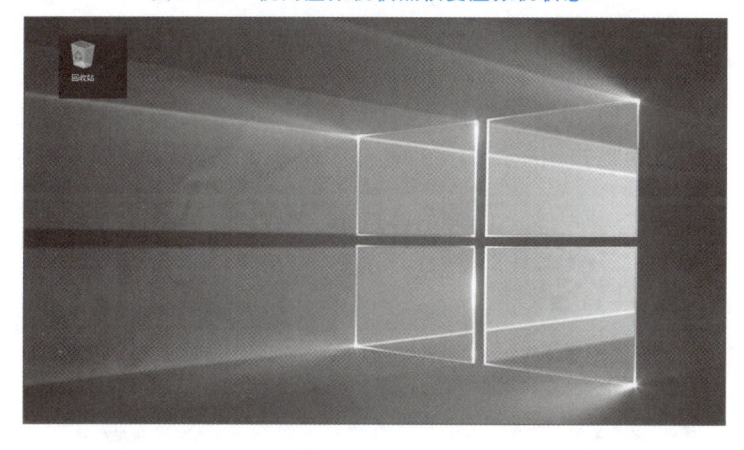

图 5-102　使用虚拟机快照恢复虚拟机状态 4

如图 5-103 所示,再次执行快照恢复,使虚拟机恢复到第二个快照的状态,单击"恢复"。

图 5-103　使用虚拟机快照恢复虚拟机状态 5

如图 5-104 所示，此时登录操作系统，可以观察到桌面上有 6 个文件。

图 5-104　使用虚拟机快照恢复虚拟机状态 6

通过上述的快照恢复操作，可以很好地说明虚拟机快照确实可以保存某一时刻虚拟机的状态，而且通过恢复功能可以方便快捷地使虚拟机在不同快照间切换，而创建快照时刻的数据和状态得到了有效的保存。

3. 管理虚拟机快照

除了虚拟机快照的创建和恢复操作外，日常快照管理中心最常用的就是虚拟机快照的删除，因为创建大量虚拟机快照将持续消耗存储空间并影响虚拟机性能，管理虚拟机快照请扫码观看视频或查看文档。

视频：管理虚拟机快照　　　　　　　文档：管理虚拟机快照

任务 5-4　备份与恢复虚拟机

任务介绍

虚拟机和物理计算机一样，在运行过程中可能出现故障，管理人员可能出现操作错误，应用程序可能崩溃，安全问题可能发生，数据面临丢失的风险，因此虚拟机的备份与恢复方案必不可少。本任务以 VMware vSphere Replication 方案为例，详细讲解虚拟机的备份和恢复。

任务目标

（1）熟练掌握使用 VMware vSphere Replication 创建虚拟机的备份。
（2）熟练掌握使用 VMware vSphere Replication 恢复虚拟机的备份。

任务实施

1. 部署 VMware vSphere Replication

vSphere Replication 是基于存储复制的一个备用方案,它可以通过在以下站点之间复制虚拟机来保护虚拟机,以免出现部分或整个站点故障:

(1)从源站点到目标站点。

(2)在一个站点中从一个群集到另一个群集。

(3)从多个源站点到一个共享远程目标站点。

与基于存储的复制相比较,vSphere Replication 提供了多种益处:

(1)每台虚拟机的数据保护成本更低。

(2)复制解决方案允许灵活选择源站点和目标站点的存储供应商。

(3)每次复制的总体成本更低。

在部署 vSphere Replication 之前,需要从 VMware 官方网站上下载 vSphere Replication 的 ISO 文件,然后解压该文件。在生产环境中,建议使用专有的 VLAN 和 VMkernel 承载相关流量,由于实验环境无法有效隔离流量,因此实验中复用 vmk 0 承载相关流量,另外环境中需要部署 DNS 服务器且为 vSphere Replication 做好正反向域名解析。下面讲解在 vSphere 7.0 环境中部署 vSphere Replication 8.4。使用 OVF 文件创建 vSphere Replication 虚拟机请扫码观看视频或查看文档。

视频:使用 OVF 文件创建 vSphere Replication 虚拟机

文档:使用 OVF 文件创建 vSphere Replication 虚拟机

通过 vSphere Replication URL "https://10.10.4.13:5480/" 访问 vSphere Replication 8.4 管理界面,输入用户名 "administration" 以及部署中设置的管理员密码,登录 vSphere Replication 8.4,成功登录如图 5-105 所示,单击 "配置设备"。

图 5-105 部署 vSphere Replication 8.4 管理界面 1

如图 5-106 所示，弹出"配置 vSphere Replication"界面，进入步骤"1 Platform Services Controller"，在"PSC 主机名"栏输入 vCenter Sever 的 IP 地址（因为 vSphere 7.0 已经移除 PSC），在"用户名"和"密码"栏分别输入 vCenter Sever 管理员用户名和密码，单击"下一步"。

图 5-106　部署 vSphere Replication 8.4 管理界面 2

如图 5-107 所示，弹出"安全警示"界面，单击"连接"。

图 5-107　部署 vSphere Replication 8.4 管理界面 3

如图 5-108 所示，进入步骤"2 vCenter Server"，选择要注册到的目标 vCenter Server，单击"下一步"。

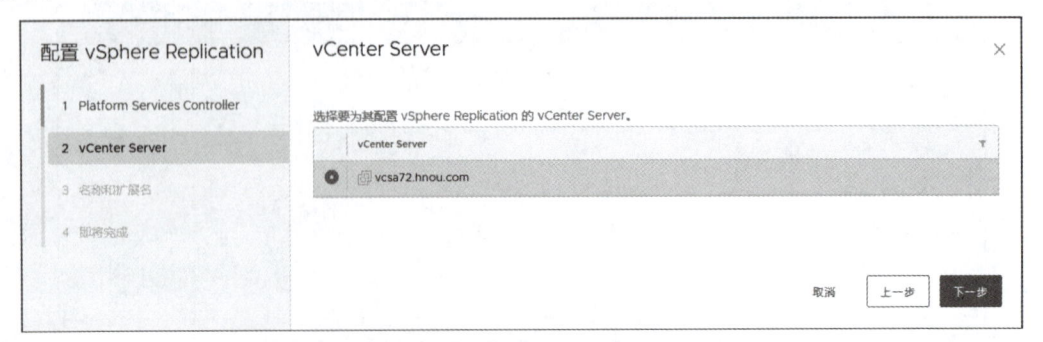

图 5-108　部署 vSphere Replication 8.4 管理界面 4

如图 5-109 所示,弹出"安全警示"界面,单击"连接",使 vSphere Replication 8.4 注册到 vCenter Sever。

图 5-109　部署 vSphere Replication 8.4 管理界面 5

如图 5-110 所示,进入步骤"3 名称和扩展名",在"站点名称"栏输入"vSphere Replication",在"管理员电子邮件"栏输入可以联系到管理员的邮件地址,在"本地主机"栏输入 vSphere Replication 主机名"replication.hnou.com",单击"下一步"。

图 5-110　部署 vSphere Replication 8.4 管理界面 6

如图 5-111 所示,进入步骤"4 即将完成",核对各个配置项参数值,单击"完成",开始执行 vSphere Replication 8.4 配置,如图 5-112 所示。

图 5-111　部署 vSphere Replication 8.4 管理界面 7

如图 5-113 所示,vSphere Replication 8.4 配置完成。

至此,vSphere Replication 8.4 部署完成,读者可以访问 URL"https://10.10.4.13：5480/"监控管理 vSphere Replication,也可以登录 vSphere Client 使用 vSphere Replication 备份和恢复虚拟机。

图 5-112　部署 vSphere Replication 8.4 管理界面 8

图 5-113　部署 vSphere Replication 8.4 管理界面 9

2. 使用 VMware vSphere Replication 备份虚拟机

VMware vSphere Replication 将以插件的形式与 vCenter Server 集成在一起，用户可以方便地通过 vSphere Client 访问 vSphere Replication，执行虚拟机备份和恢复。如图 5-114 所示，单击清单中的 vcsa72.hnou.com，然后依次单击"扩展插件—VR 管理"。

图 5-114　使用 VMware vSphere Replication 备份虚拟机 1

如图 5-115 所示,单击"解决方案"中的"单击以查看",进入 vSphere Replication 服务管理界面,如图 5-116 所示。

图 5-115　使用 VMware vSphere Replication 备份虚拟机 2

图 5-116　使用 VMware vSphere Replication 备份虚拟机 3

单击图 5-116 中的"查看详细信息",然后单击"复制"选项卡,接着单击"新建",如图 5-117 所示。

图 5-117　使用 VMware vSphere Replication 备份虚拟机 4

如图 5-118 所示,弹出"配置复制"界面,进入步骤"1 目标站点",因为实验中执行的是同一站点的备份和恢复,不需要单独设置备份站点,保持配置项默认值,单击"下一步"。

如图 5-119 所示,进入步骤"2 虚拟机",勾选需要备份的虚拟机,单击"下一步"。

如图 5-120 所示,进入步骤"3 目标数据存储",选择 iSCSI-3 存储,其他配置项保持默认值,单击"下一步"。

图 5-118　使用 VMware vSphere Replication 备份虚拟机 5

图 5-119　使用 VMware vSphere Replication 备份虚拟机 6

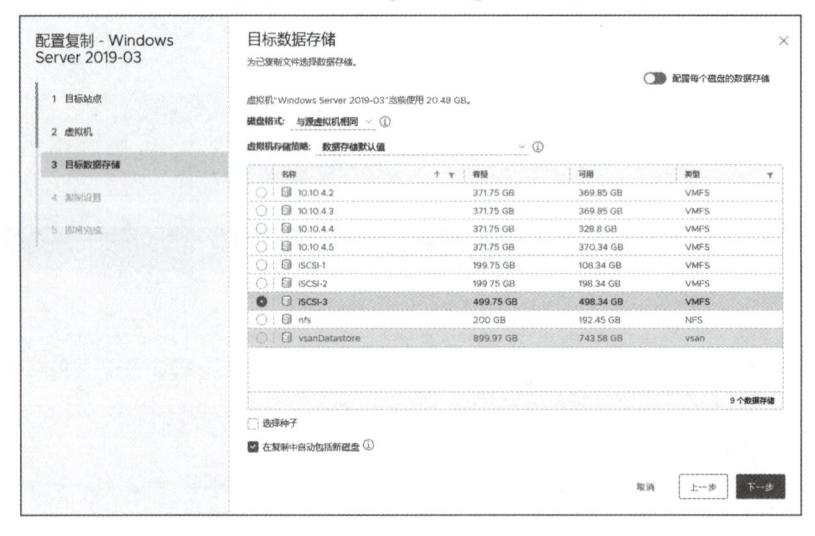

图 5-120　使用 VMware vSphere Replication 备份虚拟机 7

如图 5-121 所示，进入步骤"4 复制设置"，为了在实验中快速执行同步看到备份效果，将"恢复点目标（RPO）"设置为 5 分钟，恢复点目标（Recovery Point Object，RPO）是指可以允许丢失的最大数据量，以时间为单位，指示备份的时间粒度。勾选"启用时间点实例"，将"每日实例数"设置为 3，将"天"设置为 7，意味着每天保留目标虚拟机的 3 个备份，保存最近 7 天的备份，也就是一共将保存 21（3×7）个备份。vSphere Replication 最多为每台虚拟机保存 24 个备份，每个备份相当于一个可恢复点，可以恢复到指定的备份点。在实际生产环境中，应该根据应用重要程度、数据 I/O 类型、RPO、备份存储空间大小等因素设置 RPO、每日实例数和天数。勾选"为 VR 数据启用网络压缩",启用该功能可以将备份的数据压缩后再通过网络传输至目标备份存储。其他配置项保持默认值,单击"下一步"。

图 5-121　使用 VMware vSphere Replication 备份虚拟机 8

如图 5-122 所示,进入步骤"5 即将完成",核对各个配置项参数值,单击"完成"。

图 5-122　使用 VMware vSphere Replication 备份虚拟机 9

如图 5-123 所示,创建完成的虚拟机备份策略将自动执行初次同步和备份,初次备份完成,如图 5-124 所示。

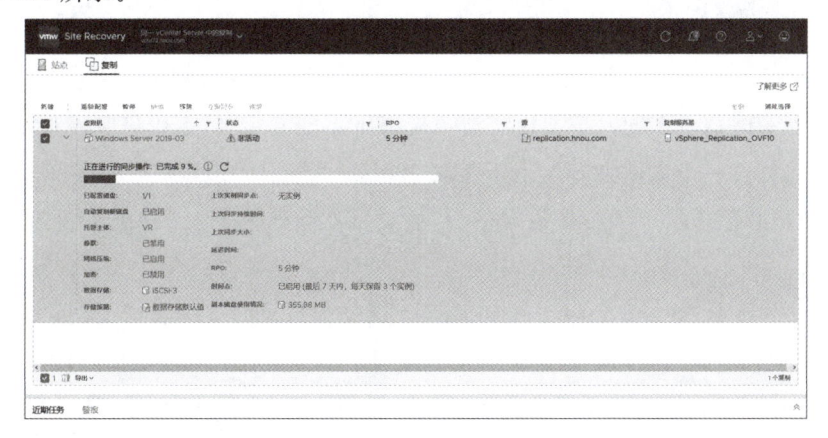

图 5-123　使用 VMware vSphere Replication 备份虚拟机 10

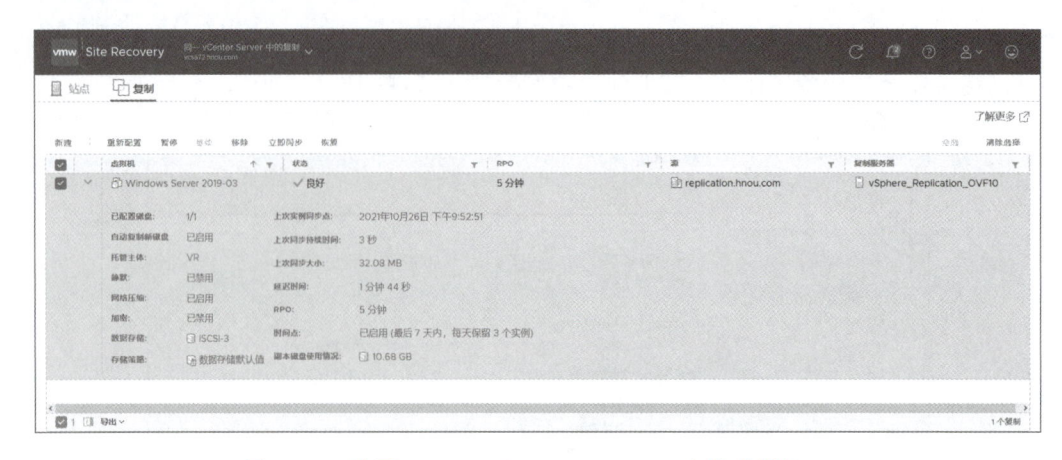

图 5-124　使用 VMware vSphere Replication 备份虚拟机 11

至此，使用 vSphere Replication 备份虚拟机完成，之后每隔一个备份时间 vSphere Replication 将自动执行一次虚拟机备份。

3. 使用 VMware vSphere Replication 恢复虚拟机

为了对比虚拟机恢复前后的不同状态，在完成初次备份后，在虚拟机桌面创建 10 个文件，如图 5-125 所示。

图 5-125　使用 VMware vSphere Replication 恢复虚拟机 1

备份恢复的虚拟机在同一个文件或清单层级下不能有重名，否则恢复将失败，因此恢复虚拟机之前先创建一个文件夹专门用于存放 vSphere Replication 恢复的虚拟机，如图 5-126 所示，在虚拟机和模板清单中右击数据中心，然后依次单击"新建文件夹—新建虚拟机和模板文件夹..."。

如图 5-127 所示，存放 vSphere Replication 恢复虚拟机的文件夹已经创建完成。

在这个过程中，备份策略可能已经执行了若干次同步和备份，但是根据设置一天最多只能保存 3 个备份，因此目前可见的备份包括初次备份，这是当前最近的一次备份，单击"已启用（最后 7 天内，每天保留 3 个实例）"，可以查看当前保存的实例，如图 5-128 所示。

图 5-126 使用 VMware vSphere Replication 恢复虚拟机 2

图 5-127 使用 VMware vSphere Replication 恢复虚拟机 3

图 5-128 使用 VMware vSphere Replication 恢复虚拟机 4

现在开始执行恢复虚拟机操作,如图 5-129 所示,勾选需要执行恢复的虚拟机,单击"恢复"。

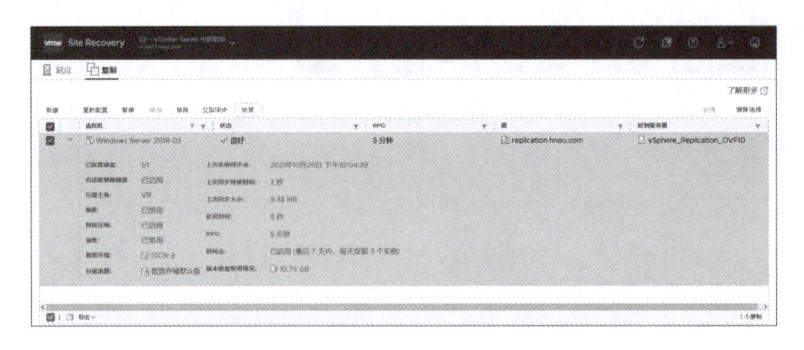

图 5-129　使用 VMware vSphere Replication 恢复虚拟机 5

如图 5-130 所示,弹出"恢复虚拟机"界面,进入步骤"1 恢复选项",选择"使用最新可用数据",勾选"恢复后打开虚拟机电源",单击"下一步"。同步最新更改恢复虚拟机前,将对虚拟机执行从源虚拟机到目标虚拟机的完全同步,选中此选项可避免数据丢失,但此选项仅在源虚拟机的数据可访问时才能选中,仅当关闭该虚拟机电源后才能选中此选项。使用最新的可用数据通过使用目标站点上的最新复制数据来恢复虚拟机,选中此选项将导致丢失自最近一次复制后更改的所有数据,由于当前虚拟机处于开机状态,因此选择此项;当无法访问源虚拟机,或虚拟机磁盘已损坏时,请选中此选项。

图 5-130　使用 VMware vSphere Replication 恢复虚拟机 6

如图 5-131 所示,进入步骤"2 文件夹",选择提前创建的"vSphere Replication 恢复虚拟机",单击"下一步"。

图 5-131　使用 VMware vSphere Replication 恢复虚拟机 7

如图 5-132 所示,进入步骤"3 资源",选择合适的 ESXi 主机,单击"下一步"。

如图 5-133 所示,进入步骤"4 即将完成",核对各个配置项参数值,单击"完成"。

如图 5-134 所示,恢复操作执行完毕,当前虚拟机状态显示"已恢复"。

图 5-132　使用 VMware vSphere Replication 恢复虚拟机 8

图 5-133　使用 VMware vSphere Replication 恢复虚拟机 9

图 5-134　使用 VMware vSphere Replication 恢复虚拟机 10

如图 5-135 所示，在虚拟机和模板清单中可以观察到恢复后的虚拟机，细心的读者会发现，该虚拟机网络适配器 1 显示"VM Network（已断开连接）"，这是因为恢复的虚拟机网络配置与源虚拟机一致，为了防止源虚拟机未关机时可能造成 IP 地址冲突，此时解决的办法是关闭源虚拟机，然后进入恢复虚拟机的编辑设置，设置网络适配器 1，恢复虚拟机的网络连接。

如图 5-136 所示，虚拟机恢复以后，保存的备份实例将转换成快照的形式，之后读者可以采用恢复快照的方法，恢复不同时点的虚拟机状态，但是注意这些快照并不包括内存快照。

图 5-135　使用 VMware vSphere Replication 恢复虚拟机 11

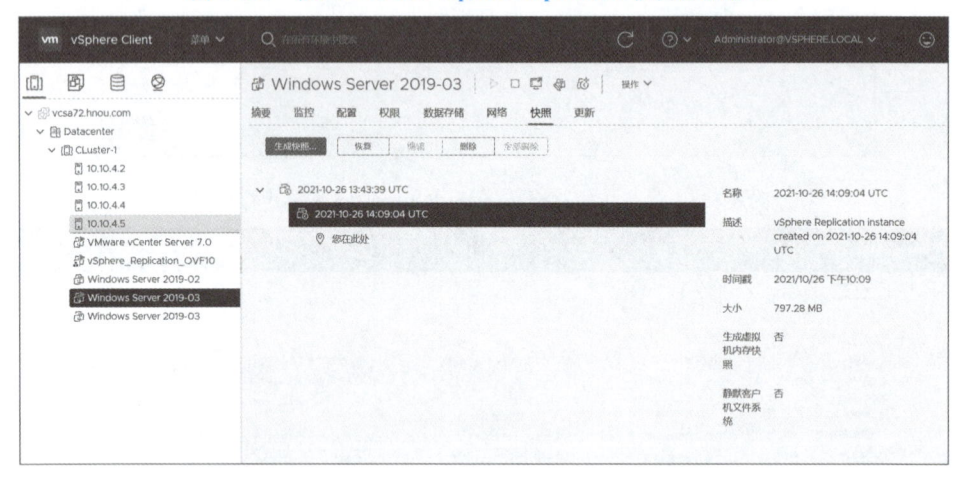

图 5-136　使用 VMware vSphere Replication 恢复虚拟机 12

如图 5-137 所示，执行恢复快照"2021-10-26 13∶43∶39 UTC"，然后登录操作系统观察桌面，如图 5-138 所示。

如图 5-139 所示，执行恢复快照"2021-10-26 14∶09∶04 UTC"，然后登录操作系统观察桌面，如图 5-140 所示。

图 5-137　使用 VMware vSphere Replication 恢复虚拟机 13

图 5-138　使用 VMware vSphere Replication 恢复虚拟机 14

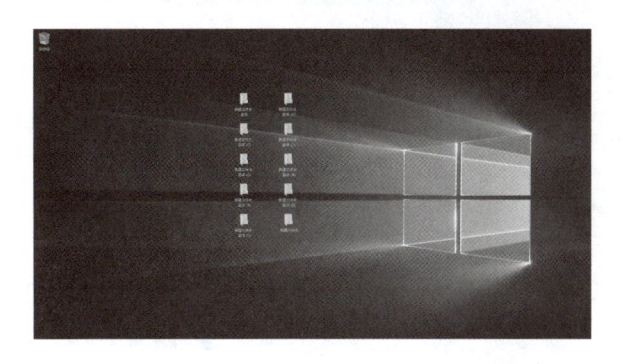

图 5-139　使用 VMware vSphere Replication 恢复虚拟机 15

图 5-140　使用 VMware vSphere Replication 恢复虚拟机 16

至此,使用 VMware vSphere Replication 恢复虚拟机执行完毕,从上述实验中可以观察到 vSphere Replication 可以较为快捷地实现虚拟机备份和恢复,值得注意的是当虚拟机恢复以后,应该尽快针对恢复正常的虚拟机重新部署备份策略并删除快照文件。

项目实战练习

1. 请创建一台 Windows 10 虚拟机并为其安装操作系统,然后分别执行快照创建与恢复,观察并记录实验结果。

2. 请创建一台 Ubuntu 虚拟机并为其安装操作系统,然后使用 vSphere Replication 为其执行备份和恢复操作,观察并记录实验结果。

项目 6
管理与使用虚拟化高级功能

项目背景概述

VMware 公司提供了 vSphere vMotion、vSphere DRS、vSphere HA、vSphere FT 等虚拟化高级功能,有助于构建一个稳定、可靠、高效的数据中心。本项目将详细介绍 VMware vSphere 虚拟化高级功能的管理和使用。

项目学习目标

知识目标:
1. 掌握 vSphere vMotion 知识
2. 掌握 vSphere DRS 知识
3. 掌握 vSphere HA 知识
4. 掌握 vSphere FT 知识

技能目标:
1. 会 vSphere vMotion 的管理和使用
2. 会 vSphere DRS 的管理和使用
3. 会 vSphere HA 的管理和使用
4. 会 vSphere FT 的管理和使用

素质目标:
引导学生剖析自己的优势与劣势,发扬优点,补足短板,鼓励学生成为更优秀的自己。

项目环境需求

1. 硬件环境需求

实验计算机双核及以上 CPU,32 GB 及以上内存,不低于 500 GB 硬盘,主板 BIOS 开启硬件虚拟化支持。

2. 操作系统环境需求

实验计算机安装 Windows 10 64 位专业版操作系统。

3. 软件环境需求

实验计算机安装 VMware Workstation 16 Pro。

项目规划设计

（见表 6-1、表 6-2）

表 6-1　　　　　　　　　　　　　　网络规划设计

设备名称	操作系统	网络适配器	网络适配器模式	IP 地址/掩码长度	网关	备注
实验计算机	Windows 10 Pro	—	—	10.10.4.1/24	—	—
ESXi 1	ESXi 7.0	网络适配器 1 网络适配器 2	桥接	vmk 0：10.10.4.2/24	10.10.4.254	管理和 vSphere 高级功能流量
		网络适配器 3 网络适配器 4	NAT	—	—	虚拟机流量
		网络适配器 5 网络适配器 6	仅主机模式	vmk 1：192.168.58.2/24	192.168.58.1	vSAN 流量
		网络适配器 7	仅主机模式	vmk 2：192.168.100.2/24	192.168.100.1	iSCSI、NFS 流量
		网络适配器 8	仅主机模式	vmk 3：192.168.100.12/24	192.168.100.1	iSCSI、NFS 流量
ESXi 2	ESXi 7.0	网络适配器 1 网络适配器 2	桥接	vmk 0：10.10.4.3/24	10.10.4.254	管理和 vSphere 高级功能流量
		网络适配器 3 网络适配器 4	NAT	—	—	虚拟机流量
		网络适配器 5 网络适配器 6	仅主机模式	vmk 1：192.168.58.3/24	192.168.58.1	vSAN 流量
		网络适配器 7	仅主机模式	vmk 2：192.168.100.3/24	192.168.100.1	iSCSI、NFS 流量
		网络适配器 8	仅主机模式	vmk 3：192.168.100.13/24	192.168.100.1	iSCSI、NFS 流量
ESXi 3	ESXi 7.0	网络适配器 1 网络适配器 2	桥接	vmk 0：10.10.4.4/24	10.10.4.254	管理和 vSphere 高级功能流量
		网络适配器 3 网络适配器 4	NAT	—	—	虚拟机流量
		网络适配器 5 网络适配器 6	仅主机模式	vmk 1：192.168.58.4/24	192.168.58.1	vSAN 流量
		网络适配器 7	仅主机模式	vmk 2：192.168.100.4/24	192.168.100.1	iSCSI、NFS 流量
		网络适配器 8	仅主机模式	vmk 3：192.168.100.14/24	192.168.100.1	iSCSI、NFS 流量
ESXi 4	ESXi 7.0	网络适配器 1 网络适配器 2	桥接	vmk 0：10.10.4.5/24	10.10.4.254	管理和 vSphere 高级功能流量
		网络适配器 3 网络适配器 4	NAT	—	—	虚拟机流量
		网络适配器 5 网络适配器 6	仅主机模式	vmk 1：192.168.58.5/24	192.168.58.1	vSAN 流量
		网络适配器 7	仅主机模式	vmk 2：192.168.100.5/24	192.168.100.1	iSCSI、NFS 流量
		网络适配器 8	仅主机模式	vmk 3：192.168.100.15/24	192.168.100.1	iSCSI、NFS 流量
vCenter Server 7.0	vCenter Server Appliance 7.0	—	—	10.10.4.10/24	10.10.4.254	—
vSphere Replication	vSphere Replication 8.4	—	—	10.10.4.13	10.10.4.254	主机名 replication.hnou.com

表 6-2　　　　　　　　　　　　设备配置规划设计

设备名称	操作系统	CPU 核数	内存/GB	硬盘/GB	用户名	密码
实验计算机	Windows 10 Pro	8	32 以上	1 000	administrator	—
ESXi 1	ESXi 7.0	8	16	500	root	Root！@2021
ESXi 2	ESXi 7.0	8	16	500	root	Root！@2021
ESXi 3	ESXi 7.0	8	16	500	root	Root！@2021
ESXi 4	ESXi 7.0	8	16	500	root	Root！@2021
vCenter Server 7.0	vCenter Server Appliance 7.0	2	12root	Root！@2021	—	

项目知识储备

1. vSphere vMotion

(1) 冷迁移

冷迁移是指把已经关机或挂起的虚拟机在集群、数据中心和 vCenter Server 的 ESXi 主机之间迁移，同时也可以选择将虚拟机的磁盘从一个数据存储迁移到另一个数据存储。冷迁移过程中要求一定要关闭或挂起虚拟机，这样虚拟机的操作系统及其上运行的应用程序处于停止运行的状态，在冷迁移到目标主机时可以降低目标主机的兼容性检查要求。例如，在两个不同配置的集群之前热迁移可能不被允许，而冷迁移可以被执行，但是可能存在影响应用程序运行的情况。在默认情况下，虚拟机在进行冷迁移、克隆和快照时的数据通过管理网络传输，这些系统类型的流量也称为置备流量，在生产环境中建议使用单独的 VLAN、VMkernel 承载置备流量。

(2) vMotion 基本概念

相对于冷迁移，vMotion 是一种热迁移，即 vMotion 允许在不中断虚拟机运行状态的情况下实现在集群、数据中心和 vCenter Server 的 ESXi 主机之间迁移，同时也可以选择将虚拟机的磁盘从一个数据存储迁移到另一个数据存储。随着混合云的逐步发展，vMotion 有三种迁移类型：迁移虚拟机计算资源，即虚拟机驻留在 A 主机上将共享 A 主机上的 CPU 和内存资源，通过执行 vMotion 将虚拟机从 A 主机迁移至 B 主机，那么虚拟机之后将在 B 主机驻留并共享 B 主机的 CPU 和内存资源，虚拟机关联虚拟磁盘仍然处于 A、B 两台主机之间共享的存储上的同一位置；迁移虚拟机存储资源，即将虚拟机虚拟磁盘从一个数据存储（例如 iSCSI 存储）迁移至另一个数据存储（例如 vSAN 存储），这也称为 Storage vMotion，通常在维护存储设备或更换存储时使用；迁移虚拟机的计算资源和存储资源，既改变了虚拟机的驻留主机，也改变了虚拟机虚拟磁盘放置的数据存储。

(3) vMotion 基本原理

整个 vMotion（仅以迁移计算机资源为例）过程大致包括以下几个阶段：

① vMotion 准备阶段。准备阶段主要执行兼容性检查，将在 vCenter Server、源 ESXi

主机和目标 ESXi 主机之间共享一份兼容性检查规范,该规范包括目标虚拟机是否启动执行 vMotion,目标虚拟机配置情况(虚拟硬件、虚拟机各种选项配置等),源 ESXi 主机信息,目标 ESXi 主机信息,vMotion 网络详细信息等,正是根据这份规范检查目标虚拟机是否支持执行 vMotion 操作。若兼容性检查通过,将在源 ESXi 主机与目标 ESXi 主机之间承载 vMotion 的 VMkernel 之间建立通信。

②vMotion 预复制阶段。准备阶段完成后,目标 ESXi 主机已经为待迁移的虚拟机预留了 CPU 和内存资源并已经在后台创建好虚拟机(该虚拟机并不会在清单中出现),即已经为虚拟机的运行准备好硬件条件。预复制阶段主要是将虚拟机的内存页面从源 ESXi 主机复制到目标 ESXi 主机,内存数据通过网络传输,在复制内存数据的过程中虚拟机操作系统可能仍在向内存写入数据,因此预复制阶段是一个迭代的过程,如果写入内存的数据速率持续超过网络复制内存数据的速率,那么 vMotion 将被终止,因此 vMotion 对网络性能是有较高要求的,在设计 vMotion 网络时应充分考虑网络性能因素。为了让迁移成功执行,vMotion 引入了短暂停止写入内存的机制,这种机制通常并不会影响虚拟机操作系统和应用程序的执行。

③vMotion 切换阶段。虚拟机所有内存数据都复制到目标 ESXi 主机后,将挂起源 ESXi 主机上的虚拟机,并启动目标 ESXi 主机上的虚拟机且使内存数据恢复到挂起前的状态,再将访问重新定位到迁移后的虚拟机,整个切换过程需要消耗 100～200 毫秒,之后源 ESXi 主机删除虚拟机并释放资源。

2. vSphere DRS

(1) DRS 基本概念

DRS(Distributed Resources Scheduler,分布式资源调度器)是 vSphere 集群十分重要的功能,它将一组资源共享的 ESXi 主机组织在一起,灵活高效地向虚拟机提供资源。DRS 集群主要提供以下关键功能:

①虚拟机初始放置建议

当虚拟机打开电源时,DRS 会计算集群中 ESXi 主机的负载情况和资源使用情况,由 DRS 给出建议将在哪台 ESXi 主机上启动虚拟机。

②动态负载均衡

DRS 不断检测集群的运行状态和负载情况,让所有集群中开机的虚拟机均衡地分布在各台 ESXi 主机之上,在负载失衡时,通过使用 vMotion 使得各台主机的负载动态均衡。

如图 6-1 所示,集群中有三台主机,没有启用 DRS,主机 1 上有六台虚拟机,主机 2 上有 1 台虚拟机,主机 3 上有两台虚拟机,显然主机 1 负载过重,三台主机没有负载均衡。当启用 DRS 后,DRS 计算各个负载的资源需求和主机

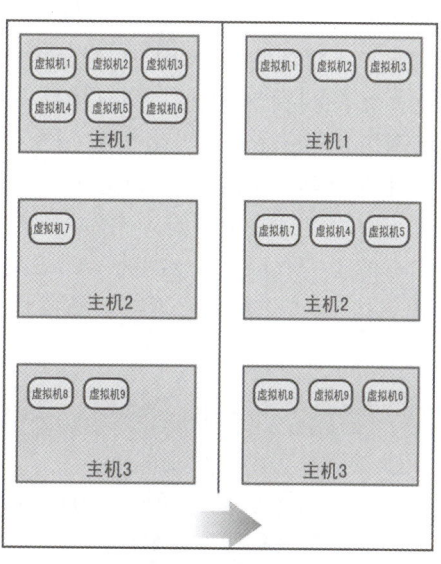

图 6-1 动态负载均衡示例

可提供的资源情况,通过 vMotion 将虚拟机迁移到合适的主机上,进而使得集群中的主机

负载均衡。

③电源管理

DRS 可以启用 DPM（Distributed Power Management，分布式电源管理）功能，当集群负载较少，DRS 将虚拟机调度到一部分主机上承载时，DPM 将把没有承载虚拟机的主机电源关闭，以减少功耗，当负载上升时，DPM 根据需要将主机电源打开。

(2) vSphere 集群服务（vCLS）

vSphere 7 Update 1 开始引入一个新的功能 vSphere 集群服务（vCLS），其目的是逐渐从 vCenter Server 中分离出 DRS 集群功能，使得 DRS 集群不依赖于 vCenter Sever 的可用性，这样也使得 vCenter Server 更具可伸缩性，更有利于部署大型混合云方案。

如图 6-2 所示，vCLS 是从 vCenter Server 中解耦出来的一个控制功能，每个

图 6-2 vCLS 架构模型

vSphere 集群最多可运行 3 台 vCLS 虚拟机，若集群主机数量少于 3 台则运行 vCLS 虚拟机数量与主机数量相同。

在 vSphere 7.0 Update 2 中，vCLS 默认处于启用状态，并在所有 vSphere 集群中运行，vCLS 可确保在 vCenter Server 变得不可用时，集群服务仍可用于维护在集群中运行的虚拟机的资源和运行状况，但是目前 vSphere 7.0 Update 2 中仍需要 vCenter Server 才能运行 DRS 和 HA。vCLS 虚拟机不会显示在主机和集群选项卡的清单树中，而是都放在虚拟机和模板清单的一个名为 vCLS 的单独虚拟机和模板文件夹中。

vCLS 虚拟机的运行状态将直接影响集群的服务，请读者不要人为改变 vCLS 虚拟机的配置和状态。vCLS 与群集服务关联的三种健康状态如下：

①运行状况良好（Healthy）：群集中至少有 1 个代理 VM 正在运行时，vCLS 运行状况为绿色。为了保持代理虚拟机的可用性，部署了 3 个代理虚拟机的群集仲裁。

②降级（Degraded）：当至少有一个代理虚拟机不可用，但由于代理虚拟机不可用而 DRS 并未跳过其逻辑时（还可以通过重新启动恢复），这是过渡状态。在重新部署 vCLS VM 或对运行中的 VM 造成一定影响后重新启动 vCLS VM 时，群集可能处于此状态。

③不健康（Unhealthy）：由于 vCLS 控制功能不可用（至少 1 个代理 VM）而导致下一轮 DRS 逻辑运行（工作负载放置或平衡操作）跳过时（如重新启动不成功后），vCLS 处于不健康状态。

(3) DRS 自动化级别

DRS 的三种自动化级别如下：

①手动：虚拟机开机或负载均衡迁移虚拟机时，DRS 给出虚拟机放置或迁移建议，由管理员手动确定是否执行建议操作。

②半自动：虚拟机开机时，DRS 会自动为虚拟机选择合适主机运行，但是在负载均衡迁移虚拟机时与手动方式一样仅给出迁移建议，需要管理员手动确认是否执行建议操作。

③全自动：虚拟机开机或负载均衡迁移虚拟机时，DRS 会自动计算并执行相对最优的虚拟机放置或迁移策略。

(4) DRS 关联性规则

①虚拟机—虚拟机关联性规则

虚拟机—虚拟机关联性规则指定选定的单台虚拟机是应在同一主机上运行还是应保留在其他主机上，此规则用于创建所选单台虚拟机之间的关联性或反关联性。

当创建关联性规则时，DRS 尝试将指定的虚拟机保留在同一主机上。例如，为了确保某些后端应用程序能够快速访问数据库，可能需要将后端应用程序服务器和数据库服务器放置在同一台主机上。

使用反关联性规则时，DRS 尝试将指定的虚拟机放置在不同的主机上。例如，为了确保数据库集群服务不因为某一台主机宕机导致业务中断，常常需要将数据库集群中的虚拟机分别部署在不同的主机上，避免单点故障。

虚拟机—虚拟机关联性规则冲突问题，可以通过创建并使用多台虚拟机—虚拟机关联性规则来解决，但是这可能会导致规则相互冲突的情况发生。

如果两个虚拟机—虚拟机关联性规则存在冲突，则无法同时启用这两个规则。例如，如果一个规则要求两台虚拟机始终在一起，而另一个规则要求这两台虚拟机始终分开，则无法同时启用这两个规则。当两个虚拟机—虚拟机关联性规则发生冲突时，将优先使用老的规则，并禁用新的规则。DRS 仅尝试满足已启用的规则，忽略已禁用的规则。

②虚拟机—主机关联性规则

虚拟机—主机关联性规则指定选定的虚拟机 DRS 组的成员是否可在特定主机 DRS 组的成员上运行，虚拟机—主机关联性规则会指定一组虚拟机与一组主机的关联性关系。由于虚拟机—主机关联性规则是基于集群的，因此规则中包含的虚拟机和主机必须全部位于同一集群中，如果从集群中移除虚拟机，则虚拟机会丢失其 DRS 组关联性。创建一个虚拟机—主机关联性规则包括以下几个要素：

a. 创建一个主机 DRS 组。

b. 创建一个虚拟机 DRS 组。

c. 指定规则是必须执行还是应该执行，指定虚拟机组是可以在主机组运行或不能运行。

(5) 增强型 vMotion 兼容性

增强型 vMotion 兼容性（EVC）是一项集群功能，EVC 可以确保集群内的所有主机向虚拟机提供相同的 CPU 功能集，即使这些主机上的实际 CPU 并不相同，因此使用 EVC 可避免因 CPU 不兼容而导致通过 vMotion 迁移失败。

EVC 使用 AMD－V Extended Migration 技术（适用于 AMD 主机）和 Intel Felx Migration 技术（适用于 Intel 主机）屏蔽处理器功能，以便主机可提供早期版本的处理器功能集。EVC 模式必须等同于集群中具有最小功能集的主机的功能集，即在主机的 CPU 功能集中求取交集，以便可以在 EVC 集群内无缝地迁移虚拟机。

3. vSphere HA

(1) vSphere HA 基本概念

vSphere HA(High Availability,高可用)是在集群中主机出现故障,导致其上运行的虚拟机无法持续运行时,由其他主机将故障主机上的虚拟机重新创建并启动,是以最大限度地保证业务不受影响的一种高可用策略。vSphere HA 可以通过下列方式保障服务的可用性:

① 当主机故障时,可在集群内的其他主机上重新启动虚拟机。
② 通过持续监控虚拟机并在检测到故障时,对其进行重新设置,防止应用程序故障。
③ 通过在仍然有权访问其数据存储的其他主机上重新启动受影响的虚拟机,可防止出现数据存储可访问性故障。
④ 如果虚拟机的主机在管理或 vSAN 网络上被隔离,它会通过重新启动这些虚拟机来防止服务器网络故障。

(2) 首选主机和辅助主机

在启用集群 vSphere HA 功能时,会选举首选主机,其他未当选首选主机的则是辅助主机,当首选主机故障时,将从其他辅助主机中选出首选主机。首选主机负责与 vCenter Server 进行通信,并监控所有受保护的虚拟机以及辅助主机的状态。在主机发生故障时,首选主机必须检测并相应地处理故障,协调其他可用主机重新启动故障主机上的虚拟机,因此首选主机的主要作用如下:

① 监控辅助主机的状况。如果辅助主机发生故障或无法访问,首选主机将确定必须重新启动哪些虚拟机。
② 监控所有受保护虚拟机的电源状况。如果有一台虚拟机出现故障,首选主机可确保重新启动该虚拟机并确认其合适的放置位置。
③ 管理集群主机和受保护的虚拟机列表。
④ 充当集群的 vCenter Server 管理界面并报告集群运行状况。

辅助主机主要通过在本地运行虚拟机、监控其运行状况和向首选主机报告更新状况来对集群提供支持。辅助主机和首选主机都可实现虚拟机和应用程序监控功能。

(3) 集群主机主要故障类型

vSphere HA 通过网络检测和共享存储信号检测来感知主机故障。一般首选主机与辅助主机通过主机代理每秒在管理网络交换一次检测信号,当首选主机收不到某主机的网络检测信号时,首选主机将试图通过集群共享存储信号来检测该主机是否故障。

在 vSphere HA 集群中常见的三种故障类型:

① 主机停止运行:主机可能因硬件或系统故障导致停止运行,无论是网络检测还是共享存储检测都无法收到故障主机的信息,因此需要在集群其他可用主机上重新启动相关虚拟机。
② 主机网络隔离:某台主机没有停止运行但是丢失了全部的管理网络,该主机无法通过代理与首选主机或其他辅助主机进行网络通信,且该主机也不能 ping 通其隔离地址(隔离地址默认是管理网段的网关地址),该主机确定自身已经发生网络隔离了,此时首选主机只

能通过共享存储检测信号与该主机交互。一旦确定某台主机确实进入网络隔离状态,则必须执行主机隔离响应,否则该主机上的虚拟机无法继续提供服务。用户可以设置主机隔离响应为"关闭虚拟机电源再重新启动虚拟机"(在隔离主机上关闭虚拟机电源,在其他主机上重新启动虚拟机)或"关闭再重新启动虚拟机"(在隔离主机上关闭虚拟机操作系统,在其他主机上重新启动虚拟机),要使用"关闭再重新启动虚拟机"设置,必须在虚拟机的客户机操作系统中安装 VMware Tools。如果首选主机无法通过共享存储检测到隔离主机的状态,则可能产生虚拟机脑裂的情况,即在隔离主机和集群中另一台主机上同时运行相同的虚拟机。

③主机网络分区:部分主机的管理网络故障没有完全丢失,常见的情形是部分主机不能与首选主机通信,但是可以与集群部分辅助主机通信,此时首选主机通过共享存储检测信号可以感知网络分区情况,已分区的集群会导致虚拟机保护和集群管理功能降级。

(4) vSphere HA 准入控制

vSphere HA 使用准入控制确保在主机出现故障时,集群其他主机有足够资源容量(故障切换容量)用于虚拟机恢复,可通过三种方式来设置主机故障切换容量:

①集群资源百分比

在使用集群资源百分比策略时,vSphere HA 可确保预留特定百分比的 CPU 和内存资源总量用于故障切换,具体将进行下列控制计算:

a. 计算集群内所有已打开电源虚拟机的总资源要求。

b. 计算可用于虚拟机的主机资源总数。

c. 计算集群"当前的 CPU 故障切换容量"和"当前的内存故障切换容量"。先用主机 CPU 资源总数减去已打开电源虚拟机的总资源要求,然后用这个结果除以主机 CPU 资源总数,从而计算出"当前的 CPU 故障切换容量"。计算"当前的内存故障切换容量"的方式与计算"当前的 CPU 故障切换容量"的方式类似。

d. 确定"当前的 CPU 故障切换容量"或"当前的内存故障切换容量"是否小于对应的"配置的故障切换容量"(由用户根据生产需求自行设置)。如果小于则 vSphere HA 保护动作不允许执行,否则可以执行重新启动受保护虚拟机。

引用 VMware 官方的一个典型示例说明使用集群资源百分比进行准入控制。如图 6-3 所示,集群包括三台主机,每台主机上可用的 CPU 和内存资源数各不相同。第一台主机(H1)的可用 CPU 资源和可用内存分别为 9 GHz 和 9 GB,第二台主机(H2)为 9 GHz 和 6 GB,而第三台主机(H3)为 6 GHz 和 6 GB。集群内存中有五个已打开电源的虚拟机,其 CPU 和内存要求各不相同。VM1 所需的 CPU 资源和内存分别为 2 GHz 和 1 GB,VM2 为 2 GHz 和 1 GB,VM3 为 1 GHz 和 2 GB,VM4 为 1 GHz 和 1 GB,VM5 则为

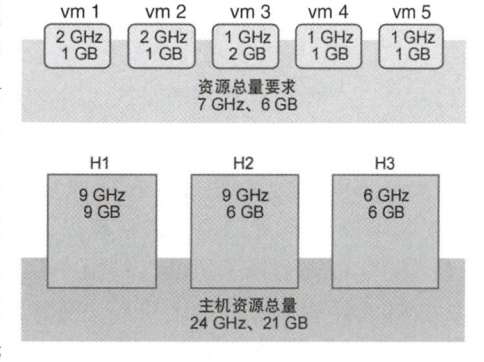

图 6-3 使用"预留的集群资源的百分比"策略的准入控制示例

1 GHz 和 1 GB。CPU 和内存的配置故障切换容量都设置为 25%。

已打开电源的虚拟机的总资源要求为 7 GHz CPU 和 6 GB 内存。可用于虚拟机的主机资源总数为 24 GHz CPU 和 21 GB 内存。根据上述情况,"当前的 CPU 故障切换容量"为 70 %[(24 GHz~7 GHz)/24 GHz]。同样,"当前的内存故障切换容量"为 71 %[(21 GB~6 GB)/21 GB]。由于集群的"配置的故障切换容量"设置为 25 %,因此仍然可使用 45 %的集群 CPU 资源总数和 46 %的集群内存资源打开其他虚拟机电源。

② 插槽策略准入控制

插槽大小由两个组件(CPU 和内存)组成,vSphere HA 计算 CPU 组件的方法是先获取每台已打开电源虚拟机的 CPU 预留,然后选择最大值,计算内存组件的方法是先获取每台已打开电源虚拟机的内存预留和内存开销,然后选择最大值。计算出插槽大小后,vSphere HA 会确定每台主机中可用于虚拟机的 CPU 和内存资源,从而计算出每台主机的插槽数。主机插槽具体计算规则:用主机的 CPU 资源数除以插槽大小的 CPU 组件,然后将结果向下取整;用主机的内存资源数除以插槽大小的内存组件,然后将结果向下取整,比较取整后的两个数,较小的那个数即为主机可以支持的插槽数。

引用 VMware 官方的一个典型的示例说明使用插槽策略的准入控制。如图 6-4 所示,集群包括三台主机,每台主机上可用的 CPU 和内存资源各不相同。第一台主机(H1)的可用 CPU 资源和可用内存分别为 9 GHz 和 9 GB,第二台主机(H2)为 9 GHz 和 6 GB,而第三台主机(H3)为 6 GHz 和 6 GB。集群内存中有五台已打开电源的虚拟机,其 CPU 和内存要求各不相同。VM1 所需的 CPU 资源和内存分别为 2 GHz 和 1 GB,VM2 为 2 GHz 和 1 GB,VM3 为 1 GHz 和 2 GB,VM4 为 1 GHz 和 1 GB,VM5 为 1 GHz 和 1 GB。"集群允许的主机故障数目"设置为 1。

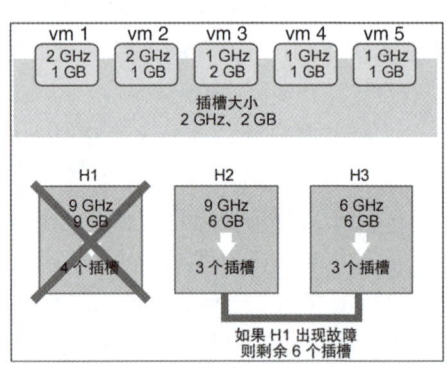

图 6-4 使用插槽策略准入控制示例

比较虚拟机的 CPU 和内存要求,然后选择最大值,从而计算出插槽大小。最大 CPU 要求(VM1 和 VM2)为 2 GHz,而最大内存要求(VM3)为 2 GB。根据上述情况,插槽大小为 2 GHz CPU 和 2 GB 内存。由此确定每台主机可以支持的最大插槽数目。H1 可以支持四个插槽。H2 可以支持三个插槽(取 9 GHz/2 GHz 和 6 GB/2 GB 中较小的一个),H3 也可以支持三个插槽。插槽数最大的主机是 H1,如果它发生故障,集群内还有六个插槽,足够供五个已打开电源的虚拟机使用。如果 H1 和 H2 都发生故障,集群内将剩下三个插槽,这是不够用的。因此,当前故障切换容量为 1(即允许故障主机数),集群内可用插槽的数目为 1(H2 和 H3 上的六个插槽减去五个已使用的插槽)。

③ 专用故障切换主机准入控制

在集群中设置专门的主机用于故障切换,当集群中有主机故障或网络隔离时,将受影响的虚拟机在专用故障切换主机上重新启动,当专用故障主机资源不足以启动全部受影响虚拟机时,剩余的虚拟机将在集群中其他正常主机上重新启动。

4. vSphere FT

(1) vSphere FT 基本概念

vSphere HA 能够在主机故障时重新启动虚拟机，以最短的停机时间提供基本业务持续性保护，而 vSphere FT（Fault Tolerance，容错）可以提供更高级别的业务持续性保护。FT 同时在两台不同主机上运行主虚拟机和辅助虚拟机且两台虚拟机保持同步状态。在正常情况下，由主虚拟机对外提供服务，当主虚拟机故障时，辅助虚拟机立即接管主虚拟机的业务，成为主虚拟机，这个切换过程对用户是透明的且不会发生业务中断，同时将在另一台主机上创建一台新的辅助虚拟机并重新建立冗余。

(2) vSphere FT 使用限制

FT 虽然能提供高级别的虚拟机可靠性保护，但是在使用过程中也需要注意一些限制：

① 快照。在虚拟机上启用 Fault Tolerance 前，必须移除或提交快照。此外，不可能对已启用 Fault Tolerance 的虚拟机执行快照。

② Storage vMotion。不能为已启用 Fault Tolerance 的虚拟机调用 Storage vMotion。要迁移存储时，应当先暂时关闭 Fault Tolerance，然后执行 Storage vMotion 操作。在完成迁移存储之后，可以重新打开 Fault Tolerance。

③ 链接克隆。不能在为链接克隆的虚拟机上使用 Fault Tolerance，也不能在启用了 FT 的虚拟机上创建链接克隆。

④ 不支持 Virtual Volumes 数据存储。

⑤ 不支持基于存储的策略管理。

⑥ 不支持 I/O 筛选器。

⑦ 不支持磁盘加密。

⑧ 不支持 TPM（Trust Platform Module，可信赖平台模块），它是安装在服务器主板上的一块安全芯片。

⑨ 不支持启用 VBS（Virtualization Based Security，基于虚拟化的安全）的虚拟机。

(3) vSphere FT 部署要求

① 运行主虚拟机和辅助虚拟机的主机应当按照与处理器大致相同的频率运行，避免辅助虚拟机频繁启动。如果辅助虚拟机要定期重新启动，请在运行容错虚拟机的主机上禁用所有的电源管理模式，或者确保所有主机以相同电源管理模式运行。

② 分别为 vMotion 和 FT 创建独立的虚拟机交换机、独立的端口组和 VMkernel，这可能需要多个千兆位网络接口卡（NIC），这里推荐使用万兆网卡。对于支持 FT 功能的每台主机，建议最少使用两个物理网卡。例如，一个网卡专门用于 FT 日志记录，另一个则专门用于 vMotion，推荐使用三个或更多网卡来确保可用性。将物理网卡绑定到网卡组并分布到两台物理交换机，确保这两台物理交换机之间的每个 VLAN 的二层网络连续性。

③ 在开启 FT 功能后，容错虚拟机的预留内存设置为虚拟机的内存大小。确保包含容错虚拟机的资源池拥有大于虚拟机内存大小的内存资源。如果资源池中没有额外内存，则可能没有内存可用作开销内存。

④ 为确保冗余和最大 FT 保护，集群中应至少有三台主机且已经开启了 vSphere HA 功能。这可确保在发生故障切换的情况下，有主机能容纳所创建的新的辅助虚拟机。

任务 6-1　管理与使用 vSphere vMotion

任务介绍

vSphere vMotion 热迁移功能可以帮助用户在进行主机或存储维护时，保持虚拟机运行状态并将其移动到其他主机或存储，可以极大地减少计划维修停机时间，而且 vSphere vMotion 与 vSphere DRS、vSphere HA 联合使用能够构建负载均衡且高可用的数据中心。本任务详细讲解 vSphere vMotion 的管理和使用。

任务目标

（1）熟练掌握虚拟机计算资源热迁移。
（2）熟练掌握虚拟机存储热迁移。

任务实施

1. 创建 vSphere vMotion 承载网络

在生产环境中，建议为 vSphere vMotion 流量创建专有的虚拟交换机、端口组、VMkernel，在绑定和故障切换中配置多个网卡组并绑定冗余的物理网卡，建议使用 10 Gbit/s 及以上物理网卡，可以与其他 vSphere 高级功能共享该物理网卡并启用 vSphere Network I/O Control。在实验环境中，将流量较小的管理网络与 vSphere 高级功能共用虚拟交换机及其网络，在使用 vSphere vMotion 之前先要配置 VMkernel 支持 vMotion 系统流量，如图 6-5 所示，单击集群中的主机，然后依次单击"配置—网络—VMkernel 适配器"，接着单击 vmk 0 左侧的"》"符号，可以观察到"已启用的服务"中仅启用了"管理""vSphere Replication""vSphere Replication NFC"三项服务。

图 6-5　创建 vSphere vMotion 承载网络 1

单击 vmk 0 左侧的"："符号，再单击"编辑"，弹出"vmk 0 编辑设置"界面，如图 6-6 所示，在"已启用的服务"中勾选"vMotion"，单击"OK"，返回 VMkernel 适配器配置界面可以看到此时 vmk 0 的"已启用的服务"中包括 vMotion,如图 6-7 所示。集群中其他主机按照上述步骤启用 vmk 0 的 vMotion 服务。

图 6-6 创建 vSphere vMotion 承载网络 2

图 6-7 创建 vSphere vMotion 承载网络 3

2. 迁移虚拟机计算资源

如图 6-8 所示,集群中有一台 Windows Server 2019 虚拟机处在开机运行状态,并驻留在主机 10.10.4.3 上,先保持其运行状态,然后将其从主机 10.10.4.3 迁移至主机 10.10.4.4 上。

图 6-8 迁移虚拟机计算资源 1

如图 6-9 所示，在迁移虚拟机之前先在实验计算机上持续 ping 虚拟机，在迁移过程中观察 ping 探测是否中断。

图 6-9　迁移虚拟机计算资源 2

如图 6-10 所示，右击待迁移的虚拟机，单击"迁移..."。

图 6-10　迁移虚拟机计算资源 3

如图 6-11 所示，弹出"迁移｜Windows Server 2019（故障域 2）"界面，进入步骤"1 选择迁移类型"，选择"仅更改计算资源"，单击"NEXT"。

图 6-11　迁移虚拟机计算资源 4

如图 6-12 所示，进入步骤"2 选择计算资源"，单击主机列表中的主机 10.10.4.4，单击"NEXT"。

如图 6-13 所示，进入步骤"3 选择网络"，保持配置项默认值，单击"NEXT"。在 vMotion 迁移虚拟机之前要确保目标主机上配置了与源主机同样的网络环境，即支持虚拟机业务的虚拟交换机、端口组、VLAN 标签等。

图 6-12　迁移虚拟机计算资源 5

图 6-13　迁移虚拟机计算资源 6

如图 6-14 所示，进入步骤"4 选择 vMotion 优先级"，保持配置项默认值，单击"NEXT"。

图 6-14　迁移虚拟机计算资源 7

如图 6-15 所示，进入步骤"5 即将完成"，核对各个配置项参数值，单击"FINISH"。虚拟机计算资源迁移过程的时间消耗与虚拟机内存使用情况和网络性能紧密相关，迁移后虚拟机已经驻留在主机 10.10.4.4 上，如图 6-16 所示。

图 6-15　迁移虚拟机计算资源 8

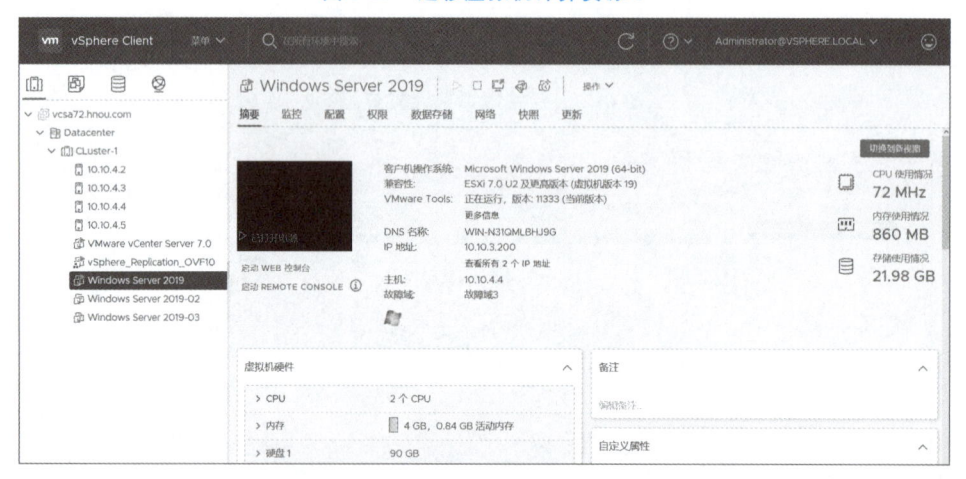

图 6-16　迁移虚拟机计算资源 9

如图 6-17 所示，迁移过程中实验主机持续 ping 虚拟机并且 ping 探测没有中断，说明虚拟机在 vMotion 过程中不会中断运行。

图 6-17　迁移虚拟机计算资源 10

3. 迁移虚拟机存储（vSphere Storage vMotion）

在迁移虚拟机存储之前需要确保源主机与目标主机都可以访问虚拟机磁盘文件所在的共享存储，也必须能够访问目标共享存储，否则无法执行 vSphere Storage vMotion。虚拟机存储迁移详细过程请扫码观看视频或查看文档。

视频：迁移虚拟机存储
（vSphere Storage vMotion）

文档：迁移虚拟机存储
（vSphere Storage vMotion）

任务 6-2　管理与使用 vSphere DRS

任务介绍

vSphere DRS 实现在集群内虚拟机负载自动地负载均衡，保障虚拟机性能，提升主机资源利用率；DRS 的虚拟机—虚拟机（反）关联性规则和虚拟机—主机（反）关联性规则可以帮助用户灵活地指定虚拟机放置规则，既能规避单点故障，又能保障应用互访性能。本任务详细讲解 vSphere DRS 的管理和使用。

任务目标

（1）熟练掌握 vSphere DRS 集群的配置和管理。
（2）熟练掌握 vSphere DRS(反)关联性规则的配置和使用。

任务实施

1. 配置和管理 vSphere DRS 集群

如图 6-18 所示，单击集群，然后依次单击"配置—服务—vSphere DRS"，此时 vSphere DRS 处于关闭状态，单击右侧"编辑..."。

图 6-18　配置和管理 vSphere DRS 集群 1

如图 6-19 所示，弹出"编辑集群设置|CLuster-1"界面，进入"自动化"选项卡。为了对比 DRS 集群手动方式与全自动方式，此处"自动化级别"选择"手动"，勾选"启用虚拟机自动化"。在集群级别中，可以设置自动化级别，当启动虚拟机自动化以后还可以在虚拟机级别中配置单台虚拟机的自动化级别，虚拟机自动化级别将覆盖集群自动化级别的设置。

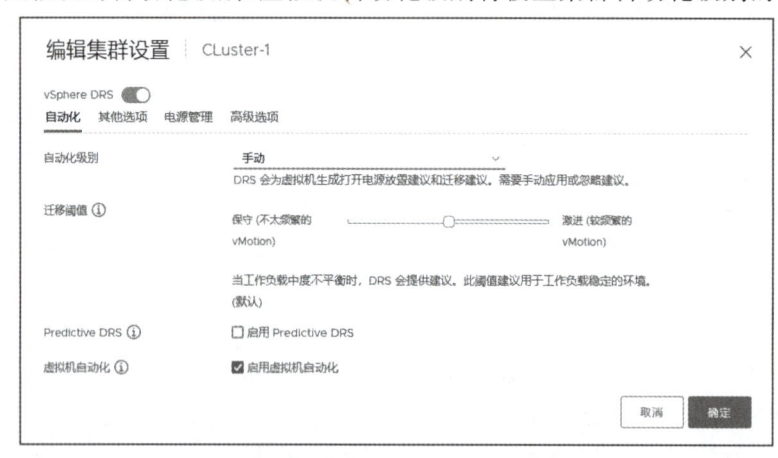

图 6-19 配置和管理 vSphere DRS 集群 2

如图 6-20 所示，选择"其他选项"选项卡，勾选"在集群主机之间实施更加平均的虚拟机分配，以实现可用性（在利用此设置时，可能会出现 DRS 的性能降低）"，启用"CPU 超额分配"，"过度分配比率"设置为 10。在一些非 CPU 密集型的集群中，CPU 利用率往往低于 20%，此时可以适当配置 CPU 超额分配的比率，让集群可以虚拟出更多的 vCPU 以创建更多的虚拟机负载，通常建议 vCPU：pCPU 小于等于 10：1。

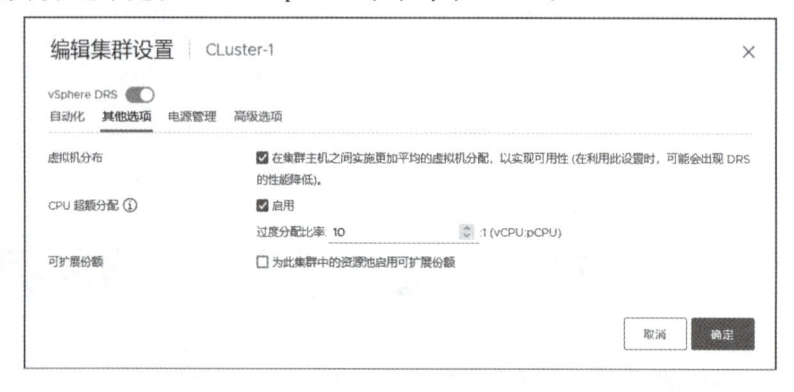

图 6-20 配置和管理 vSphere DRS 集群 3

如图 6-21 所示，选择"电源管理"选项卡，实验中保持配置项默认值。在大中型生产环境中启用 DPM（分布式电源管理）能够根据 DRS 集群中虚拟机负载情况将虚拟机集中在一部分主机上运行，而未运行的虚拟机的主机则由 DPM 关闭电源，当负载增加时，通过 DPM 启用主机电源，可以有效降低数据中心能耗。

如图 6-22 所示，选择"高级选项"选项卡，保持配置项默认值，单击"确定"。vSphere DRS 集群基本配置完毕，启用后的 DRS 集群状态，如图 6-23 所示。

图 6-21　配置和管理 vSphere DRS 集群 4

图 6-22　配置和管理 vSphere DRS 集群 5

图 6-23　配置和管理 vSphere DRS 集群 6

刚刚在设置集群自动化级别时使用的是手动方式,为了对比手动方式与全自动方式运行状态,现在启动已经关机的虚拟机 Windows Server 2019-01,如图 6-24 所示。

如图 6-25 所示,当开启虚拟机后,将弹出"打开电源建议"界面,界面中将给出放置启动

图 6-24　配置和管理 vSphere DRS 集群 7

虚拟机的主机建议，选择建议 1，将虚拟机驻留在主机 10.10.4.3 上，单击"确定"。以此配置将虚拟机 Windows Server 2019-02 也驻留在主机 10.10.4.3 上。

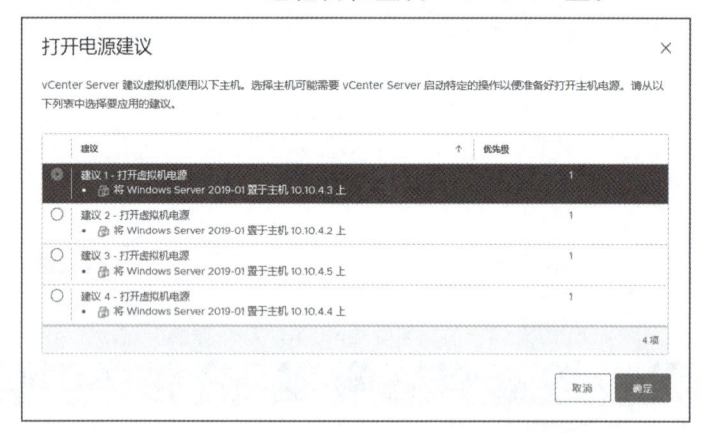

图 6-25　配置和管理 vSphere DRS 集群 8

如图 6-26 所示，两台虚拟机启动后，单击主机 10.10.4.3，然后单击"虚拟机"，可以看到此时两台虚拟机同时运行在主机 10.10.4.3 上。

图 6-26　配置和管理 vSphere DRS 集群 9

如图 6-27 所示，在"自动化级别"选项卡中修改自动化级别为"全自动"。

图 6-27 配置和管理 vSphere DRS 集群 10

将虚拟机 Windows Server 2019-01 关闭后再重新启动，启动过程中不再弹出"打开电源建议"界面，而是由 DRS 自动选择虚拟机驻留主机，如图 6-28 所示，这次虚拟机驻留在主机 10.10.4.5 上，而此时 Windows Server 2019-02 仍然驻留在主机 10.10.4.3 上。

图 6-28 配置和管理 vSphere DRS 集群 11

2. 配置和使用 vSphere DRS 规则

在实验中考虑两种情况：一种情况是两台 Windows Server 2019 虚拟机（Windows Server 2019-01 和 Windows Server 2019-02）构建的 Web 应用服务器集群，要求两台虚拟机不能同时运行在同一台主机上，避免单台主机故障造成服务中断；另一种情况是 Web 应用服务器集群中的一台 Windows Server 2019 虚拟机（Windows Server 2019-01）和数据库集群中的一台 Windows Server 2019 虚拟机（Windows Server 2019-02），为了确保应用服务器访问数据库的性能，要求将应用服务器和数据库服务器配对在同一台主机上运行。针对上述两种情况，请扫码观看视频或查看文档。

视频：配置和使用 vSphere DRS(反)关联性规则　　文本：配置和使用 vSphere DRS(反)关联性规则

视频：配置和使用 vSphere DRS 关联性规则　　文本：配置和使用 vSphere DRS 关联性规则

任务 6-3　管理与使用 vSphere HA

任务介绍

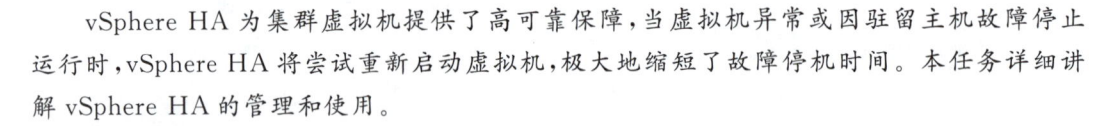

vSphere HA 为集群虚拟机提供了高可靠保障，当虚拟机异常或因驻留主机故障停止运行时，vSphere HA 将尝试重新启动虚拟机，极大地缩短了故障停机时间。本任务详细讲解 vSphere HA 的管理和使用。

任务目标

（1）熟练掌握 vSphere HA 的配置和管理。
（2）熟练掌握 vSphere HA 准入控制规则的配置和使用。

任务实施

1. 配置和管理 vSphere HA

如图 6-29 所示，默认情况下 vSphere HA 处于关闭状态，单击"编辑..."。

如图 6-30 所示，弹出"编辑集群设置|CLuster-1"界面，默认 vSphere HA 服务没有启用，相关选项卡选项呈灰色，无法调整与设置，单击"vSphere HA"启用按钮以启动 vSphere HA 服务。

如图 6-31 所示，在"故障和响应"选项卡中选择"启用主机监控"，"主机故障响应"选择"重新启动虚拟机"，"针对主机隔离的响应"选择"关闭再重新启动虚拟机"，"处于 PDL 状态的数据存储"选择"关闭虚拟机电源再重新启动虚拟机"，"处于 APD 状态的数据存储"选择"关闭虚拟机电源并重新启动虚拟机-保守的重新启动策略"，"虚拟机监控"选择"虚拟机和应用程序监控"。

图 6-29　配置和使用 vSphere HA 1

图 6-30　配置和使用 vSphere HA 2　　　　图 6-31　配置和使用 vSphere HA 3

vSphere HA 可以检测到虚拟机数据存储可访问性故障,并为受影响的虚拟机提供自动恢复,这就是虚拟机组件保护技术(VMCP)。VMCP 存在两种类型的数据存储可访问性故障。

①PDL(永久设备丢失):是在存储设备报告主机无法再访问数据存储时发生的不可恢复的可访问性丢失。如果不关闭虚拟机的电源,此状况将无法恢复。

②APD(全部路径异常):表示暂时性或未知的可访问性丢失,此类型的可访问性问题是可恢复的。

如图 6-32 所示,单击"准入控制"选项卡,"集群允许的主机故障数目"设置为 1,"主机故障切换容量的定义依据"选择"集群资源百分比",其他配置项保持默认值。后文将调整"主机故障切换容量的定义依据",对比不同设置下 vSphere HA 的运行状态。

如图 6-33 所示,单击"检测信号数据存储"选项卡,"检测信号数据存储选择策略"选择"使用指定列表中的数据存储并根据需要自动补充",由于 vCenter Server 需要为每台主机指定 2 个共享数据存储作为信号检测的指定存储,当前受支持的存储为 iSCSI 和 NFS 存储。

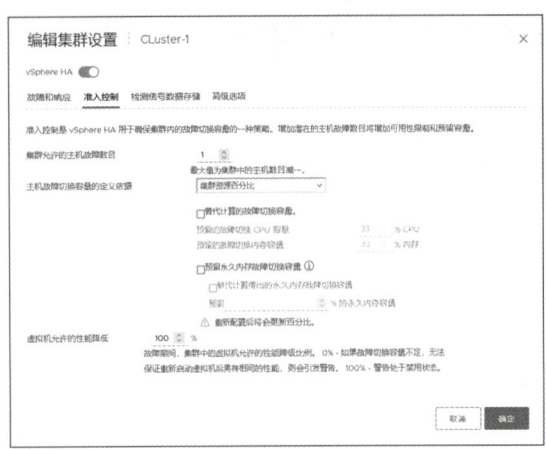

图 6-32　配置和使用 vSphere HA 4　　　　　图 6-33　配置和使用 vSphere HA 5

如图 6-34 所示,单击"高级选项"选项卡,保持配置项默认值,单击"确定"。

图 6-34　配置和使用 vSphere HA 6

如图 6-35 所示,vSphere HA 服务已经打开,在"准入控制"中可以看到默认的预留的故障切换 CPU 容量和内存容量都为 25%。

图 6-35　配置和使用 vSphere HA 7

2. 测试 vSphere HA

如图 6-36 所示，在进行 vSphere HA 测试前，实验计算机持续 ping 虚拟机 Windows Server 2019-02 且注意观察 ping 探测情况。vSphere HA 的详细测试过程请扫码观看视频或查看文档。

图 6-36　测试 vSphere HA 1

视频：测试 vSphere HA　　　　　　　　　文档：测试 vSphere HA

任务 6-4　管理与使用 vSphere FT

任务介绍

vSphere FT 为集群虚拟机提供了业务持续性保障，其可靠性保障级别比 vSphere HA 更高，通过同时运行主虚拟机和辅助虚拟机，确保业务可以无缝切换。本任务详细讲解 vSphere FT 的管理和使用。

任务目标

（1）熟练掌握 vSphere FT 的网络配置。
（2）熟练掌握 vSphere FT 的配置和使用。

任务实施

1. 配置 vSphere FT 网络

在生产环境中，建议为 vSphere FT 单独规划虚拟交换机、端口组和 VLAN 以隔离系统流量，实验环境中将使用 vSwitch 0 上的管理网络，如图 6-37 所示，单击集群主机，然后依次单击"配置—网络—VMkernel 适配器"，接着单击 vmk 0 左侧" 》"符号，查看当前 vmk 0 已启用的服务包括 vMotion、管理、vSphore Replication 和 vSphere Replication NFC 服务，

vSphere FT 日志记录服务尚未启用。

图 6-37　配置 vSphere FT 网络 1

单击 vmk 0 左侧"⋮"符号，然后单击"编辑"，弹出"vmk 0-编辑设置"界面，如图 6-38 所示，在"已启用的服务"中勾选"Fault Tolerance 日志记录"，单击"OK"。

图 6-38　配置 vSphere FT 网络 2

如图 6-39 所示，vmk 0 已经启用 vSphere FT 服务。集群中其他主机按照上述步骤启用 vSphere FT 服务。

图 6-39　配置 vSphere FT 网络 3

2. 配置和使用 vSphere FT

如图 6-40 所示,右击虚拟机 Windows Server 2019-02,依次单击"Fault Tolerance—打开 Fault Tolerance"。

图 6-40　配置和使用 vSphere FT 1

如图 6-41 所示,弹出"Windows Server 2019-02 打开 Fault Tolerance"界面,进入步骤"1 选择数据存储",单击"vsan Datastore",然后单击"NEXT"。

图 6-41　配置和使用 vSphere FT 2

如图 6-42 所示,进入步骤"2 选择主机",在主机列表中单击主机"10.10.4.4",然后单击"NEXT"。

如图 6-43 所示,进入步骤"3 即将完成",核对各个配置项参数值,单击"FINISH"。

如图 6-44 所示,虚拟机 Windows Server 2019-02 转换为 FT 主虚拟机并以"(主)"标识,此时虚拟机有警示信息"虚拟机 Fault Tolerance 状态已更改"。

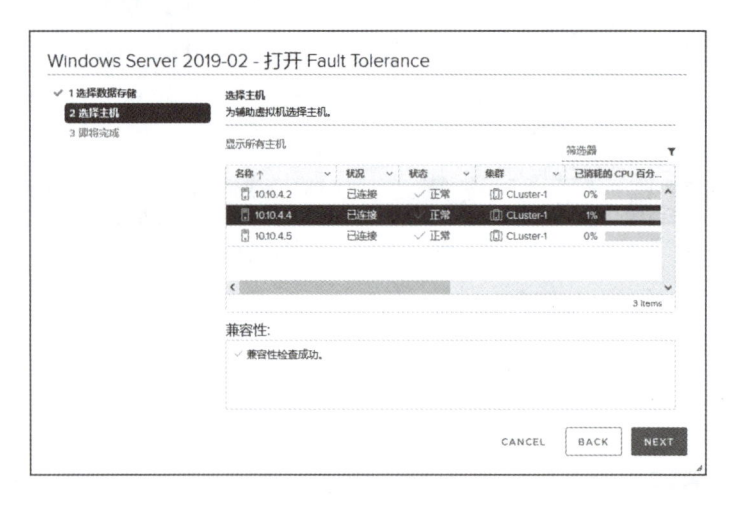

图 6-42　配置和使用 vSphere FT 3

图 6-43　配置和使用 vSphere FT 4

图 6-44　配置和使用 vSphere FT 5

如图 6-45 所示，FT 正在创建并启动辅助虚拟机。

如图 6-46 所示，当 FT 辅助虚拟机创建并启动成功后，主虚拟机上的警示信息会自动消失，但是此时在清单中并不能观察到辅助虚拟机及其运行状态。

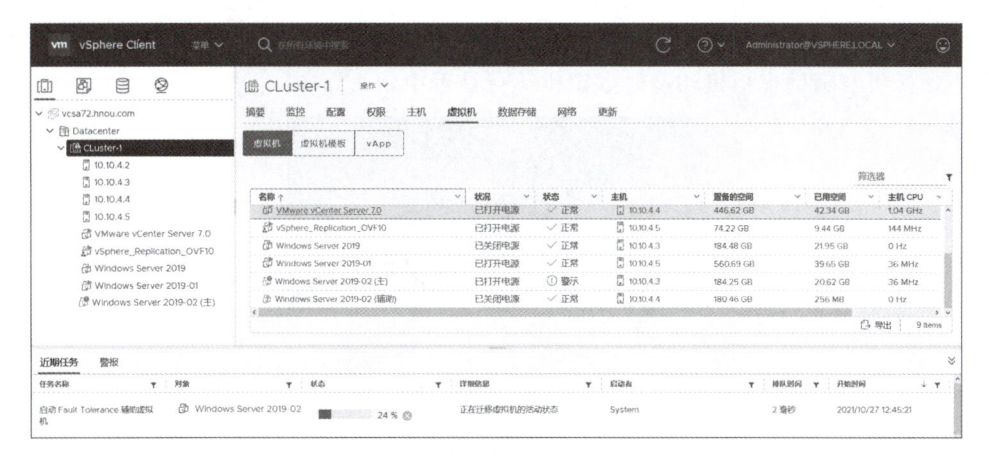

图 6-45　配置和使用 vSphere FT 6

图 6-46　配置和使用 vSphere FT 7

如图 6-47 所示，单击集群，然后单击"虚拟机"，在虚拟机列表中可以观察到虚拟机 Windows Server 2019-02 FT 主虚拟机和辅助虚拟机的运行状态。此时辅助虚拟机保持运行状态，当主虚拟机发生任何修改都将同步到辅助虚拟机上。

图 6-47　配置和使用 vSphere FT 8

如图 6-48 所示，实验计算机持续 ping 虚拟机 Windows Server 2019-02，测试在故障发生时主虚拟机与辅助虚拟机切换时虚拟机运行是否中断。

图 6-48　配置和使用 vSphere FT 9

如图 6-49 所示，将 Windows Server -02 主虚拟机迁移至主机 10.10.4.4 上，辅助虚拟机迁移至主机 10.10.4.5 上，然后模拟主虚拟机所驻留的主机 10.10.4.4 故障。

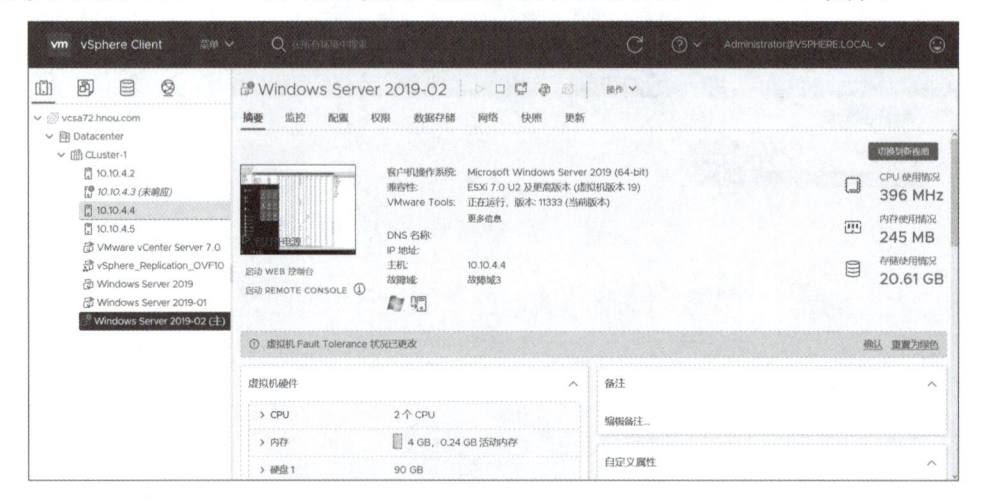

图 6-49　配置和使用 vSphere FT 10

如图 6-50 所示，几乎在同时驻留在主机 10.10.4.5 上的辅助虚拟机切换成主虚拟机并给出"虚拟机 Fault Tolerance 状况已更改"的提示信息。

图 6-50　配置和使用 vSphere FT 1

如图 6-51 所示，实验计算机 ping 探测并没有中断，即主虚拟机与辅助虚拟机切换过程对实验计算机是透明的。

图 6-51　配置和使用 vSphere FT 12

如图 6-52 所示，新的辅助虚拟机已经创建并启动完成，主虚拟机与辅助虚拟机将继续同步数据以保障业务持续性。

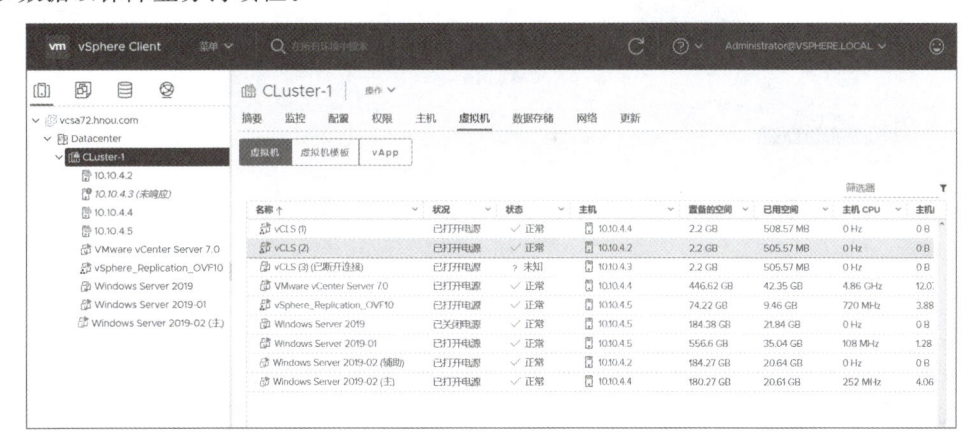

图 6-52　配置和使用 vSphere FT 13

如图 6-53 所示，右击主虚拟机，依次单击"Fault Tolerance—关闭 Fault Tolerance"。

图 6-53　配置和使用 vSphere FT 14

如图 6-54 所示，弹出"关闭 Fault Tolerance"界面，单击"是"。

图 6-54　配置和使用 vSphere FT 15

如图 6-55 所示，开始执行关闭 Fault Tolerance，等待辅助虚拟机关闭电源并删除。

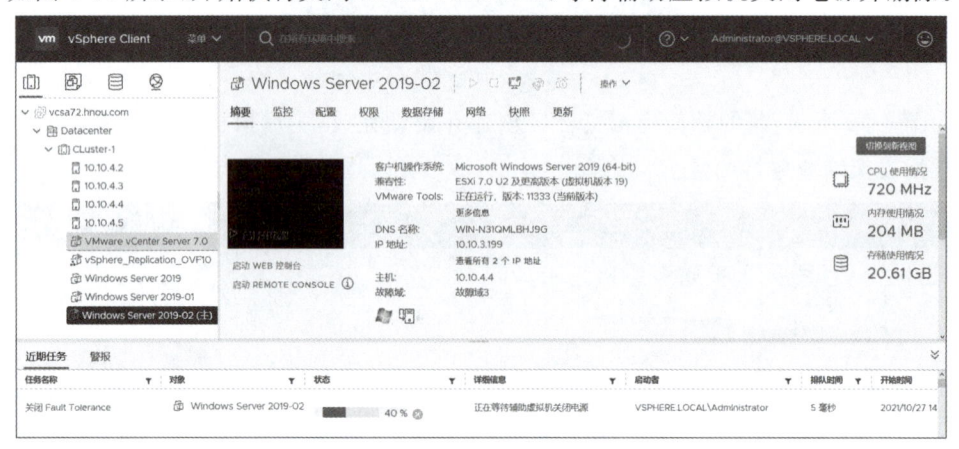

图 6-55　配置和使用 vSphere FT 16

如图 6-56 所示，虚拟机 Windows Server 2019-02 不再携带 FT 主虚拟机标识，同时辅助虚拟机已删除，虚拟机 FT 保护取消。

图 6-56　配置和使用 vSphere FT 17

至此，vSphere FT 配置完毕。vSphere FT 可以为重要虚拟机提供无中断高可用性，但需要注意的是，由于 FT 需要同时运行主辅两台虚拟机，因此需要消耗较多的磁盘空间和计算资源，这在数据中心规划时就应该考虑容错的资源使用量。目前，vSphere FT 提供为最多配置 8vCPU 的虚拟机提供 FT 保护，更多 vCPU 的虚拟机将不受支持，这是 FT 的一个局限。

项目实战练习

1. 配置集群 vSphere HA 服务，设置准入规则为专用故障切换主机，模拟主机运行故障，观察 vSphere HA 执行过程并记录实验结果。

2. 创建一台 Linux 虚拟机并开启 vSphere FT 保护，模拟主机故障，观察 FT 保护执行过程并记录实验结果。

项目 7

管理与使用 vSphere with Tanzu

项目背景概述

Kubernetes 是 Google 公司于 2014 年开源的容器编排项目，是目前容器编排领域的事实标准。VMware vSphere 7.0 开始提供 vSphere with Kubernetes 产品，目前该产品统一命名为 vSphere with Tanzu。vSphere with Tanzu 基于 vSphere 集群对计算、网络、存储资源进行统一编排并向 Kubernetes 集群或虚拟机提供资源服务，为用户快速构建微服务开发和运营环境。本项目将详细介绍 vSphere with Tanzu 的管理和使用。

项目学习目标

知识目标：

1. 了解 vSphere with Tanzu 的基本概念
2. 掌握 vSphere with Tanzu 的网络连接知识
3. 熟悉 vSphere with Tanzu 的存储知识
4. 了解 vSphere with Tanzu 的内容库

技能目标：

1. 会 vSphere with Tanzu 的部署和配置
2. 会使用 vSphere with Tanzu 创建和管理简单的 K8S 集群

素质目标：

在虚拟化技术实验实训中，培养学生持之以恒、科学严谨的学习作风。

项目环境需求

1. 硬件环境需求

实验计算机双核及以上 CPU，64 GB 及以上内存，不低于 500 GB 硬盘，添加 PCI-E 2 个千兆端口网卡一块，主板 BIOS 开启硬件虚拟化支持。

2. 操作系统环境需求

实验计算机安装 Windows 10 64 位专业版操作系统。

3. 软件环境需求

实验计算机安装 VMware Workstation 16 Pro。

项目规划设计

（见表 7-1～表 7-3）

表 7-1　　网络规划设计

设备名称	操作系统	网络适配器	网络适配器模式	IP 地址/掩码长度	网关	备注
实验计算机	Windows 10 Pro	—	—	10.10.4.1/24	—	—
ESXi 1	ESXi 7.0	网络适配器 1 网络适配器 2	桥接	vmk 0：10.10.4.2/24	10.10.4.254	管理和 vSphere 高级功能流量
		网络适配器 3 网络适配器 4	桥接	—	—	工作负载网络
		网络适配器 5	仅主机模式	vmk 2：192.168.100.2/24	192.168.100.1	iSCSI、NFS 流量
		网络适配器 6	仅主机模式	vmk 3：192.168.100.12/24	192.168.100.1	iSCSI、NFS 流量
		网络适配器 7 网络适配器 8	桥接	—	—	HAProxy 前端网络
ESXi 2	ESXi 7.0	网络适配器 1 网络适配器 2	桥接	vmk 0：10.10.4.3/24	10.10.4.254	管理和 vSphere 高级功能流量
		网络适配器 3 网络适配器 4	桥接	—	—	工作负载网络
		网络适配器 5	仅主机模式	vmk 2：192.168.100.3/24	192.168.100.1	iSCSI、NFS 流量
		网络适配器 6	仅主机模式	vmk 3：192.168.100.13/24	192.168.100.1	iSCSI、NFS 流量
		网络适配器 7 网络适配器 8	桥接	—	—	HAProxy 前端网络
ESXi 3	ESXi 7.0	网络适配器 1 网络适配器 2	桥接	vmk 0：10.10.4.4/24	10.10.4.254	管理和 vSphere 高级功能流量
		网络适配器 3 网络适配器 4	桥接	—	—	工作负载网络
		网络适配器 5	仅主机模式	vmk 2：192.168.100.4/24	192.168.100.1	iSCSI、NFS 流量
		网络适配器 6	仅主机模式	vmk 3：192.168.100.14/24	192.168.100.1	iSCSI、NFS 流量
		网络适配器 7 网络适配器 8	桥接	—	—	HAProxy 前端网络
vCenter Server 7.0	vCenter Server Appliance 7.0	—	—	10.10.4.10/24	10.10.4.254	—
HAProxy	HAProxy-V0.2.0	—	—	10.10.4.25	10.10.4.254	主机名 ha.hnou.com

表 7-2 设备配置规划设计

设备名称	操作系统	CPU 核数	内存/GB	硬盘/GB	用户名	密码
实验计算机	Windows 10 Pro	8	64 以上	1 000	administrator	—
ESXi 1	ESXi 7.0	8	64	500	root	Root！@2021
ESXi 2	ESXi 7.0	8	64	500	root	Root！@2021
ESXi 3	ESXi 7.0	8	64	500	root	Root！@2021
vCenter Server 7.0	vCenter Server Appliance 7.0	2	12root	Root！@2021	—	—

表 7-3 vSphere with Tanzu 网络参数规划

网络类型	IP/IP 范围	掩码	网关	备注
主管 Kubernetes 控制平面虚拟机	10.10.4.30-10.10.4.34	255.255.255.0	10.10.4.254B	所有网络三层互通
HAProxy 管理	10.10.4.25	255.255.255.0	10.10.4.254	
工作负载网络 1	10.10.5.10-10.10.5.127	255.255.255.0	10.10.5.254	
工作负载网络 2	10.10.5.128-10.10.5.253	255.255.255.0	10.10.5.254	
HAProxy 前端网络	10.10.7.1	255.255.255.0	10.10.7.254	
HAProxy 虚拟 IP	10.10.7.64—10.10.7.95	—	—	

项目知识储备

1. vSphere with Tanzu 基本概念

vSphere with Tanzu 将 vSphere 转换为在 Hypervisor 层上以本机方式运行 Kubernetes 工作负载的平台。在 vSphere 集群上启用 vSphere with Tanzu 后，可直接在 ESXi 主机上运行 Kubernetes 工作负载。

(1) vSphere with Tanzu 架构

VMware 官方展示的 vSphere with Tanzu 架构，如图 7-1 所示，vSphere with Tanzu 在 vSphere 集群基础之上创建和运行，并统一由 vCenter Server 管理，vSphere 管理员通过熟悉的 vCenter Server Client 配置管理 vSphere with Tanzu 的各个组件，而 DevOps 用户（Kubernetes 管理人员、微服务运维管理人员等）通过访问主管集群的 URL 或直接登录到 Tanzu Kubernetes 集群开展运维管理工作。整个 vSphere with Tanzu 架构除了 vSphere 集群的计算、网络和存储资源外，还包括主管集群、Kubernetes 控制平面虚拟机、Kubernetes 工作负载等。

项目7 管理与使用vSphere with Tanzu

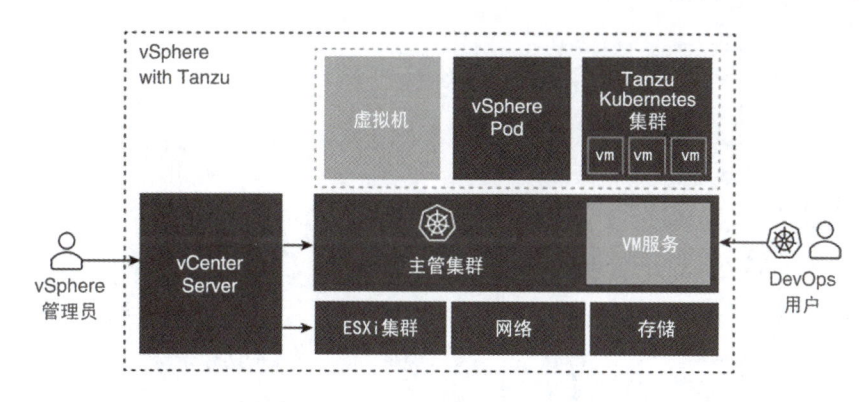

图 7-1 vSphere with Tanzu 架构

（2）主管集群

在普通 vSphere 集群上启用工作负载管理，该集群将转换为 Kubernetes 管理集群即主管集群。在启用主管集群之前，必须满足下列条件：

①vSphere 集群在不使用 vSAN 存储的情况下至少有三台 ESXi 主机，启用 vSAN 存储情况下至少有四台 ESXi 主机。vCenter Server、ESXi 主机和 Kubernetes 控制平面虚拟机最低资源要求见表 7-4。

表 7-4　　　　　　　　　　　主管集群最低资源要求

系统	最小部署大小	CPU	内存	存储
vCenter Server 7.0	小型	2	16 GB	290 GB
ESXi 主机 7.0	不使用 vSAN 存储：三台 ESXi 主机，每台主机一个静态 IP。使用 vSAN 存储：四台至少具有两块物理网卡的 ESXi 主机。必须将这些主机加入启用 vSphere DRS 和 HA 的集群。vSphere DRS 必须处于全自动模式。请确保加入集群的主机的名称使用小写字母。否则，为工作负载管理启用集群可能会失败。	8	64 GB	不适用
Kubernetes 控制平面虚拟机	3	4	16 GB	16 GB

②vSphere 集群启用 DRS 和 HA，DRS 自动化级别建议使用全自动。

③vSphere 集群必须使用共享存储，如 vSAN、NFS 3.0、iSCSI 等。

VMware 官方展示的主管集群架构，如图 7-2 所示。主管集群的架构中包括 Kubernetes 控制平面虚拟机、Spherelet、Container Runtime Executive（CRX）等组件。

①Kubernetes 控制平面虚拟机

在主管集群中的三台不同主机上分别创建一个 Kubernetes 控制平面虚拟机，每个 Kubernetes 控制平面虚拟机都会分配一个 IP 地址，三个 Kubernetes 控制平面虚拟机形成负载均衡并在前端配置一个浮动 IP 以供其他组件和外部访问 Kubernetes 控制平面虚拟机。由于主管集群要求必须启用 DRS，其目的之一是根据集群动态负载情况自动评估并放置三个 Kubernetes 控制平面虚拟机，其二是控制平面虚拟机与 DRS 紧密集成，因此 Kubernetes 工作负载也将由 DRS 统一评估和决定放置位置。

②Spherelet

在每台 ESXi 主机上创建一个名为 Spherelet 的额外进程，该进程是一种以本机方式传

234 虚拟化技术与应用

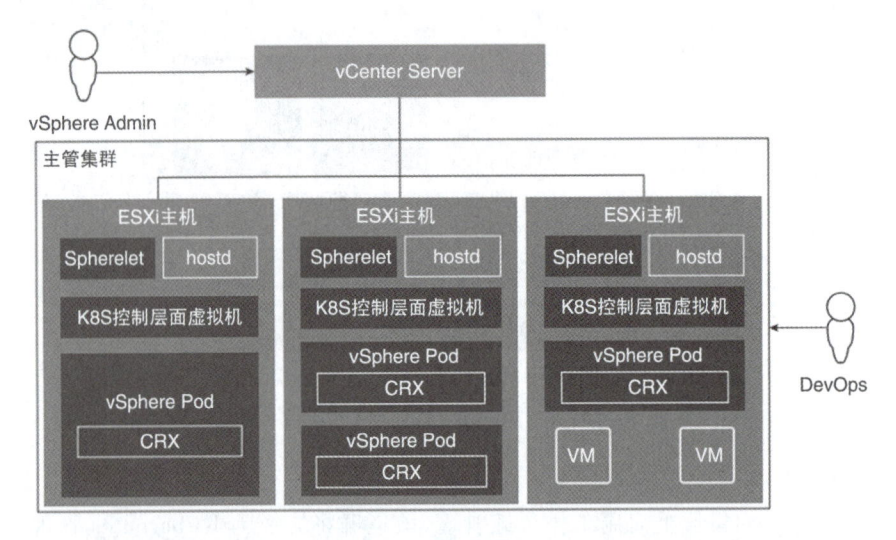

图 7-2 主管集群架构

输到 ESXi 主机上的 kubelet，允许 ESXi 主机加入 Kubernetes 集群，功能包括 Kubernetes 集群的 Pod 管理、容器健康状态检查和容器监控等。

③Container Runtime Executive（CRX）

CRX 包括一个可与 Hypervisor 协同工作的准虚拟化 Linux 内核，它使用与虚拟机相同的硬件虚拟化技术且其周围具有虚拟机边界。通过直接引导技术的应用，CRX 的 Linux 客户机在未通过内核初始化的情况下启动主初始化进程，提高了 vSphere Pod 的引导速度。

(3) vSphere with Tanzu 工作负载

①vSphere Pod

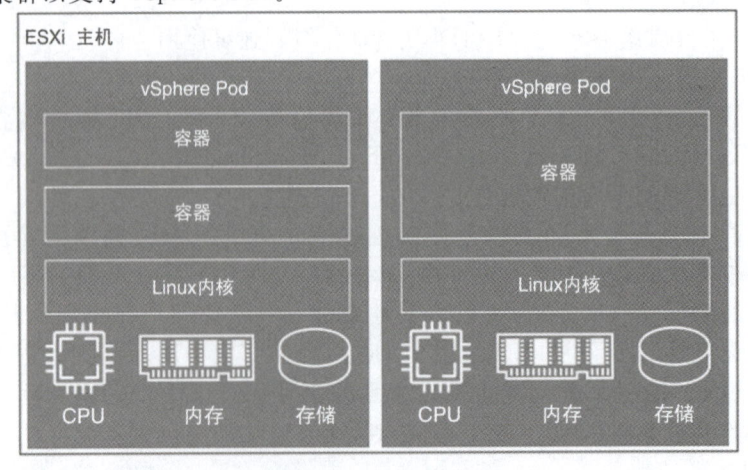

VMware 官方展示的 vSphere Pod 架构，如图 7-3 所示。vSphere Pod 是一个占用空间较小的虚拟机等效于 Kubernetes Pod，可运行一个或多个 Linux 容器。每个 vSphere Pod 根据其内部运行分配的容器负载情况自动调整大小，并拥有与负载大小相适应的资源预留，这些资源包括 CPU、内存和存储。vSphere Pod 仅配置了 NSXT Data Center 作为网络连接堆栈的主管集群以支持 vSphere Pod。

图 7-3 vSphere Pod 架构

通常可以在以下情况使用 vSphere Pod：
a. 无须自定义 Kubernetes 集群即可运行容器。
b. 创建具有强大资源和安全隔离的容器化应用程序。
c. 直接在 ESXi 主机上部署 vSphere Pod。

② Tanzu Kubernetes 集群

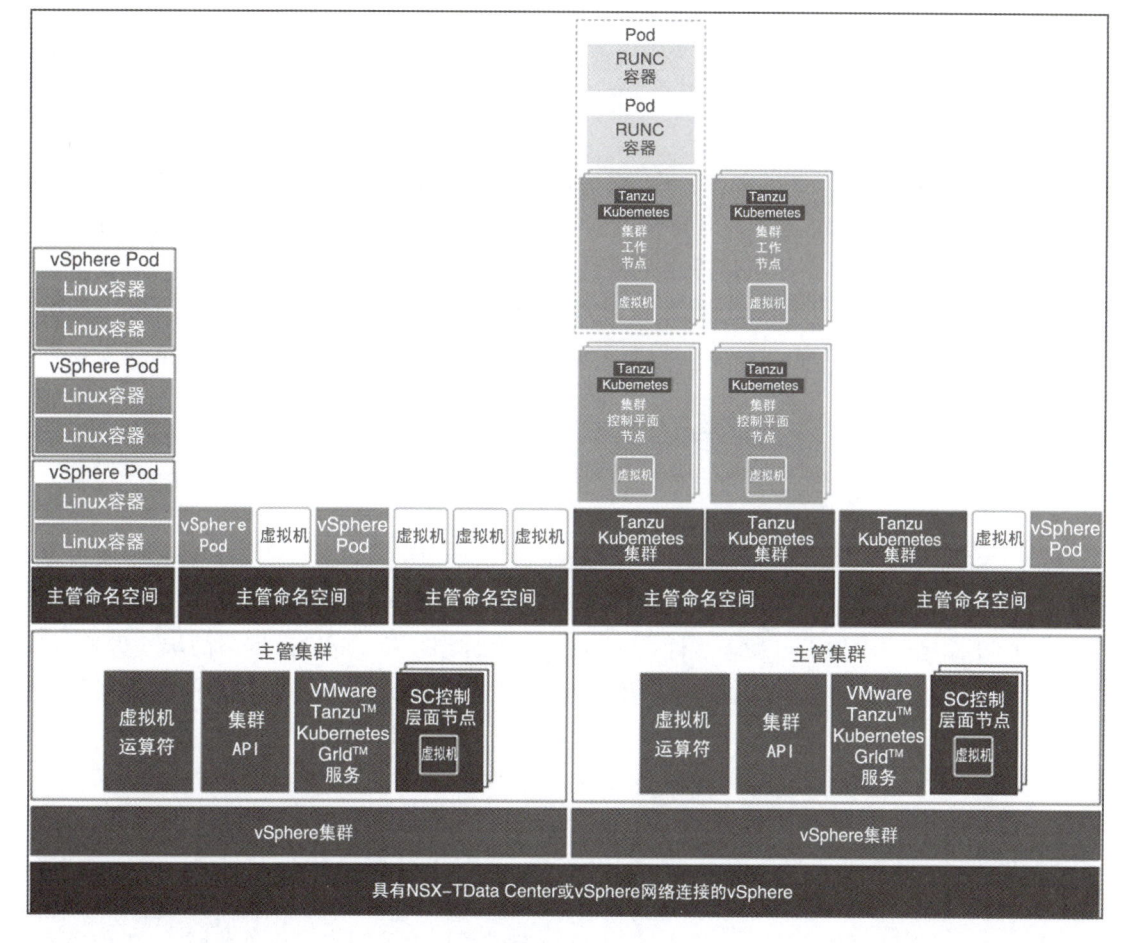

Tanzu Kubernetes 集群是 VMware 构建、签名和支持的开源 Kubernetes 容器编排平台的完整分发版。通过使用 Tanzu Kubernetes Grid 服务，可在主管集群上置备和运行 Tanzu Kubernetes 集群。VMware 官方展示的 Tanzu Kubernetes 集群架构，如图 7-4 所示，主管集群与 vSphere 集群是一对一关系，但主管集群和 Tanzu Kubernetes 集群是一对多关系，因此可以在单个主管集群中置备多个 Tanzu Kubernetes 集群。DevOps 用户可以使用与用于标准 Kubernetes 集群相同的工具，以相同的方式将工作负载和服务部署到 Tanzu Kubernetes 集群。

图 7-4　Tanzu Kubernetes 集群架构

通常可以在以下情况使用 Tanzu Kubernetes 集群：
a. 在开源、社区一致的 Kubernetes 软件上运行容器化应用程序。
b. 控制 Kubernetes 集群，包括对控制平面和工作节点的 root 级别访问权限。
c. 在无须升级基础架构的情况下，保持最新的 Kubernetes 版本。

d. 使用 CI/CD 管道置备暂时性 Kubernetes 集群。

e. 自定义 Kubernetes 集群,例如安装自定义资源定义、Operators 和 helm chart。

f. 使用 kubectl CLI 创建 Kubernetes 命名空间。

g. 管理集群级别访问控制并配置 Pod Security Policies。

h. 创建 Node Port 类型的服务。

i. 使用 Host Path 卷。

j. 运行特权 pod。

③vSphere with Tanzu 中的虚拟机

在 vSphere with Tanzu 中创建标准虚拟机,这样在使用 Kubernetes 时,可以将那些还不能容器化的应用仍然放置于虚拟机中运行,但是已经容器化的应用都通过 vSphere with Tanzu 界面进行管理,降低了应用服务的运维管理复杂度。

(4) vSphere 命名空间

vSphere 命名空间是一个资源、权限、策略等独立隔离的集合,在 vSphere 命名空间中部署包括 vSphere Pod、虚拟机和 Tanzu Kubernetes 集群在内的 vSphere with Tanzu 工作负载。用户在主管集群上定义 vSphere 命名空间,然后配置其资源配额和用户权限,还可以为其分配存储策略、虚拟机类和内容库,以提取最新的 Tanzu Kubernetes 版本和虚拟机映像。用户可以在一个 vSphere 命名空间中部署一个或多个 Tanzu Kubernetes 集群,分配到命名空间的资源配额和存储策略等由部署在命名空间的 Tanzu Kubernetes 集群继承。在主管集群上置备 Tanzu Kubernetes 集群时,将在 vSphere 命名空间中创建一个资源池和虚拟机文件夹,Tanzu Kubernetes 集群控制平面和工作节点虚拟机放置在此资源池和虚拟机文件夹中。

2. vSphere with Tanzu 的网络连接

(1) 主管集群网络连接

在 vSphere with Tanzu 环境中,主管集群既可以使用 vSphere 网络连接堆栈又可以使用 VMware NSXT Data Center 建立与 Kubernetes 控制平面虚拟机、服务和工作负载的连接。为了保持全书中知识点的连贯性,书中仅向读者介绍使用 vSphere 网络的堆栈方式,使用该方式需要安装配置负载均衡器,使 DevOps 用户和服务访问连接能够访问主管集群或工作负载。

VMware 官方展示的主管集群基于 vSphere 网络堆栈的连接拓扑,如图 7-5 所示,在 vSphere 网络堆栈上创建 vDS,并在 vDS 上创建一个或多个分布式端口组,用于建立与 Kubernetes 控制平面虚拟机连接的网络称为"主工作负载网络",用于建立与 Tanzu Kubernetes 集群所在命名空间的工作负载连接的网络称为"工作负载网络"。通常建议用不同的端口组隔离两种类型负载的流量,主管分布式端口组关联主工作负载网络,工作负载分布式端口组关联工作负载网络。vCenter Server、主管 Kubernetes 控制平面虚拟机、负载均衡器需要连接至管理网络,管理网络可以关联 VSS 或 vDS,同时负载均衡器还需要连接至工作负载网络,这就意味着负载均衡器至少需要两块网卡。管理网络、主工作负载网络、工作负载网络要求三层路由可达。

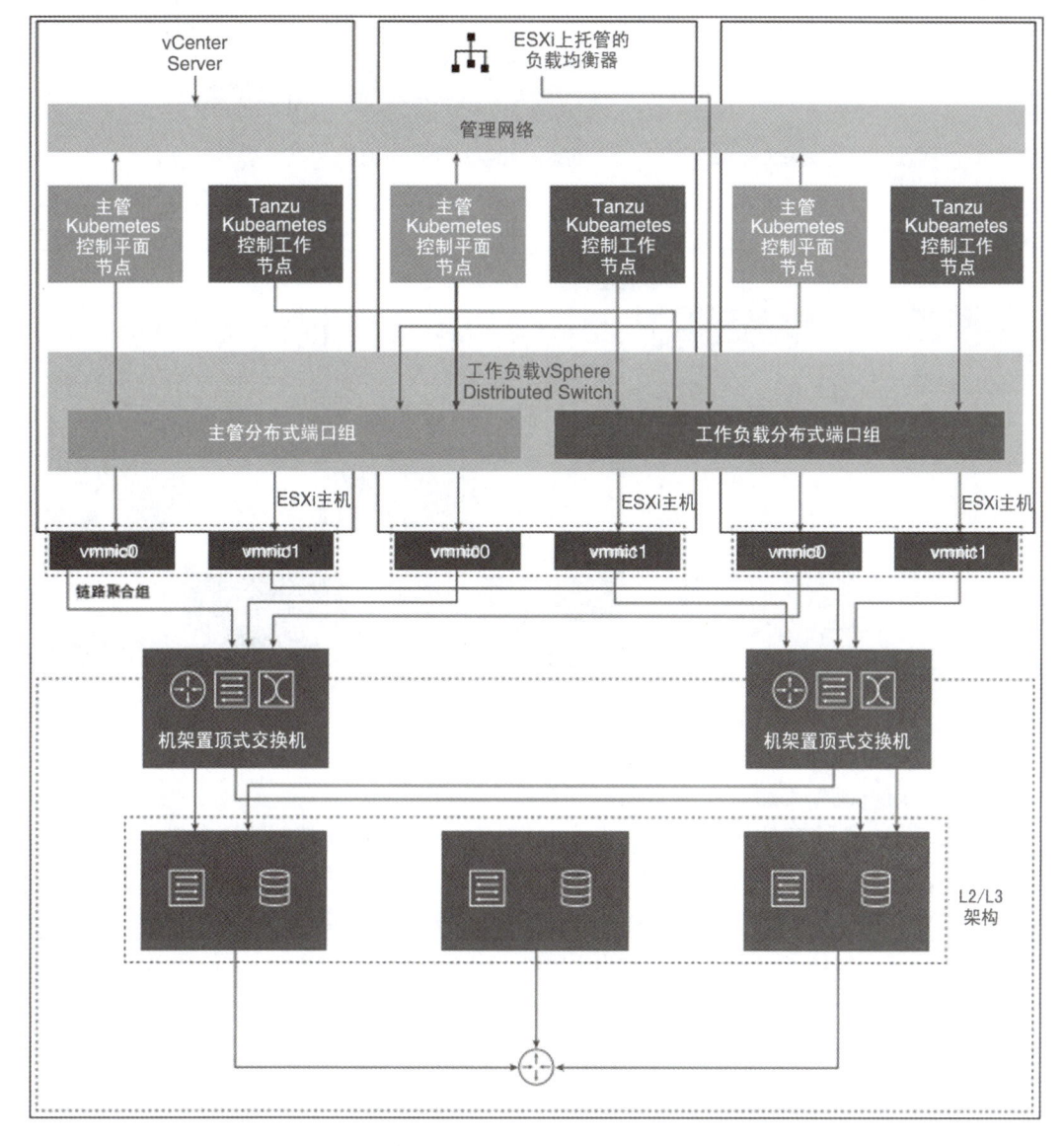

图 7-5 主管集群基于 vSphere 网络堆栈的连接拓扑

主管集群在使用 vSphere 网络堆栈时可以使用 NSX Advanced Load Balancer 或 HAProxy 负载均衡器,使用 NSX Advanced Load Balancer 时需要额外购买授权。书中仅介绍与开源的 HAProxy 负载均衡器配合使用的场景。VMware 提供了与 vSphere with Tanzu 版本适配的 HAProxy 负载均衡器 OVA 映像文件下载地址:https://github.com/haproxytech/vmware haproxy#download。

读者可根据实际安装的 vSphere 版本下载对应版本的 HAProxy 映像文件。

VMware 官方展示的多工作负载网络且 HAProxy 配置三块网卡主管集群网络拓扑,如图 7-6 所示,在生产环境中建议规划具有多个工作负载网络且 HAProxy 具有三块虚拟网卡的主管集群拓扑,在此拓扑中主工作负载网络和工作负载网络关联不同的分布式端口组且规划不同的 VLAN 和子网;HAProxy 和主管 Kubernetes 控制平面虚拟机管理网络接入 vCenter Server 和 ESXi 主机管理网络并规划静态 IP 地址;HAProxy 前端网络规划独立

VLAN,用于 DevOps 用户和外部服务访问接入,并在该网络内规划负载均衡器的虚拟 IP。

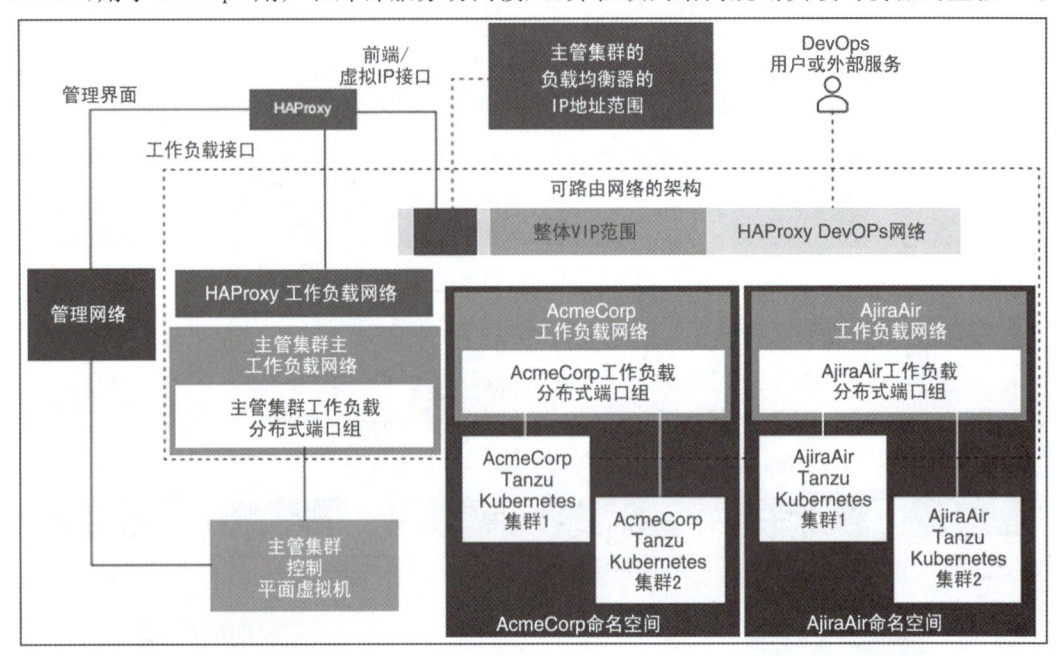

图 7-6　多工作负载网络且 HAProxy 配置三块网卡主管集群网络拓扑

DevOps 用户或外部服务的流量路径如下:

DevOps 用户或外部服务将流量发送到虚拟 IP。

HAProxy 对传输至 Tanzu Kubernetes 节点 IP 或控制平面虚拟机的虚拟 IP 流量进行负载均衡。HAProxy 会声明虚拟 IP,以便它能够对来到该 IP 的流量进行负载均衡。

控制平面虚拟机或 Tanzu Kubernetes 集群节点将流量传送到在 Tanzu Kubernetes 集群内运行的目标 Pod。

(2)Tanzu Kubernetes 集群网络连接

Tanzu Kubernetes Grid 服务置备的 Tanzu Kubernetes 集群支持两个 CNI 选项:Antrea(默认)和 Calico。Antrea 是一个 Kubernetes 网络解决方案,使用 OpenvSwitch 作为网络数据平面,在 Layer3/4 上运行,以为 Kubernetes 集群提供网络和安全服务。Calico 是一个容器网络接口(CNI)插件,除 CNI 功能外,还提供网络策略来控制 Pod 之间的流量以及防火墙功能以保护节点。

3. vSphere with Tanzu 的存储

vSphere with Tanzu 采用基于存储策略的方式管理和使用数据存储(如 VMFS、NFS、vSAN 等),在启用 vSphere with Tanzu 之前,需要创建主管集群和命名空间要使用的存储策略。VMware 官方展示的 vSphere with Tanzu 与 vSphere 存储集成架构,如图 7-7 所示,图中包括在 vSphere 共享存储中创建的第一类磁盘(FCD 虚拟磁盘)、SPBM 策略、CNS、CNS-CSI、pvCSI、持久卷等存储组件。

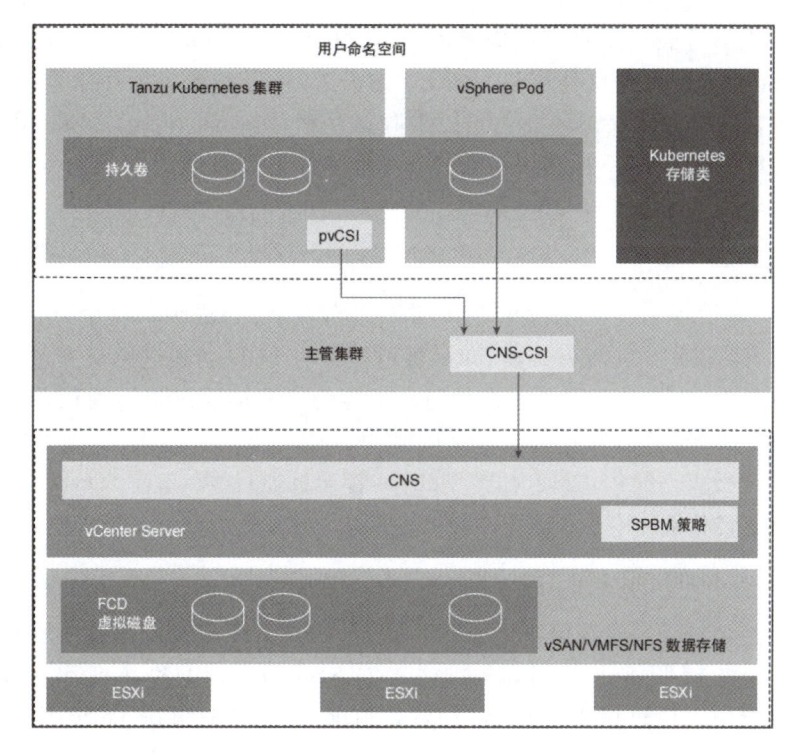

图 7-7　vSphere with Tanzu 与 vSphere 存储集成架构

(1)FCD 虚拟磁盘

FCD 虚拟磁盘是没有关联虚拟机的已命名磁盘，也称为改进型虚拟磁盘，在 VMFS、NFS 或 vSAN 数据存储上创建，支持三种不同的访问模式：

①Read Write Once——卷可以被一个节点以读写方式挂载。

②Read Only Many——卷可以被多个节点以只读方式挂载。

③Read Write Many——卷可以被多个节点以读写方式挂载。

值得注意的是，一块 FCD 可能支持多种访问模式，但是同一时刻只能以一种方式被挂载。使用 FCD 还需要注意以下事项：

①FCD 不支持 NFS 4.x 协议，请使用 NFS 3 协议。

②vCenter Server 不对同一 FCD 上的操作进行序列化。因此，应用程序无法同时在同一 FCD 上执行操作。从不同的线程同时执行克隆、重新放置、删除、检索等操作会导致不可预知的结果。为避免出现问题，应用程序必须按顺序在同一 FCD 上执行操作。

③FCD 不是受管对象，不支持保护单个 FCD 的多个写入的全局锁定。因此，FCD 不支持多个 vCenter Server 实例管理同一个 FCD。如果需要将多个 vCenter Server 实例与 FCD 配合使用，可以使用以下选项：

a. 多个 vCenter Server 实例可以管理不同的数据存储。

b. 多个 vCenter Server 实例不能在同一个 FCD 上操作。

(2)SPBM 策略

在 vSphere with Tanzu 中，通过创建不同类型的存储策略可以影响工作负载磁盘的放置位置,也可以标识不同的数据存储服务等级,还可以影响 Tanzu Kubernetes 集群节点的部署方式。根据 vSphere 存储环境和 DevOps 的需求,可以创建多个存储策略来表示不同的存储类。例如,vSphere 存储环境包含三类数据存储(Bronze、Silver 和 Gold),可以为所有数据存储创建存储策略,一般建议对临时和容器映像虚拟磁盘使用 Bronze 数据存储,对持久卷虚拟磁盘使用 Silver 和 Gold 数据存储。

(3) CNS

CNS(vCenter Server 上的云原生存储)组件驻留在 vCenter Server 中,用于执行持久卷的置备和生命周期操作。在置备容器卷时,该组件会与 FCD 功能进行交互,以创建支持将久卷的虚拟磁盘。此外,CNS 服务器组件与基于存储策略的管理进行通信,以保证磁盘的所需服务级别。

CNS 还会执行查询操作,以便允许 vSphere 管理员通过 vCenter Server 管理和监控持久卷及其备用存储对象。

(4) CNS CSI 和准虚拟 CSI(pvCSI)

CNS CSI 组件符合容器存储接口(CSI)规范,CNS CSI 驱动程序在主管集群中运行,其直接与 CNS 控制平面进行通信,处理来自 vSphere Pod 和在命名空间的 Tanzu Kubernetes 集群中运行的 pod 的所有存储置备请求。pvCSI 驻留在 Tanzu Kubernetes 集群中,负责将 Tanzu Kubernetes 集群存储相关请求发送至 CNS CSI,经由 CNS CSI 与 vCenter Server 中的 CNS 通信,从而实现 Tanzu Kubernetes 集群存储的置备和管理。

(5) 持久卷(Persistent Volume,PV)

容器中的文件在磁盘上是临时存放的,当容器删除或重启时,这些临时文件将丢失。在 vSphere with Tanzu 中每个 pod 都有一个临时虚拟磁盘,可以用于存储 pod 临时日志文件等,同样在 pod 重启后这些临时文件也将丢失,如果仅用临时磁盘存储文件将不利于程序的状态记录和数据共享,为了提供持久存储,Kubernetes 使用可保留其状态和数据的持久卷。如果持久卷由 pod 挂载,即使删除或重新配置了该 pod,这些卷也将继续存在。在 vSphere with Tanzu 环境中,由数据存储上的第一类磁盘为持久卷对象提供支持。持久卷声明(Persistent Volume Claim,PVC)是用户对存储的请求,它会像 pod 消耗计算、内存资源一样消耗 PV,用户可以为 pod 定义一个指定存储大小、访问模式等属性的 PVC,再采用动态或静态的方式将 PVC 与匹配的 PV 进行绑定,这样 pod 可以通过 PVC 获取持久卷存储资源。

4. vSphere with Tanzu 中的内容库

内容库是虚拟机模板、vApp 模板以及其他类型文件(如 ISO 映像文件、文本文件等)的容器对象。在 vSphere with Tanzu 中,可以通过内容库管理 Tanzu Kubernetes 分发版本,每个 Tanzu Kubernetes 版本都作为 OVA 模板进行分发,为 Tanzu Kubernetes 版本创建已订阅内容库,新发布的 Tanzu Kubernetes 分发版将通过互联网自动同步到已订阅内容库,当然这要求 vCenter Server 具备互联网访问权限,Tanzu Kubernetes Grid 服务将从 Tanzu Kubernetes 版本已订阅内容库中提取 Tanzu Kubernetes 版本 OVA 模板来置备 Tanzu Kubernetes 集群,当 vCenter Server 不具备互联网访问权限时,读者需要创建本地内容库,然后将最新的 Tanzu Kubernetes 版本 OVA 模板上传到本地内容库中,之后 Tanzu

Kubernetes Grid 服务将从本地内容库中提取 Tanzu Kubernetes 版本 OVA 模板置备 Tanzu Kubernetes 集群。

在 vSphere with Tanzu 环境中,除了 Tanzu Kubernetes 版本已订阅内容库,通常还可以创建虚拟机映像内容库、容器映像内容库等,并将这些内容库与命名空间进行关联。vSphere with Tanzu 可以使用对应命名空间的内容库映像文件来创建 vSphere with Tanzu 工作负载,且保持工作负载满足统一规范和标准。

任务 7-1 部署与配置主管集群 vSphere 网络连接和 HAProxy 负载均衡器

任务介绍

在启用 vSphere with Tanzu 主管集群之前必须先规划和部署好网络和外部负载均衡器,本任务将详细介绍 vSphere vDS 和开源 HAProxy 配合搭建 vSphere with Tanzu 基础环境。

任务目标

(1)熟练掌握 vSphere with Tanzu 网络原理和要求。
(2)熟练掌握基于存储标记的存储策略创建和使用。
(3)熟练掌握 HAProxy 负载均衡器的部署。

任务实施

1. 部署 vSphere with Tanzus 的 vSphere 网络连接

在前文介绍主管集群网络时,提到在生产环境中 HAProxy 通常会部署三张网卡,一张网卡用于连接管理网络,一张网卡用于连接主工作负载网络,一张网卡用于连接 HAProxy 前端网络。其中,管理网络可以是 vSS 交换机(vSphere 标准交换机)或 vDS 交换机,而工作负载网络和 HAProxy 网络官方推荐使用 vDS 交换机,因此在采用 vSphere 网络连接部署 vSphere with Tanzus 时应提前做好规划,本任务规划已经在前文"项目规划设计"的表 7-3 中详细展示,此处不再赘述。本任务中 vSphere 网络连接部署情况如下:

如图 7-8 所示,创建一个 vDS 交换机并新建"负载网络"分布式端口组和"HAProxy 前端网络"分布式端口组。

如图 7-9 所示,"HAProxy 前端网络"分布式端口组的"绑定和故障切换"中"负载均衡"选择"基于源虚拟端口的路由","绑定和故障切换"的"故障切换顺序"将上行链路 3 和上行链路 4 设置为"活动上行链路",如图 7-10 所示。

图 7-8　部署 vSphere with Tanzus 的 vSphere 网络连接 1

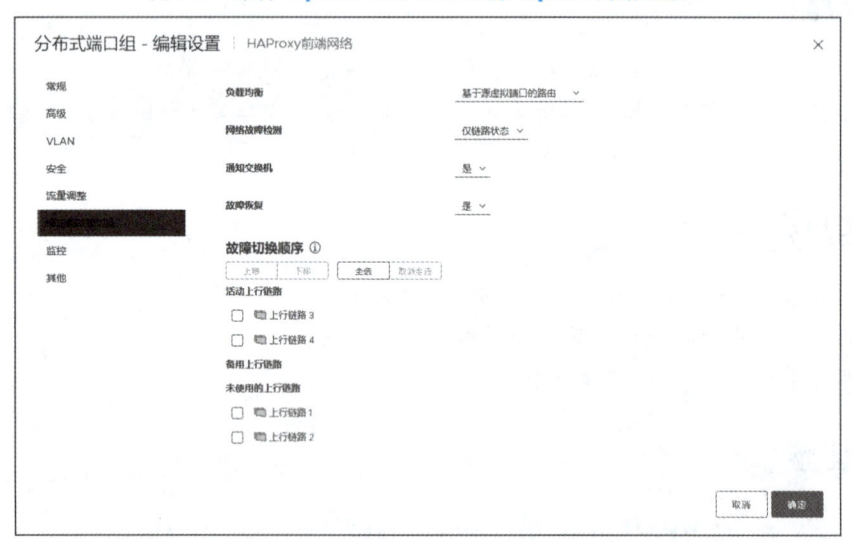

图 7-9　部署 vSphere with Tanzus 的 vSphere 网络连接 2

图 7-10　部署 vSphere with Tanzus 的 vSphere 网络连接 3

项目7 管理与使用vSphere with Tanzu

如图 7-11 所示,"负载网络"分布式端口组的"绑定和故障切换"中"负载均衡"选择"基于源虚拟端口的路由","绑定和故障切换"的"故障切换顺序"将上行链路 1 和上行链路 2 设置为"活动上行链路",如图 7-12 所示。

图 7-11　部署 vSphere with Tanzus 的 vSphere 网络连接 4

图 7-12　部署 vSphere with Tanzus 的 vSphere 网络连接 5

如图 7-13 所示,管理网络复用 vSwitch 0 上的标准端口组"管理网络"。

2. 创建存储策略

通常可以为同类型的数据存储创建一个或多个标记,该标记可以传递多种信息,如存储的性能级别、地理位置和管理组等。在创建存储策略中,可以通过引用存储标记从而引用关联的存储,以更好地实施基于策略的存储管理方式。分配标记至数据存储的详细过程和创建存储策略以使用带有标记的存储请扫码观看视频或查看文档。

图 7-13　部署 vSphere with Tanzus 的 vSphere 网络连接 6

视频：分配标记至数据存储　　文档：分配标记至数据存储　　视频：创建存储策略以使用带有标记的存储　　文档：创建存储策略以使用带有标记的存储

3. 部署与设置 HAProxy 负载均衡器

VMware 提供了与 vSphere with Tanzu 版本适配的 HAProxy 负载均衡器 OVA 映像文件下载地址：

https：//github.com/haproxytech/vmware－haproxy♯download

请读者提前下载合适的映像文件。任务中 vSphere 7.0 U2a 版本，HAProxy 负载均衡器 OVA 映像文件为 haproxy v0.2.0.ova。

如图 7-14 所示，在主机和集群清单中右击集群，单击"部署 OVF 模板..."。

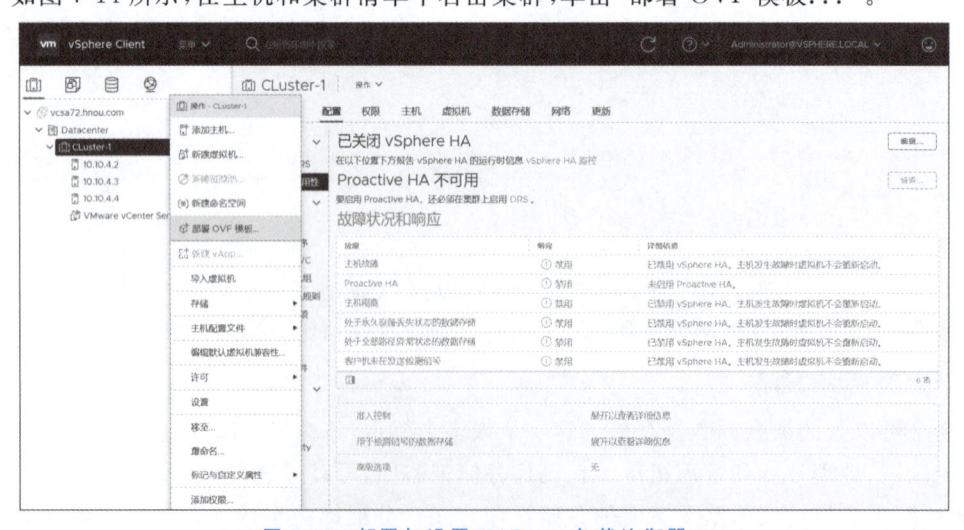

图 7-14　部署与设置 HAProxy 负载均衡器 1

项目7 管理与使用vSphere with Tanzu 245

如图 7-15 所示,弹出"部署 OVF 模板"界面,选择"本地文件",单击"上载文件",选择下载的 OVA 映像文件,单击"下一页"。

图 7-15　部署与设置 HAProxy 负载均衡器 2

如图 7-16 所示,进入步骤"2 选择名称和文件夹",在"虚拟机名称"栏输入"haproxy",选择虚拟机驻留的数据中心,单击"下一页"。

图 7-16　部署与设置 HAProxy 负载均衡器 3

如图 7-17 所示,进入步骤"3 选择计算资源",选择虚拟机驻留的集群,单击"下一页"。

图 7-17　部署与设置 HAProxy 负载均衡器 4

如图 7-18 所示，进入步骤"4 查看详细信息"，单击"下一页"。

图 7-18　部署与设置 HAProxy 负载均衡器 5

如图 7-19 所示，进入步骤"5 许可协议"，勾选"我接受所有许可协议"，单击"下一页"。

图 7-19　部署与设置 HAProxy 负载均衡器 6

如图 7-20 所示，进入步骤"6 配置"，选择"Frontend Network"，右侧描述了当选择"Frontend Network"时，HAProxy 虚拟机将创建三块虚拟网卡以及每块网卡的用途，单击"下一页"。

如图 7-21 所示，进入步骤"7 选择存储"，"选择虚拟磁盘格式"默认为"厚置备延迟置零"，如果实验环境存储空间不足，建议选择"精简置备"，"虚拟机存储策略"选择"HAProxy"，之后选择兼容的存储，单击"下一页"。

如图 7-22 所示，进入步骤"8 选择网络"，按照规划逐一进行配置，单击"下一页"。

图 7-20　部署与设置 HAProxy 负载均衡器 7

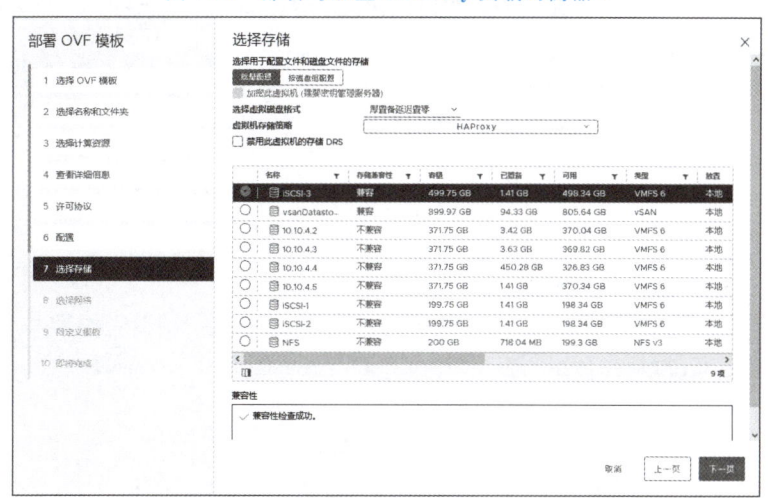

图 7-21　部署与设置 HAProxy 负载均衡器 8

图 7-22　部署与设置 HAProxy 负载均衡器 9

248 虚拟化技术与应用

如图7-23所示,进入步骤"9自定义模板",按照步骤提示逐一完成配置,单击"下一页"。如图7-24所示,进入步骤"10即将完成",在"属性"列表中列出了步骤9设置的所有配置项,然后单击"完成"。此处对重要配置项进行说明,请读者认真核对各个配置项。

图7-23 部署与设置HAProxy负载均衡器10

图7-24 部署与设置HAProxy负载均衡器11

①Permit Root Login=True:允许用户以root身份登录HAProxy虚拟机操作系统。

②Management IP:自定义规划的HAProxy虚拟机在管理网络上的IP地址及掩码。

③Management Gateway:管理网络的网关IP地址。

④Workload IP:自定义规划的HAProxy虚拟机在工作负载网络上的IP地址及掩码。

⑤Workload Gateway:工作负载网络的网关IP地址。

⑥Frontend IP:自定义规划的HAProxy虚拟机在前端网络上的IP地址及掩码,该地址不能与负载网络和负载均衡器网络地址范围重叠。

⑦Frontend Gateway:前端网络的网关IP地址。

⑧Load Balancer IPRanges:负载均衡器IP地址,这个范围就是负载均衡器虚拟IP的

范围,该 IP 地址范围与前端网络在同一个网段,但是不能与 HAProxy 虚拟机前端 IP 地址、前端网络的网关 IP 地址和工作负载网络 IP 地址范围重叠。

如图 7-25 所示,开始部署 HAProxy 虚拟机,部署完成的 HAProxy 虚拟机将处于关机状态,请读者手动开启虚拟机电源。

图 7-25　部署与设置 HAProxy 负载均衡器 12

如图 7-26 所示,HAProxy 虚拟机开机后,在"摘要"界面中可以观察到分配给该虚拟机的 IP 地址,确定这些地址是否与规划和设置的地址一致。

图 7-26　部署与设置 HAProxy 负载均衡器 13

至此,HAProxy 负载均衡器部署完成。如图 7-27 和图 7-28 所示,使用 root 用户身份登录到 HAProxy 虚拟机操作系统,测试此时 HAProxy 虚拟机与 vCenter Server 在管理网络可以通信,在 HAProxy 虚拟机上还可以 ping 通所有负载均衡器范围的 IP 地址,但是该范围以外的地址不可 ping 通。另外,此时读者无法在 HAProxy 虚拟机以外的其他机器上负载均衡器范围的 IP 地址,因为只有当 HAProxy 负载均衡器上创建了第一个 Tanzu Kubernetes 负载均衡服务后,负载均衡服务才会触发启动。

图 7-27　部署与设置 HAProxy 负载均衡器 14　　　图 7-28　部署与设置 HAProxy 负载均衡器 15

任务 7-2　启用与配置主管集群

任务介绍

vSphere with Tanzu 主管集群包含三个控制平面虚拟机和管理 Kubernetes 工作负载的重要组件，它们是 vSphere with Tanzu 的控制核心，也是创建命名空间和 Kubernetes 工作负载的基础。本任务将详细介绍在 vSphere vDS 和开源 HAProxy 配合的基础环境中启用主管集群。

任务目标

（1）熟练掌握内容库的创建和使用。
（2）熟练掌握 vSphere with Tanzu 主管集群的部署。

任务实施

1. 创建 Tanzu Kubernetes 版本内容库

在 vSphere 中创建已订阅内容库来管理和获取 Tanzu Kubernetes 版本时，需要保持 vCenter Server 与互联网的连接，因为已订阅库将定期同步和更新内容库的 Tanzu Kubernetes 版本，以便在部署 Tanzu Kubernetes 集群时可以使用最新版本的映像。创建 Tanzu Kubernetes 版本内容库的过程请扫码观看视频或查看文档。

视频：创建 Tanzu Kubernetes 版本内容库　　　文档：创建 Tanzu Kubernetes 版本内容库

2. 启用与配置 vSphere with Tanzu 主管集群

在前文的实验任务中完成了 vSphere 网络连接、HAProxy、存储策略和 Tanzu Kubernetes 版本内容库的部署，启用和配置 vSphere with Tanzu 主管集群之前请读者确认进群，DRS 和 HA 已经打开且运行正常，下面详细讲解启用和配置 vSphere with Tanzu 主管集群。

如图 7-29 所示，单击"菜单"，然后单击"工作负载管理"。

图 7-29　启用与配置 vSphere with Tanzu 主管集群 1

如图 7-30 所示，弹出"工作负载管理"界面，默认可以免费评估 60 天，在基本信息中读者输入相关信息，勾选"我已阅读并接受 VMware 最终用户许可协议"，单击"开始使用"。

图 7-30　启用与配置 vSphere with Tanzu 主管集群 2

如图 7-31 所示，进入步骤"1 vCenter Server 和网络"，由于实验环境中仅部署一个 vCenter Server 实例，因此仅保持默认值，单击"下一页"。

如图 7-32 所示，进入步骤"2 选择集群"，选择可用集群，单击"下一页"。

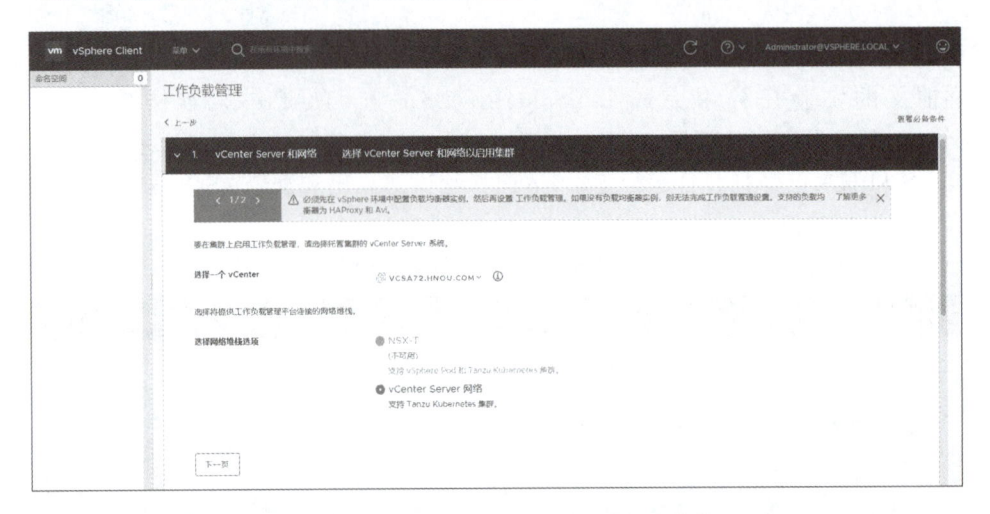

图 7-31　启用与配置 vSphere with Tanzu 主管集群 3

图 7-32　启用与配置 vSphere with Tanzu 主管集群 4

如图 7-33 所示,进入步骤"3 控制平面大小",根据具体环境中资源大小和未来业务规模选择集群中合适的三台控制平面虚拟机的大小和资源,实验环境中选择"微型-2 个 CPU、8 GB 内存,32 GB 存储",单击"下一页"。

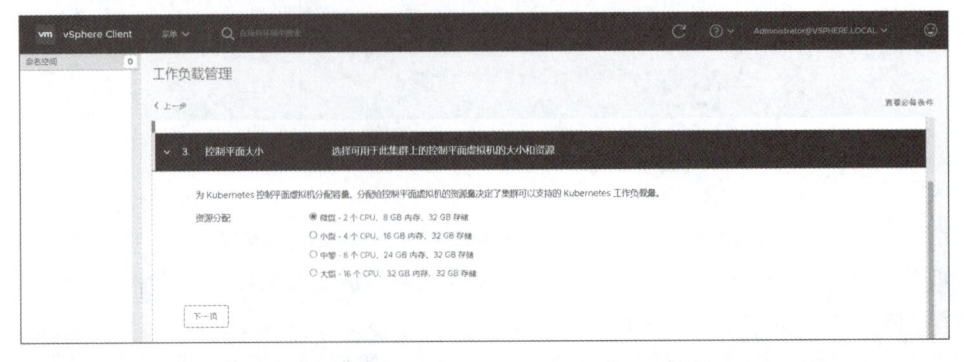

图 7-33　启用与配置 vSphere with Tanzu 主管集群 5

如图 7-34 所示，进入步骤"4 存储"，选择之前创建的"K8S Storage Policy"策略，单击"下一页"。

图 7-34　启用与配置 vSphere with Tanzu 主管集群 6

如图 7-35 所示，进入步骤"5 负载均衡器"，在"名称"栏输入符合 DNS 格式的名称，"类型"选择"HAProxy"，在"数据平面 API 地址"栏输入 HAProxy 虚拟机管理地址和 API 端口（默认 API 端口为 5556），用户名和密码是部署 HAProxy 虚拟机时配置的 User ID 和对应密码，注意在"虚拟 IP 地址范围"栏填写的地址范围一定要与 HAProxy 虚拟机部署时配置的"负载均衡器地址范围"保持一致，然后在"服务器证书颁发机构"栏输入 HAProxy 虚拟机的证书，可以采用如下方式获取该证书。

图 7-35　启用与配置 vSphere with Tanzu 主管集群 7

如图 7-36 所示，在一个新的浏览器界面中使用 vSphere client 登录到 vCenter Server，在主机和集群清单中，右击 HAProxy 虚拟机，单击"编辑设置…"。

如图 7-37 所示，弹出"编辑设置"界面并单击"虚拟机选项"，然后单击"高级"，展开高级选项的内容，下拉右侧滚动条，单击"配置参数"中的"编辑配置…"。

如图 7-38 所示，弹出"配置参数"界面并下拉右侧滚动条，复制"guestinfo.dataplaneapi.cacert"栏的证书信息，该证书信息需要进行 Base 64 转码，在新的浏览器窗口中访问 https://www.base64decode.org/，将该证书信息粘贴至图 7-39 中的"Decode from

图 7-36　启用与配置 vSphere with Tanzu 主管集群 8

Base 64 format"栏中,单击"DECODE",再将转码后的证书信息复制并粘贴到图 7-35 中"服务器证书颁发机构"栏中。

图 7-37　启用与配置 vSphere with Tanzu 主管集群 9　　图 7-38　启用与配置 vSphere with Tanzu 主管集群 10

图 7-39　启用与配置 vSphere with Tanzu 主管集群 11

项目7 管理与使用vSphere with Tanzu

单击图 7-35 中的"下一页",如图 7-40 所示,进入步骤"6 管理网络",按照表 7-3 中的网络规划信息,在相应栏输入对应网络参数,请读者注意,"起始 IP 地址"仅填写分配给主管集群控制平面虚拟机的五个连续 IP 地址中的首个 IP 即可,单击"下一页"。

图 7-40　启用与配置 vSphere with Tanzu 主管集群 12

如图 7-41 所示,进入步骤"7 工作负载网络","服务 IP 地址"保持默认值,此地址范围是 Tanzu Kubernetes 集群及集群中运行的服务的 IP 地址范围,设置有效的 DNS 服务器,单击工作负载网络中的"添加"。

图 7-41　启用与配置 vSphere with Tanzu 主管集群 13

如图 7-42 所示,弹出"工作负载网络"界面,"端口组"选择"负载网络"分布式端口组,"第 3 层路由配置"主要配置工作负载网络的网关、子网和 IP 地址范围,读者可参见表 7-3 中规划的网络参数进行输入,输入完毕单击"保存"。

图 7-42　启用与配置 vSphere with Tanzu 主管集群 14

如图 7-43 所示，添加了两个负载网络，其中主负载网络用蓝色"主"字符标记，它主要可提供与 Tanzu Kubernetes 集群节点和主管集群控制平面虚拟机的连接。主管集群上的 Kubernetes 控制平面虚拟机使用分配给主工作负载网络的 IP 地址范围中的三个 IP 地址。Tanzu Kubernetes 集群的每个节点都会被分配一个单独的 IP 地址，从配置了 Tanzu Kubernetes 集群运行所在命名空间的工作负载网络的地址范围中进行分配，工作负载网络配置完成，单击"下一页"。

图 7-43　启用与配置 vSphere with Tanzu 主管集群 15

如图 7-44 所示，进入步骤"8 Tanzu Kubernetes Grid 服务配置"，单击内容库中的"添加"。

如图 7-45 所示，弹出"内容库"界面，选择创建的已订阅内容库"TanzuKubernetesRelease-subscriber"，单击"确定"。

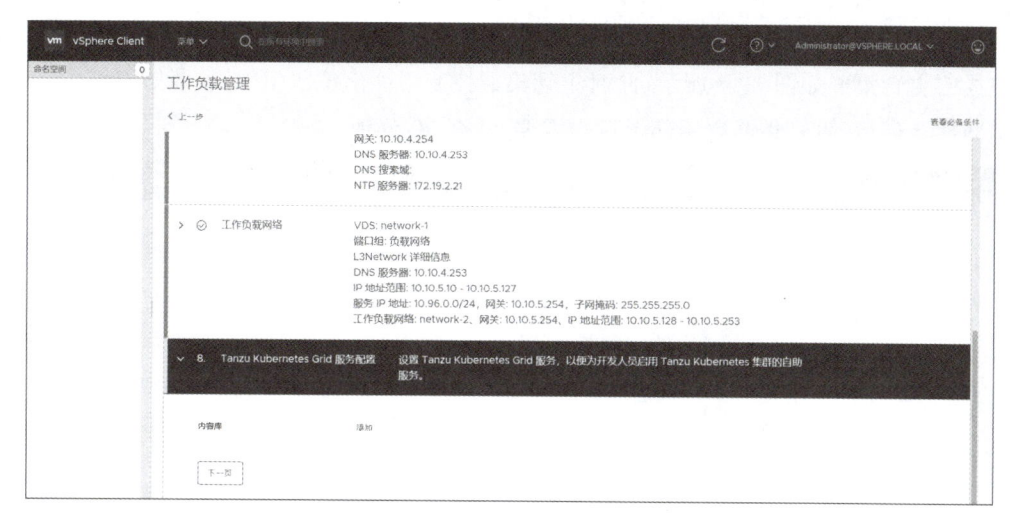

图 7-44　启用与配置 vSphere with Tanzu 主管集群 16

图 7-45　启用与配置 vSphere with Tanzu 主管集群 17

如图 7-46 所示,返回步骤"8 Tanzu Kubernetes Grid 服务配置"界面,单击"下一页"。

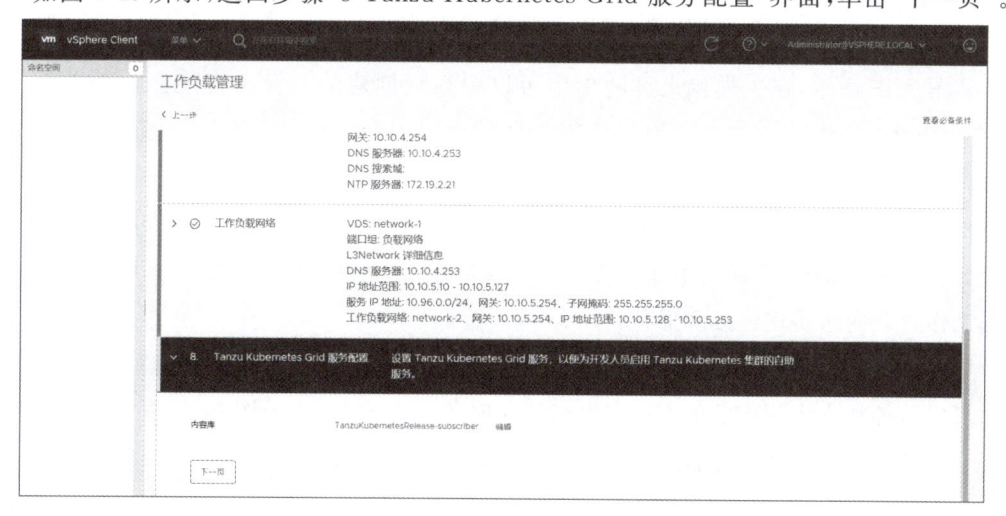

图 7-46　启用与配置 vSphere with Tanzu 主管集群 18

如图 7-47 所示，进入步骤"9 查看并确认"，核对各个步骤中的配置项，单击"完成"。启动完成的主管集群如图 7-48 所示，此时主管集群控制平面虚拟机 IP 地址为 10.10.7.64，根据不同部署环境，主管集群启用部署过程需要 20 至 30 分钟。

图 7-47　启用与配置 vSphere with Tanzu 主管集群 19

图 7-48　启用与配置 vSphere with Tanzu 主管集群 20

如图 7-49 所示，在主机和集群清单中可以观察到创建的三台主管集群控制平面虚拟机，并可以在"摘要"界面中查看虚拟机获取的 IP 地址，图 7-50 显示的是主管集群控制平面虚拟机的主虚拟机，因此它将分配到两个管理网络的 IP 地址，一个是虚拟机接入管理网络的虚拟网卡 IP 地址，另一个是 Kubernetes 控制平面虚拟机的浮动 IP 地址，作为管理网络的接口。另外，该虚拟机还获取了一个主负载网络的 IP 地址，用于与 Tanzu Kubernetes 集群在工作负载网络实现连接和通信。

如图 7-50 所示，在主机和集群清单中单击"Namespaces"，然后依次单击"监控—资源分配"，可以监控整个主管集群的 CPU、内存和存储的使用情况，当前图 7-50 中展示的是主管集群 CPU、内存和存储利用率情况，至此主管集群启用与配置完成。

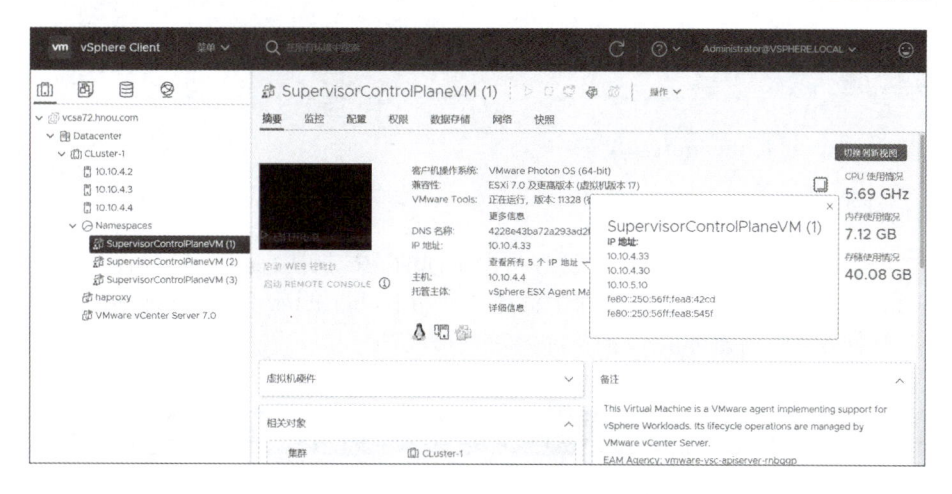

图 7-49　启用与配置 vSphere with Tanzu 主管集群 21

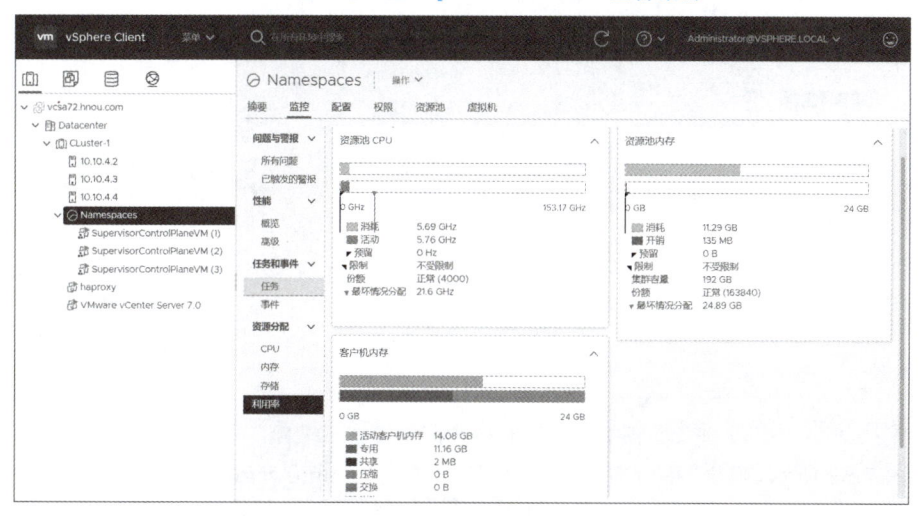

图 7-50　启用与配置 vSphere with Tanzu 主管集群 22

任务 7-3　创建与使用 Tanzu Kubernetes 集群

任务介绍

vSphere with Tanzu 主管集群在 vSphere vDS 和开源 HAProxy 配合的基础环境中可以部署 Tanzu Kubernetes 集群工作负载，使用 Tanzu Kubernetes 集群环境可以创建 Pod、运行 Docker，最终部署实现分布式微服务。本任务将详细介绍 Tanzu Kubernetes 集群的创建和使用。

任务目标

（1）熟练掌握 Tanzu Kubernetes 集群的创建。
（2）熟练掌握 Tanzu Kubernetes 集群的使用。
（3）熟练掌握 Tanzu Kubernetes 集群的监控。

任务实施

1. 创建 Tanzu Kubernetes 集群

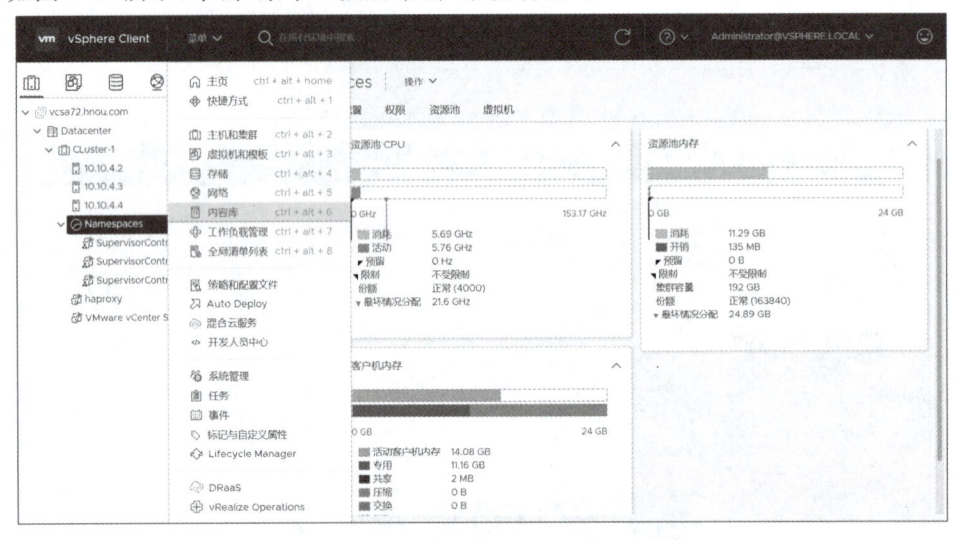

（1）创建 DevOps 管理员账户

通常 vSphere 管理员和 DevOps 管理员由不同的人员担任，而 DevOps 管理员的任务就是在 vSphere with Tanzu 的命名空间中创建 Tanzu Kubernetes 集群并部署应用服务，因此需要提前为命名空间创建可供绑定的 DevOps 管理员账户。

如图 7-51 所示，单击"菜单"，然后单击"系统管理"。

图 7-51　创建 DevOps 管理员账户 1

如图 7-52 所示，弹出"系统管理"界面，依次单击"Single Sign On—用户和组—用户"，在"域"栏选择"vsphere.local"，在下方用户列表中将列出 vsphere.local 域中所有的用户，单击"添加"。

图 7-52　创建 DevOps 管理员账户 2

如图 7-53 所示,弹出"添加用户"界面,输入用户名和密码,单击"添加",创建完成的用户如图 7-54 所示。

图 7-53　创建 DevOps 管理员账户 3

图 7-54　创建 DevOps 管理员账户 4

2. 创建与配置命名空间

在主管集群中,可以通过创建命名空间来分配用于管理资源和隔离应用服务,可以针对不同的命名空间分配与应用服务匹配的资源,同时也可以按照命名空间分配 DevOps 管理员账户,由此可以实现管理隔离。

如图 7-55 所示,单击"菜单",然后单击"工作负载管理"。

如图 7-56 所示,在"工作负载管理"界面单击"命名空间",单击"创建命名空间"。

如图 7-57 所示,弹出"创建命名空间"界面,单击命名空间驻留集群,在"名称"栏输入"hndd1","网络"选择工作负载网络"network 2",根据情况输入命名空间描述信息,单击"创建"。

图 7-55　创建与配置命名空间 1

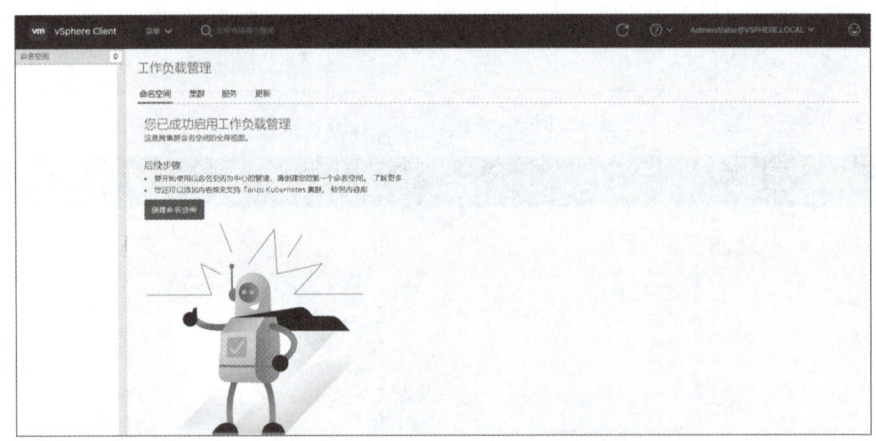

图 7-56　创建与配置命名空间 2

图 7-57　创建与配置命名空间 3

如图 7-58 所示,命名空间 hndd1 创建完成并给出相关提示信息,单击"确认",然后单击"权限"中"添加权限"。

图 7-58 创建与配置命名空间 4

如图 7-59 所示,弹出"添加权限"界面,"标识源"选择"vsphere.local",在"用户/组搜索"中绑定到此命名空间的账户,任务中将用户"hndd"绑定到命名空间 hndd1,作为该空间的 DevOps 管理员账户,在"角色"栏选择"可编辑",单击"确定"。

返回命名空间"摘要"界面后,单击"存储"中的"添加存储",如图 7-60 所示,弹出"选择存储策略"界面,勾选"K8S Storage Policy"存储策略,单击"确定"。

图 7-59 创建与配置命名空间 5

图 7-60 创建与配置命名空间 6

返回命名空间"摘要"界面后,单击"容量和使用情况"中的"编辑限制",如图 7-61 所示,弹出"资源限制"界面,在该界面可以设置 hndd1 命名空间使用的主管集群中的资源上限,"CPU"限制为"10 GHz","内存"限制为"24 GB","存储"限制为"150 GB",单击"确定"。

返回命名空间"摘要"界面后,单击"虚拟机服务"中的"添加虚拟机类",如图 7-62 所示,弹出"添加虚拟机类"界面,默认虚拟机类共有 16 个,全部勾选,单击"确定"。每一个虚拟机类对应一种虚拟机的规格和资源大小,例如 best effort small 虚拟机类的虚拟机规模为 2 个

图 7-61　创建与配置命名空间 7

CPU,4 GB 内存,CPU 与内存均不预留。

图 7-62　创建与配置命名空间 8

如图 7-63 所示,命名空间 hndd1 创建与配置完毕。

图 7-63　创建与配置命名空间 9

3. 配置与使用 Kubernetes CLI 工具和 vCenter Server 根 CA 证书

(1)下载 vSphere 的 Kubernetes CLI 工具

vSphere 的 Kubernetes CLI 工具可用于登录与管理主管集群和 Tanzu Kubernetes 集

群，如图 7-64 所示，在命名空间"摘要"的"状态"页签下方有"链接到 CLI 工具"，可以使用"复制链接"，然后在一台连接 HAProxy 前端网络的 Windows 主机浏览器上访问刚刚复制的链接。

图 7-64　下载 vSphere 的 Kubernetes CLI 工具 1

如图 7-65 所示，通过刚刚复制的链接（https://10.10.7.64）访问 Kubernetes CLI 工具下载界面，选择与当前操作系统相匹配的 Kubernetes CLI 工具版本，然后下载 Kubernetes CLI 工具。界面中有 Kubernetes CLI 工具基本的命令语法，读者还可以参考 VMware 官方文档。

图 7-65　下载 vSphere 的 Kubernetes CLI 工具 2

(2) 设置 Kubernetes CLI 工具环境变量

在使用 Kubernetes CLI 工具之前，需要设置系统环境变量和安装 vCenter Server 的 CA 证书，以便可以便捷安全地使用 Kubernetes CLI 工具管理主管集群和 Tanzu Kubernetes 集群。

如图 7-66 所示，在"控制面板—系统和安全—系统"中单击"高级系统设置"。

如图 7-67 所示，弹出"系统属性"界面，单击"环境变量"。

如图 7-68 所示，弹出"环境变量"界面，在"系统变量"中单击"Path"环境变量，单击"编辑"。

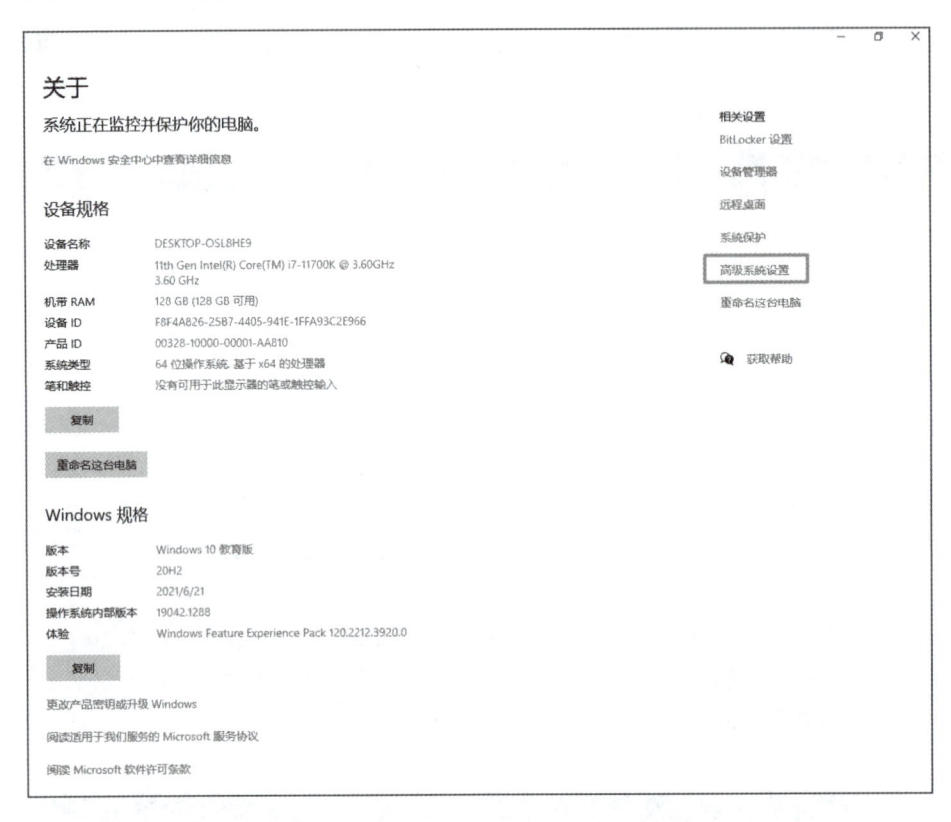

图 7-66　设置 Kubernetes CLI 工具环境变量 1

图 7-67　设置 Kubernetes CLI 工具环境变量 2　　图 7-68　设置 Kubernetes CLI 工具环境变量 3

如图 7-69 所示，弹出"编辑环境变量"界面，单击"新建"，将 Kubernetes CLI 工具解压后存放的目录添加到环境变量中，之后连续单击"确定"，完成环境变量设置。

(3) 安装 vCenter Server 根 CA 证书

如图 7-70 所示，访问 vCenter Server 链接地址（https://10.10.4.10），在弹出的界面中单击"下载受信任的根 CA 证书"，将证书保存到本地。

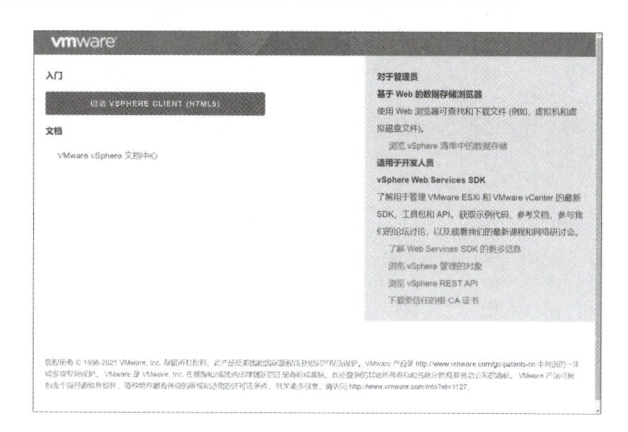

图 7-69　设置 Kubernetes CLI 工具环境变量 4　　　图 7-70　安装 vCenter Server 根 CA 证书 1

如图 7-71 所示，使用"Win＋R"快捷键打开"运行"窗口，在"打开"栏输入"MMC"，单击"确定"。

如图 7-72 所示，弹出"控制台 1"界面，单击"文件—添加/删除管理单元"。

图 7-71　安装 vCenter Server 根 CA 证书 2　　　图 7-72　安装 vCenter Server 根 CA 证书 3

如图 7-73 所示，弹出"添加或删除管理单元"界面，单击"证书"，然后单击"添加"。

如图 7-74 所示，弹出"证书管理单元"界面，选择"计算机账户"，单击"下一页"。

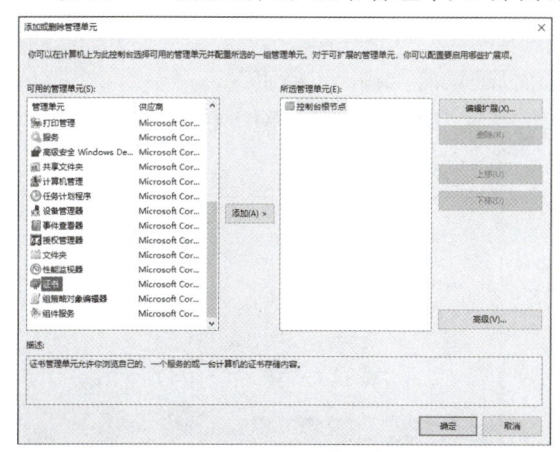

图 7-73　安装 vCenter Server 根 CA 证书 4　　　图 7-74　安装 vCenter Server 根 CA 证书 5

如图 7-75 所示，弹出"选择计算机"界面，保持配置项默认值，单击"完成"。

如图 7-76 所示，返回"添加或删除管理单元"界面，单击"确定"。

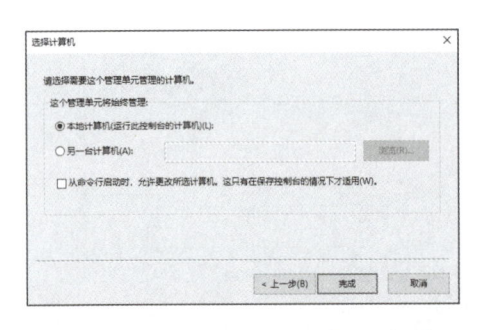

图 7-75　安装 vCenter Server 根 CA 证书 6 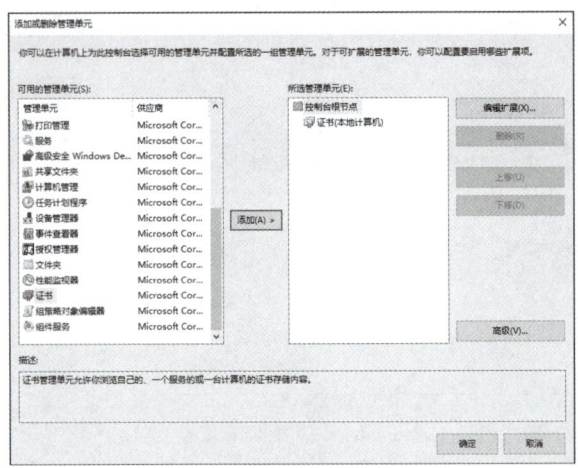　　　　图 7-76　安装 vCenter Server 根 CA 证书 7

如图 7-77 所示，单击"证书(本地计算机)—受信任的根证书颁发机构"，右击"证书"，单击"所有任务—导入"。

图 7-77　安装 vCenter Server 根 CA 证书 8

如图 7-78 所示，弹出"欢迎使用证书导入向导"界面，单击"下一页"。

如图 7-79 所示，弹出"要导入的文件"界面，单击"浏览"，选择刚刚下载解压后的适用于 Windows 的证书(通常放在 win 目录下)，单击"下一页"。

图 7-78　安装 vCenter Server 根 CA 证书 9 　　　　图 7-79　安装 vCenter Server 根 CA 证书 10

如图 7-80 所示,弹出"证书存储"界面,保持配置项默认值,单击"下一页"。

如图 7-81 所示,弹出"正在完成证书导入向导"界面,单击"完成"。

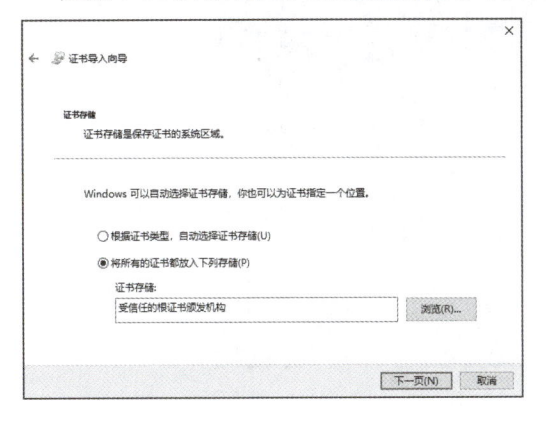

图 7-80　安装 vCenter Server 根 CA 证书 11　　　图 7-81　安装 vCenter Server 根 CA 证书 12

如图 7-82 所示,弹出"导入成功"界面,单击"确定",vCenter Server 根 CA 证书安装完成。

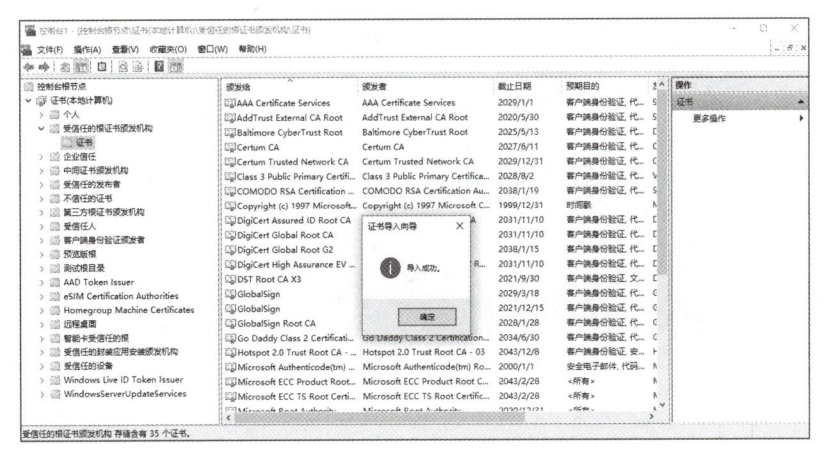

图 7-82　安装 vCenter Server 根 CA 证书 13

(4) 使用 Kubernetes CLI 工具登录到主管集群

如图 7-83 所示,在一台连接 HAProxy 前端网络的 Windows 主机上启用 Power Shell,执行命令"kubectl vsphere login --server=10.10.7.64"登录主管集群,按照提示输入用户和密码,成功登录后将显示当前用户可以访问的主管集群上下文,上下文是一组访问参数,包含 Kubernetes 集群、用户和命名空间。执行命令"kubectl config use context hndd1",切换至上下文"hndd1"即切换至 hndd1 命名空间,执行命令"kubectl config get-contexts"获取上下文信息。

4. 创建与使用 Tanzu Kubernetes 集群

读者进入 hndd1 上文后,如图 7-84 所示,执行命令"kubectl get virtualmachine-classbindings",查看命名空间中可用的所有虚拟机类绑定,每一种虚拟机类对应一种虚拟

图 7-83　使用 Kubernetes CLI 工具登录到主管集群

机的规格和资源大小，例如 best-effort-small 虚拟机类的虚拟机规模为 2 个 CPU，4 GB 内存，CPU 与内存均不预留。

图 7-84　创建与使用 Tanzu Kubernetes 集群 1

如图 7-85 所示，执行命令"kubectl describe namespace hndd1"，通过描述命名空间获取可用的默认存储类，每个存储类对应配置的存储策略。

图 7-85　创建与使用 Tanzu Kubernetes 集群 2

如图 7-86 所示，执行命令"kubectl get tanzukubernetesreleases"，列出可用的 Tanzu Kubernetes 版本。

项目7 ◆ 管理与使用vSphere with Tanzu

图 7-86　创建与使用 Tanzu Kubernetes 集群 3

实验中使用 YAML 文件来置备一个简单的 Tanzu Kubernetes 集群，YAML 文件内容如下：

```
apiVersion: run.tanzu.vmware.com/v1alpha1  #TKGS API endpoint
kind: TanzuKubernetesCluster  #required parameter
metadata:
    name: tkgs-cluster-1  #cluster name, user defined
    namespace: hndd1  #vsphere namespace
spec:
    distribution:
        version: v1.20  #Resolves to latest TKR 1.20 version
    topology:
        controlPlane:
            count: 1  #number of control plane nodes
            class: best-effort-small  #vmclass for control plane nodes
            storageClass: k8s-storage-policy  #storageclass for control plane
        workers:
            count: 3  #number of worker nodes
            class: best-effort-small  #vmclass for worker nodes
            storageClass: k8s-storage-policy  #storageclass for worker nodes
```

通过上述 YAML 文件在命名空间 hndd1 中置备了一个有 1 个控制节点、3 个工作节点的 Tanzu Kubernetes 集群，集群中每台虚拟机均采用 best-effort-small。如图 7-87 所示，在 hndd1 上下文中执行命令"kubectl apply -f C:\tkg1.yaml"，其中的 tkg1.yaml 是 YAML 文件的文件名，该文件存放在 C 盘根目录中，命令执行完毕，执行命令"kubectl get clusters"查看集群状态，tkgs-cluster-1 已经创建完毕。

图 7-87　创建与使用 Tanzu Kubernetes 集群 4

如图 7-88 所示，执行命令"kubectl vsphere login --server＝10.10.7.64 --tanzu-kubernetes-cluster-name tkgs-cluster-1 --tanzu-kubernetes-cluster-namespace hndd1 --vsphere-username hndd@vsphere.local"登录到 tkgs-cluster-1 集群。执行命令"kubectl config use-context tkgs-cluster-1"切换到集群 tkgs-cluster-1 上下文。

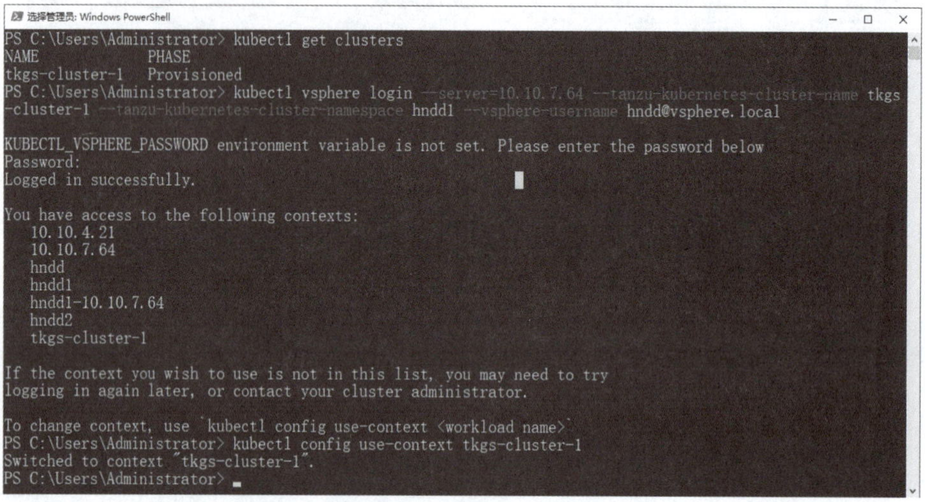

图 7-88　创建与使用 Tanzu Kubernetes 集群 5

如图 7-89 所示，执行命令"kubectl get nodes"，查看当前集群节点信息，该集群有 4 个节点，其中 1 个是控制节点，3 个是工作节点。

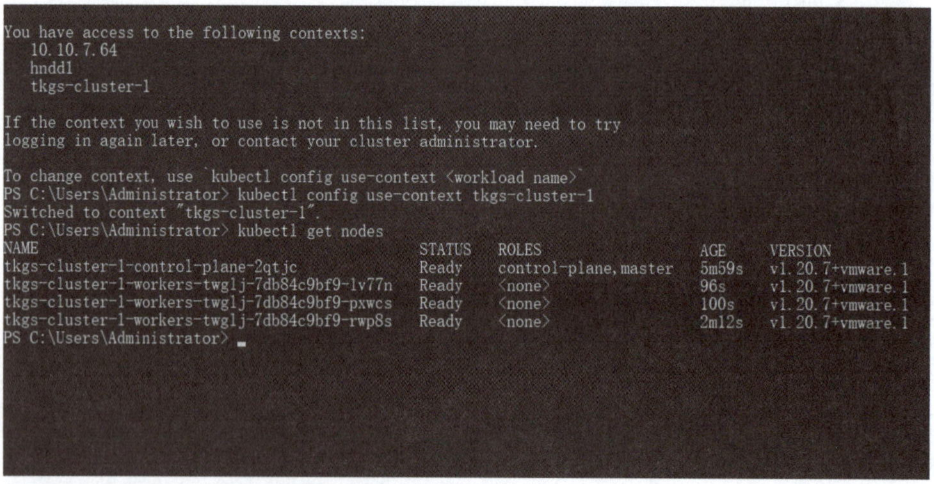

图 7-89　创建与使用 Tanzu Kubernetes 集群 6

Pod 安全策略是集群级别的资源，它能够控制 Pod 规约中与安全性相关的各个方面。Pod 安全策略是一种可选(但是建议启用)的准入控制器。如果没有授权认可策略之前就启用了准入控制器，将导致集群中无法创建任何 Pod。下面通过应用 YAML 文件部署 Pod 安全策略，YAML 文件具体内容如下：

```
apiVersion：rbac.authorization.k8s.io/v1
kind：ClusterRole
metadata：
  name：psp_privileged
rules：
- apiGroups：['policy']
  resources：['podsecuritypolicies']
  verbs：['use']
  resourceNames：
  - vmware-system-privileged
---
apiVersion：rbac.authorization.k8s.io/v1
kind：ClusterRoleBinding
metadata：
  name：psp_privileged
roleRef：
  kind：ClusterRole
  name：psp_privileged
  apiGroup：rbac.authorization.k8s.io
subjects：
- kind：Group
  name：system:serviceaccounts
  apiGroup：rbac.authorization.k8s.io
```

YAML 文件首先创建 ClusterRole，然后部署 ClusterRoleBinding，允许所有通过认证授权的服务账号部署 Pod。

如图 7-90 所示，执行命令"kubectl apply -f C:\ClusterRoleBinding.yaml"，部署 ClusterRoleBinding。

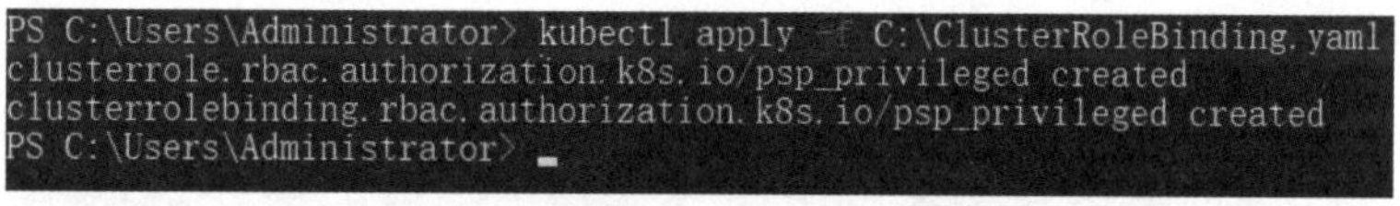

图 7-90　创建与使用 Tanzu Kubernetes 集群 7

下面通过 YAML 文件部署一个简单的 Kubernetes 示例服务，YAML 文件内容如下：

```
apiVersion：v1
kind：Service
metadata：
  name：hello-kubernetes
spec：
  type：LoadBalancer
  ports：
  - port：80
    targetPort：8080
  selector：
    app：hello-kubernetes
```

```yaml
---
apiVersion: apps/v1
kind: Deployment
metadata:
  name: hello-kubernetes
spec:
  replicas: 3
  selector:
    matchLabels:
      app: hello-kubernetes
  template:
    metadata:
      labels:
        app: hello-kubernetes
    spec:
      containers:
      - name: hello-kubernetes
        image: paulbouwer/hello-kubernetes:1.5
        imagePullPolicy: IfNotPresent
        ports:
        - containerPort: 8080
```

该 YAML 文件部署了一个名称为“hello-kubernetes”、类型为“LoadBalancer”的服务，“LoadBalancer”类型指示在 HAProxy 负载均衡器上启用虚拟服务器，启用负载均衡服务，容器内部端口为 8080，外部端口为 80。示例部署过程中请保持工作负载网络可以访问互联网，因为映像经常需要从互联网拉取。

如图 7-91 所示，执行命令“kubectl apply -f C:\app-demo1. yaml ”，部署示例服务。执行命令“kubectl get svc”，查看当前正在运行的服务，可以观察到外部 IP 为 10. 10. 7. 72。执行命令“kubectl get pods -A”，查看当前所有 Pod，与实例服务相关的三个 Pod，有两个已经正常运行，一个正在创建。

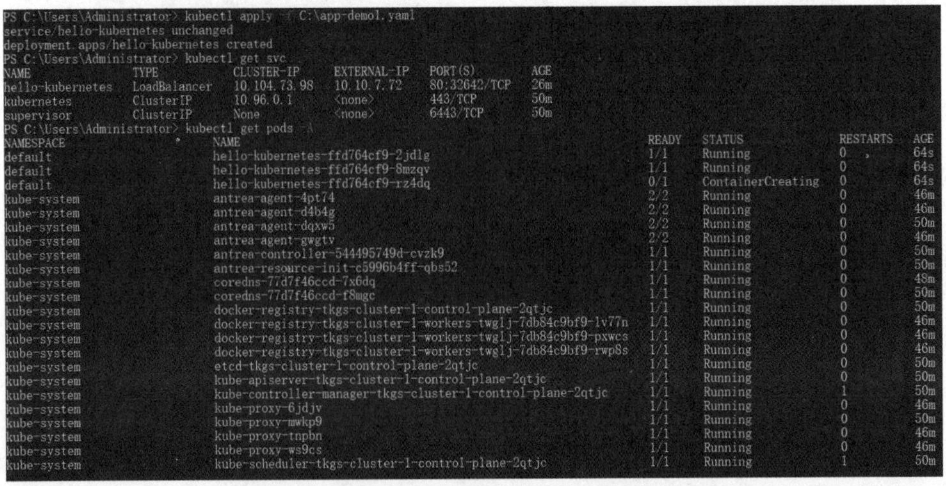

```
PS C:\Users\Administrator> kubectl apply -f C:\app-demo1.yaml
service/hello-kubernetes unchanged
deployment.apps/hello-kubernetes created
PS C:\Users\Administrator> kubectl get svc
NAME               TYPE           CLUSTER-IP     EXTERNAL-IP   PORT(S)        AGE
hello-kubernetes   LoadBalancer   10.104.73.98   10.10.7.72    80:32642/TCP   26m
kubernetes         ClusterIP      10.96.0.1      <none>        443/TCP        50m
supervisor         ClusterIP      None           <none>        6443/TCP       50m
PS C:\Users\Administrator> kubectl get pods -A
NAMESPACE     NAME                                                      READY   STATUS              RESTARTS   AGE
default       hello-kubernetes-ffd764cf9-2jdlg                          1/1     Running             0          64s
default       hello-kubernetes-ffd764cf9-8mzqv                          1/1     Running             0          64s
default       hello-kubernetes-ffd764cf9-rz4dq                          0/1     ContainerCreating   0          64s
kube-system   antrea-agent-4pt74                                        2/2     Running             0          46m
kube-system   antrea-agent-d4b4g                                        2/2     Running             0          46m
kube-system   antrea-agent-dqxw5                                        2/2     Running             0          50m
kube-system   antrea-agent-gwgtv                                        2/2     Running             0          46m
kube-system   antrea-controller-544495749d-cvzk9                        1/1     Running             0          50m
kube-system   antrea-resource-init-c5996b4ff-qbs52                      1/1     Running             0          50m
kube-system   coredns-77d7f46ccd-7x6dq                                  1/1     Running             0          48m
kube-system   coredns-77d7f46ccd-f8mgc                                  1/1     Running             0          50m
kube-system   docker-registry-tkgs-cluster-1-control-plane-2qtjc        1/1     Running             0          50m
kube-system   docker-registry-tkgs-cluster-1-workers-twglj-7db84c9bf9-lv77n   1/1   Running       0          46m
kube-system   docker-registry-tkgs-cluster-1-workers-twglj-7db84c9bf9-pxwcs   1/1   Running       0          46m
kube-system   docker-registry-tkgs-cluster-1-workers-twglj-7db84c9bf9-rwp8s   1/1   Running       0          46m
kube-system   etcd-tkgs-cluster-1-control-plane-2qtjc                   1/1     Running             0          50m
kube-system   kube-apiserver-tkgs-cluster-1-control-plane-2qtjc         1/1     Running             0          50m
kube-system   kube-controller-manager-tkgs-cluster-1-control-plane-2qtjc   1/1  Running             1          50m
kube-system   kube-proxy-6jdjv                                          1/1     Running             0          46m
kube-system   kube-proxy-mwkp9                                          1/1     Running             0          50m
kube-system   kube-proxy-tnpbn                                          1/1     Running             0          46m
kube-system   kube-proxy-ws9cs                                          1/1     Running             0          46m
kube-system   kube-scheduler-tkgs-cluster-1-control-plane-2qtjc         1/1     Running             1          50m
```

图 7-91　创建与使用 Tanzu Kubernetes 集群 8

如图 7-92 所示，在浏览器中访问链接"http://10.10.7.72"，示例服务可以正常访问。至此，在 Tanzu Kubernetes 集群上部署示例服务完毕。

图 7-92　创建与使用 Tanzu Kubernetes 集群 9

5. 监控 Tanzu Kubernetes 集群负载

VMware 开源了一款 Kubernetes 集群监控软件 Octant，Octant 通过可视化的方式，呈现 Kubernetes 对象的依赖关系，可将本地端口请求转发到正在运行的 Pod，查看 Pod 日志，浏览不同的集群，同时支持用户可以通过安装或编写插件来扩展 Octant 的功能。读者可以在 https://github.com/vmware-tanzu/octant/releases/v0.23.0 网站下载对应操作系统版本的 Octant。实验中安装 Octant 监控系统并使用该系统 v0.23.0。监控 Tanzu Kubernetes 集群负载的安装过程请扫码观看视频或查看文档。

视频：安装 Octant 监控系统　　　　文档：安装 Octant 监控系统

视频：使用 Octant 监控系统监控　　　文档：使用 Octant 监控系统监控
Tanzu Kubernetes 集群负载　　　　　Tanzu Kubernetes 集群负载

项目实战练习

1. 请使用 vSphere 网络和 HAProxy 负载均衡器环境中，创建一个三节点的主管集群。
2. 创建 Tanzu Kubernetes 集群并部署一个简单应用服务，通过 Octant 监控 Tanzu Kubernetes 集群负载和应用服务的状态。

项目 8

监控 vSphere 数据中心

项目背景概述

企业 vSphere 数据中心基础架构依据良好的规划基本建设完成并投入使用,这为 vSphere 管理员的运维管理工作奠定了良好的基础,在生产运营过程中,vSphere 管理员需要密切监控 vSphere 数据中心的运行状态,根据监控结果进行运维操作和运行状态预测,全力保障 vSphere 数据中心稳定、可靠、高效、安全地运行。vSphere 内嵌了大量的监控工具,同时 VMware 公司还提供了如 vRealize Operations Manager、vRealize Log Insight 等高性能的监控与运维管理平台,本项目将详细介绍 vSphere 数据中心的监控。

项目学习目标

知识目标:
1. 熟悉 vRealize Operations Manager 的基本原理
2. 熟悉 vRealize Log Insight 的基本原理

技能目标:
1. 会部署与配置 vRealize Operations Manager
2. 会部署与配置 vRealize Log Insight

素质目标:
在虚拟化运维与监控管理的学习实践中,培养学生团队协作,合力排查并解决实践中的问题,提升学生集体荣誉感,促进学生团队合作、共同进步。

项目环境需求

1. 硬件环境需求

实验计算机双核及以上 CPU,64 GB 及以上内存,不低于 500 GB 硬盘,添加 PCI-E 2 个千兆端口网卡一块,主板 BIOS 开启硬件虚拟化支持。

2. 操作系统环境需求

实验计算机安装 Windows 10 64 位专业版操作系统。

3. 软件环境需求

实验计算机安装 VMware Workstation 16 Pro。

项目规划设计

(见表 8-1～表 8-3)

表 8-1 网络规划设计

设备名称	操作系统	网络适配器	网络适配器模式	IP 地址/掩码长度	网关	备注
实验计算机	Windows 10 Pro	—	—	10.10.4.1/24	—	—
ESXi 1	ESXi 7.0	网络适配器 1 网络适配器 2	桥接	vmk 0:10.10.4.2/24	10.10.4.254	管理和 vSphere 高级功能流量
		网络适配器 3 网络适配器 4	桥接	—	—	工作负载网络
		网络适配器 5	仅主机模式	vmk 2:192.168.100.2/24	192.168.100.1	iSCSI、NFS 流量
		网络适配器 6	仅主机模式	vmk 3:192.168.100.12/24	192.168.100.1	iSCSI、NFS 流量
		网络适配器 7 网络适配器 8	桥接	—	—	HAProxy 前端网络
ESXi 2	ESXi 7.0	网络适配器 1 网络适配器 2	桥接	vmk 0:10.10.4.3/24	10.10.4.254	管理和 vSphere 高级功能流量
		网络适配器 3 网络适配器 4	桥接	—	—	工作负载网络
		网络适配器 5	仅主机模式	vmk 2:192.168.100.3/24	192.168.100.1	iSCSI、NFS 流量
		网络适配器 6	仅主机模式	vmk 3:192.168.100.13/24	192.168.100.1	iSCSI、NFS 流量
		网络适配器 7 网络适配器 8	桥接	—	—	HAProxy 前端网络
ESXi 3	ESXi 7.0	网络适配器 1 网络适配器 2	桥接	vmk 0:10.10.4.4/24	10.10.4.254	管理和 vSphere 高级功能流量
		网络适配器 3 网络适配器 4	桥接	—	—	工作负载网络
		网络适配器 5	仅主机模式	vmk 2:192.168.100.4/24	192.168.100.1	iSCSI、NFS 流量
		网络适配器 6	仅主机模式	vmk 3:192.168.100.14/24	192.168.100.1	iSCSI、NFS 流量
		网络适配器 7 网络适配器 8	桥接	—	—	HAProxy 前端网络
vCenter Server 7.0	vCenter Server Appliance 7.0	—	—	10.10.4.10/24	10.10.4.254	—
HAProxy	HAProxy-V0.2.0	—	—	10.10.4.25	10.10.4.254	主机名 ha.hnou.com

表 8-2　　　　　　　　　　　设备配置规划设计

设备名称	操作系统	CPU 核数	内存/GB	硬盘/GB	用户名	密码
实验计算机	Windows 10 Pro	8	64 以上	1 000	administrator	—
ESXi 1	ESXi 7.0	8	64	500	root	Root！@2021
ESXi 2	ESXi 7.0	8	64	500	root	Root！@2021
ESXi 3	ESXi 7.0	8	64	500	root	Root！@2021
vCenter Server 7.0	vCenterServer Appliance 7.0	2	12root	Root！@2021	—	—

表 8-3　　　vRealize Operations Manager 和 vRealize Log Insight 网络参数规划

网络类型	IP/IP 地址	掩码	网关	域名
vRealize Operations Manager	10.10.4.252	255.255.255.0	10.10.4.254	ops.hnou.com
vRealize Log Insight	10.10.4.251	255.255.255.0	10.10.4.254	Log.hnou.com

项目知识储备

1. vRealize Operations Manager

2021 年 5 月，VMware 公司发布了 vRealize Operations Manager 8.4，它为自驱动操作提供了新的增强功能，可帮助客户优化、规划和扩展 VMware Cloud，其中包括内部部署私有云或多个公有云［如 VMware Cloud on AWS、Azure VMware 解决方案（AVS）和 Google Cloud VMware Engine（GCVE）］中的 VMware SDDC，同时可统一多云监控（支持 AWS、Azure 云和 Google Cloud Platform）。此版本依托人工智能（AI），提供统一的操作平台，可提供持续的性能优化、高效容量和成本管理、主动规划、应用感知智能修复和集成的合规性。

（1）vRealize Operations Manager 功能特性

① 智能修复

a. 全面支持 vSphere 7.0 with Kubernetes 监控。

b. 除了 AWS 和 Microsoft Azure 之外，还支持 Google Cloud Platform（GCP）。

c. 原生支持 VMware Cloud on AWS，包括 NSX-T 支持和新仪表盘。

d. 通过简化的警报创建、仪表盘管理、一致的导航和新的摘要界面，提高了易用性。

e. vRealize Operations Cloud 与 vRealize Log Insight Cloud 之间的集成。

f. 与 vRealize Network Insight 集成的网络感知故障排除。

g. 与 Slack 集成。

h. 管理包：新的 VxRail 和增强的 AWS、SDDC、SNMP。

i. 跨新工作流的自愿性产品的可及性测试（VPAT）。

j. 物理操作系统支持（仅限 vRealize Operations Cloud）。

② 高效容量和成本管理

a. 适用于 vRealize Automation 8.1 托管虚拟机的基于费率卡的定价。

b. 通过 CloudHealth(包括 Perspectives)增强了公有云成本核算。

c. 改进了 VMware Cloud on AWS 迁移评估。

d. 支持虚拟卷。

③自动执行自驱动数据中心的关键操作任务

a. 使用自动化中心创建和调度关键操作。

回收操作包括删除已关闭电源的虚拟机,关闭闲置虚拟机的电源,删除旧快照;性能优化操作包括缩减虚拟机,纵向扩展虚拟机;常规操作包括重新引导虚拟机。

b. 能够筛选和定义动态范围。

c. 能够发送通知和呈现全局调度。

d. 能够跟踪和查看自动化节省。

④简化故障排除和智能修复

a. 对于 Webhook 出站插件,使用负载模板完全自定义警示正文,默认即时可用警示负载模板可用于各种出站插件;能够通过克隆默认模板快速创建负载模板;能够使用负载模板自定义警示通知负载,添加其他衡量指标、属性、父对象和先代对象;能够添加自定义输入属性;使用内置 JSON 编辑器为新警示、更新的警示和取消的警示映射负载字段。

b. 能够使用基于向导的简单工作流创建警示通知;能够选择现有的出站插件或就地创建新的出站插件实例;能够将负载模板与警示通知规则相关联。

c. 简化了出站插件工作流,能够在通知规则上下文中创建和配置出站插件;新增 Webhook 出站插件,能够将警示通知发送到任何支持 Webhook 的目标,例如 Microsoft Teams、Datadog 等;能够为基于 REST 的端点配置标准或自定义输入属性;能够选择负载模板以对警示负载进行完全自定义;能够为新的、更新的或取消的警示通知定义不同的模板。

d. 基于 Telegraf 的应用程序监控增强功能;支持 Linux 进程监控,支持 Windows 服务监控,所有基于 Telegraf 的应用程序现在都提供可用性衡量指标,支持物理操作系统监控。

(2)vRealize Operations Manager 集群节点与可靠性保障

在大中型 vSphere 数据中心生产环境中,vRealize Operations Manager 通常以集群方式进行部署,vRealize Operations Manager 集群包括以下主要节点:

①主用节点:主用节点是 vRealize Operations Manager 初始化安装的必需节点,集群其他节点受主用节点管理。在小规模 vSphere 环境中单节点部署 vRealize Operations Manager 时,将在主用节点上实现管理、数据收集和数据分析等功能。

②副本节点:vRealize Operations Manager 高可用性是通过创建副本节点实现的,当主用节点出现故障时,由副本节点接替主用节点的工作,副本节点由数据节点转换而成。

③数据节点:数据节点主要负责数据的收集和分析工作,数据节点通常部署在各个 vSphere 集群中,按照故障域进行冗余,数据节点部署规模和资源大小与主用节点一致,因为数据节点要能够转换成副本节点。

④远程收集器节点:在 vRealize Operations Manager 分布式部署场景中,需要用到跨防火墙、跨地域进行远程数据源连接的远程收集器节点,该节点仅收集清单对象,而不进行数据存储和分析。

⑤见证节点:在部署连续可用的 vRealize Operations Manager 时,在两个故障域之间部

署两个 vRealize Operations Manager 实例,如果实例之间网络连接丢失,则需要利用见证节点进行仲裁以判断哪个 vRealize Operations Manager 实例可用。

在大中型 vSphere 数据中心环境中,为了提高 vRealize Operations Manager 的可靠性,VMware 提供了 HA(High Availability,高可用性)和 CA(Continuous Availability,连续可用性)两种解决方案。

①vRealize Operations Manager HA

通过启用 HA,可以将主用节点上的数据在副本节点上进行完整备份。当主用节点故障时,副本节点将自动切换为主用节点,这个过程需要两至三分钟。在副本节点转换为主用节点后,为了保障 HA,需要尽快处理原故障主用节点或将其他的数据节点转换为新的副本节点。需要注意的是,启用 HA 后,vRealize Operations Manager 容量和处理能力将降低一半,因为 HA 会在整个集群内创建数据的冗余副本,并创建主用节点的副本备份。

②vRealize Operations Manager CA

CA 跨 vSphere 集群将 vRealize Operations Manager 分为两个故障域,每个故障域由一个或多个分析节点组成并在物理机柜位置上分组,以免因整个物理机柜故障导致所有节点失效。在启用 CA 时,需要部署见证节点,见证节点既不收集数据,也不存储数据,仅在两个故障域间进行仲裁。当两个故障之间的主用节点与副本节点丢失网络连接时,见证节点判断哪个故障域的 vRealize Operations Manager 可用。要启用 CA,除主用节点外还必须至少部署一个数据节点。当需要部署多个数据节点时,则必须有偶数个数据节点(包括主用节点)。假设有两个故障域,存储在故障域 1 的主用节点中的数据将存储在故障域 2 的副本节点中并进行复制。存储在故障域 1 的数据节点中的数据将存储在故障域 2 的配对数据节点中并进行复制。但是,如果主用节点发生故障,则只有副本节点可以取代主用节点。

(3)vRealize Operations Manager 集群节点最佳做法

VMware 官方推荐的 vRealize Operations Manager 集群节点最佳做法如下:

①在单个数据中心的同一个 vSphere 集群中部署 vRealize Operations Manager 分析集群节点,并且一次只向一个集群添加一个节点,这样在添加另一个节点之前此节点已完成。

②如果在高度整合的 vSphere 集群中部署分析集群节点,可能需要预留资源以获得最佳性能。通过检查 CPU 就绪时间和同步停止来确定虚拟 CPU 与物理 CPU 的比率是否影响性能。

③在相同类型存储层上部署分析集群节点。

④要继续满足分析集群节点的大小和性能要求,请应用存储 DRS 反关联规则,以便节点位于分离的数据存储中。

⑤要防止节点意外迁移,请将存储 DRS 设置为手动。

⑥要确保分析集群节点的性能均衡,请使用具有相同处理器频率的 ESXi 主机。混合频率和物理内核计数可能会影响分析集群性能。

⑦为避免性能降低,vRealize Operations Manager 分析集群节点在大规模运行时需要有保证的资源。vRealize Operations Manager 知识库包含大小设置电子表格,这些电子表格基于预期监控的对象和衡量指标数、HA 的使用等来计算资源。在进行大小设置时,资源分配过多比资源分配不足要好。

⑧因为节点可能会更改角色,所以 vRealize Operations Manager 虚拟机要避免使用主

用节点、数据节点、副本节点等虚拟机名称。更改角色的示例可能包括将数据节点设为副本节点以实现 HA,或让副本节点接管主用节点角色。

2. vRealize Log Insight

vRealize Log Insight 专为 VMware 环境提供最佳的实时和存档日志管理功能,利用基于机器学习的智能分组和高性能搜索功能,可以更快地在物理、虚拟和云环境中进行故障排除,2021 年 4 月 VMware 公司发布了 vRealize Log Insight 8.4 版本。

(1)vRealize Log Insight 功能特性

①通用日志进行收集和分析

利用 vRealize Log Insight 收集和分析机器生成的所有类型的日志数据。管理员可将其应用于环境中的所有内容[操作系统(包括 Linux 和 Windows)、应用、存储、防火墙、网络设备等],从而通过日志分析获得整个企业范围的可见性。

②企业级可扩展性

高度可扩展性,并且专为处理机器生成的所有类型的数据而设计。最近的内部测试发现,vRealize Log Insight 在针对 10 亿条日志消息的查询测试中比其他业内领先的解决方案快 3 倍。每个节点接收的数据量翻倍,并且每个节点每秒最多可支持 15 000 个事件。

③直观的图形用户界面、轻松部署

借助基于 GUI 的直观界面,用户可以轻松运行简单的交互式搜索以及深入的分析查询,快速获得信息,从而能够即时提供价值并提高 IT 效率。vRealize Log Insight 自动为数据选择最佳显示方式,从而节省时间。

④内置的 VMware SDDC 知识库

由 VMware 专家开发的 vRealize Log Insight 附带内置的知识库和对 VMware SDDC 技术的支持。读者可以分析虚拟基础架构之外的日志,并使用中央日志管理解决方案来分析整个 IT 环境中的数据。

⑤与 vRealize Operations 集成

与 vRealize Operations 集成可将运维可见性和主动管理功能扩展到基础架构和应用。这种集成还可将非结构化数据(例如日志文件)与结构化数据(例如衡量指标和关键绩效指标)融合在一起,最大限度提高投资回报。

(2)vRealize Log Insight 部署建议

①虚拟硬件最低要求

在部署 vRealize Log Insight 过程中,读者可以根据 vSphere 数据中心规模选择 vRealize Log Insight 规模,小型规模 vRealize Log Insight 虚拟硬件要求:内存 8 GB,vCPU 4 核,存储空间 530 GB。

②支持的浏览器

vRealize Log Insight 将通过 vRealize Log InsightWeb 用户界面进行访问,适配的浏览器包括:Mozilla Firefox 45.0 及更高版本,Google Chrome 51.0 及更高版本,internet Explorer 11.0 及更高版本等。

③需要对外开放的端口

vRealize Log Insight 需要对外发布的端口见表 8-4,在受防火墙保护的 vSphere 环境中,读者需要正确设置防火墙策略以对外发布 vRealize Log Insight 服务端口。

表 8-4　vRealize Log Insight 需要对外发布的端口

端口	协议
22/TCP	SSH
80/TCP	HTTP
443/TCP	HTTPS
514/UDP	Syslog
514/TCP	Syslog
1514/TCP	通过 SSL 的 Syslog 载入
9000/TCP	vRealize Log Insight 数据获取 API
9543/TCP	vRealize Log Insight 数据获取 API（SSL）

④vRealize Log Insight 单节点部署

在测试环境中，可以单节点部署 vRealize Log Insight，日志源可以是应用程序、操作系统日志、虚拟机日志、主机、vCenter Server、虚拟或物理交换机和路由器、存储硬件等。使用 Syslog（UDP、TCP、TCP+SSL）或 CFAPI（通过 HTTP 或 HTTPS 的 vRealize Log Insight 本地载入协议），直接由应用程序、Syslog 集中器或安装在源上的 vRealize Log Insight 代理将日志流传输到 vRealize Log Insight 节点。单节点部署的最佳做法是使用 vRealize Log Insight 集成负载平衡器（Integrated Load Balancer，ILB），并将查询和载入流量发送到 ILB。

⑤vRealize Log Insight 集群部署

在生产环境中，建议采用集群方式部署 vRealize Log Insight，采用集群部署方式的要求：

a.集群中的节点全部具有相同大小并位于同一数据中心。

b.用于集群的 ILB 要求节点位于同一 L2 层网络。

c.如果环境中有防火墙保护需合理设置，以便 vRealize Log Insight 服务可以正常发布和接收数据。

d.vRealize Log Insight 集群中的最小节点数为三个，但如果节点出现故障，包含的正常节点数少于三个的集群将无法完全正常运行。此外，集群中的正常节点数必须大于集群节点总数的一半。例如，如果有一个包含六个节点的集群，其中的三个节点变得不可用，则该集群将无法完全正常运行，直到从该集群中移除不可正常运行的节点。

任务 8-1　部署与配置 vRealize Operations Manager

任务介绍

vRealize Operations Manager 是 vSphere 数据中心强大的运维管理平台，在该平台的支持下，vSphere 管理员的运维工作效率将获得极大的提升，本任务详细介绍 vRealize Operations Manager 的部署和配置。

用节点、数据节点、副本节点等虚拟机名称。更改角色的示例可能包括将数据节点设为副本节点以实现 HA，或让副本节点接管主用节点角色。

2. vRealize Log Insight

vRealize Log Insight 专为 VMware 环境提供最佳的实时和存档日志管理功能，利用基于机器学习的智能分组和高性能搜索功能，可以更快地在物理、虚拟和云环境中进行故障排除，2021 年 4 月 VMware 公司发布了 vRealize Log Insight 8.4 版本。

(1) vRealize Log Insight 功能特性

① 通用日志进行收集和分析

利用 vRealize Log Insight 收集和分析机器生成的所有类型的日志数据。管理员可将其应用于环境中的所有内容［操作系统（包括 Linux 和 Windows）、应用、存储、防火墙、网络设备等］，从而通过日志分析获得整个企业范围的可见性。

② 企业级可扩展性

高度可扩展性，并且专为处理机器生成的所有类型的数据而设计。最近的内部测试发现，vRealize Log Insight 在针对 10 亿条日志消息的查询测试中比其他业内领先的解决方案快 3 倍。每个节点接收的数据量翻倍，并且每个节点每秒最多可支持 15 000 个事件。

③ 直观的图形用户界面、轻松部署

借助基于 GUI 的直观界面，用户可以轻松运行简单的交互式搜索以及深入的分析查询，快速获得信息，从而能够即时提供价值并提高 IT 效率。vRealize Log Insight 自动为数据选择最佳显示方式，从而节省时间。

④ 内置的 VMware SDDC 知识库

由 VMware 专家开发的 vRealize Log Insight 附带内置的知识库和对 VMware SDDC 技术的支持。读者可以分析虚拟基础架构之外的日志，并使用中央日志管理解决方案来分析整个 IT 环境中的数据。

⑤ 与 vRealize Operations 集成

与 vRealize Operations 集成可将运维可见性和主动管理功能扩展到基础架构和应用。这种集成还可将非结构化数据（例如日志文件）与结构化数据（例如衡量指标和关键绩效指标）融合在一起，最大限度提高投资回报。

(2) vRealize Log Insight 部署建议

① 虚拟硬件最低要求

在部署 vRealize Log Insight 过程中，读者可以根据 vSphere 数据中心规模选择 vRealize Log Insight 规模，小型规模 vRealize Log Insight 虚拟硬件要求：内存 8 GB，vCPU 4 核，存储空间 530 GB。

② 支持的浏览器

vRealize Log Insight 将通过 vRealize Log Insight Web 用户界面进行访问，适配的浏览器包括：Mozilla Firefox 45.0 及更高版本、Google Chrome 51.0 及更高版本、internet Explorer 11.0 及更高版本等。

③ 需要对外开放的端口

vRealize Log Insight 需要对外发布的端口见表 8-4，在受防火墙保护的 vSphere 环境中，读者需要正确设置防火墙策略以对外发布 vRealize Log Insight 服务端口。

表 8-4　　vRealize Log Insight 需要对外发布的端口

端口	协议
22/TCP	SSH
80/TCP	HTTP
443/TCP	HTTPS
514/UDP	Syslog
514/TCP	Syslog
1514/TCP	通过 SSL 的 Syslog 载入
9000/TCP	vRealize Log Insight 数据获取 API
9543/TCP	vRealize Log Insight 数据获取 API（SSL）

④vRealize Log Insight 单节点部署

在测试环境中，可以单节点部署 vRealize Log Insight，日志源可以是应用程序、操作系统日志、虚拟机日志、主机、vCenter Server、虚拟或物理交换机和路由器、存储硬件等。使用 Syslog（UDP、TCP、TCP＋SSL）或 CFAPI（通过 HTTP 或 HTTPS 的 vRealize Log Insight 本地载入协议），直接由应用程序、Syslog 集中器或安装在源上的 vRealize Log Insight 代理将日志流传输到 vRealize Log Insight 节点。单节点部署的最佳做法是使用 vRealize Log Insight 集成负载平衡器（Integrated Load Balancer，ILB），并将查询和载入流量发送到 ILB。

⑤vRealize Log Insight 集群部署

在生产环境中，建议采用集群方式部署 vRealize Log Insight，采用集群部署方式的要求：

a. 集群中的节点全部具有相同大小并位于同一数据中心。

b. 用于集群的 ILB 要求节点位于同一 L2 层网络。

c. 如果环境中有防火墙保护需合理设置，以便 vRealize Log Insight 服务可以正常发布和接收数据。

d. vRealize Log Insight 集群中的最小节点数为三个，但如果节点出现故障，包含的正常节点数少于三个的集群将无法完全正常运行。此外，集群中的正常节点数必须大于集群节点总数的一半。例如，如果有一个包含六个节点的集群，其中的三个节点变得不可用，则该集群将无法完全正常运行，直到从该集群中移除不可正常运行的节点。

任务 8-1　部署与配置 vRealize Operations Manager

任务介绍

vRealize Operations Manager 是 vSphere 数据中心强大的运维管理平台，在该平台的支持下，vSphere 管理员的运维工作效率将获得极大的提升，本任务详细介绍 vRealize Operations Manager 的部署和配置。

任务目标

（1）熟练掌握 vRealize Operations Manager 的部署。

（2）熟练掌握 vRealize Operations Manager 的配置。

（3）熟悉 vRealize Operations Manager 界面和基本使用方法。

任务实施

1. 部署 vRealize Operations Manager

部署 vRealize Operations Manager 之前，读者需要在 VMware 官方网站下载 vRealize Operations Manager OVA 映像，任务中使用 vRealize Operations Manager 8.4 OVA 映像，提前规划好 vRealize Operations Manager 的 IP 地址和域名。部署 vRealize Operations Manager 的详细过程请扫码观看视频或查看文档。

视频：部署 vRealize Operations Manager　　　　文档：部署 vRealize Operations Manager

2. 配置 vRealize Operations Manager

（1）初始化配置 vRealize Operations Manager

如图 8-1 所示，vRealize Operations Manager 启动完成，读者在浏览器输入 https://vRealize Operations Manager IP 访问 vRealize Operations Manage 配置界面，单击界面中的"新安装"。

图 8-1　配置 vRealize Operations Manager 1

如图 8-2 所示，弹出"vRealize Operations Manager 初始设置"界面，进入步骤"入门"，在此界面中读者可以浏览 vRealize Operations Manager 整体部署流程，单击"下一步"。

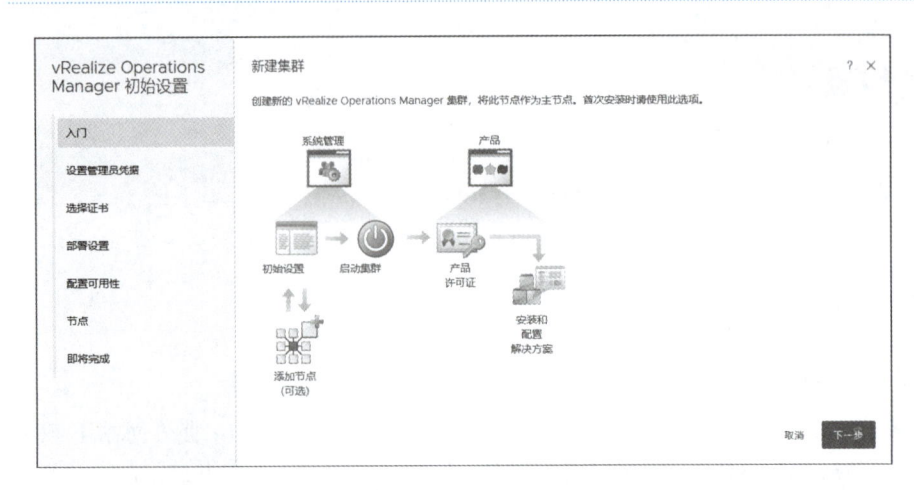

图 8-2　配置 vRealize Operations Manager 2

如图 8-3 所示，进入步骤"设置管理员凭据"，读者按照管理员密码复杂度要求输入 vRealize Operations Manager 管理员"admin"的密码，单击"下一步"。

图 8-3　配置 vRealize Operations Manager 3

如图 8-4 所示，进入步骤"选择证书"，选择"使用默认证书"，单击"下一步"。

图 8-4　配置 vRealize Operations Manager 4

任务目标

（1）熟练掌握 vRealize Operations Manager 的部署。
（2）熟练掌握 vRealize Operations Manager 的配置。
（3）熟悉 vRealize Operations Manager 界面和基本使用方法。

任务实施

1. 部署 vRealize Operations Manager

部署 vRealize Operations Manager 之前，读者需要在 VMware 官方网站下载 vRealize Operations Manager OVA 映像，任务中使用 vRealize Operations Manager 8.4 OVA 映像，提前规划好 vRealize Operations Manager 的 IP 地址和域名。部署 vRealize Operations Manager 的详细过程请扫码观看视频或查看文档。

视频：部署 vRealize Operations Manager　　　　文档：部署 vRealize Operations Manager

2. 配置 vRealize Operations Manager

（1）初始化配置 vRealize Operations Manager

如图 8-1 所示，vRealize Operations Manager 启动完成，读者在浏览器输入 https://vRealize Operations Manager IP 访问 vRealize Operations Manage 配置界面，单击界面中的"新安装"。

图 8-1　配置 vRealize Operations Manager 1

如图 8-2 所示，弹出"vRealize Operations Manager 初始设置"界面，进入步骤"入门"，在此界面中读者可以浏览 vRealize Operations Manager 整体部署流程，单击"下一步"。

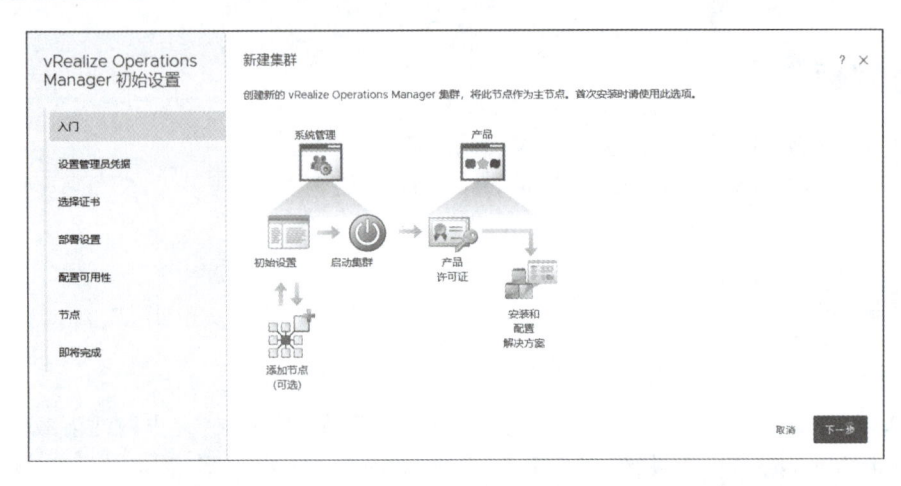

图 8-2 配置 vRealize Operations Manager 2

如图 8-3 所示,进入步骤"设置管理员凭据",读者按照管理员密码复杂度要求输入 vRealize Operations Manager 管理员"admin"的密码,单击"下一步"。

图 8-3 配置 vRealize Operations Manager 3

如图 8-4 所示,进入步骤"选择证书",选择"使用默认证书",单击"下一步"。

图 8-4 配置 vRealize Operations Manager 4

如图 8-5 所示,进入步骤"部署设置",输入集群主节点名称并添加 NTP 服务器地址,注意尽可能为 vSphere 虚拟化数据中心所有组件配置相同的 NTP 服务器,保持时间同步,单击"下一步"。

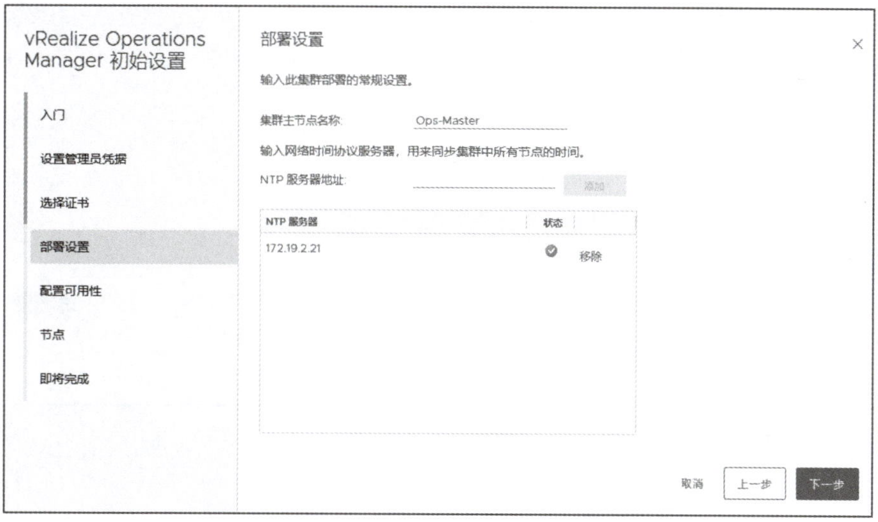

图 8-5　配置 vRealize Operations Manager 5

如图 8-6 所示,进入步骤"配置可用性",在生产环境中建议开启"可用性模式"并配置 HA 和 CA,注意开启 HA 功能后,vRealize Operations Manager 的处理能力和容量将减半。因此,读者需要根据实际数据中心规模规划合适的主节点规模与容量。实验中由于集群规模小且资源不足,因此不开启"可用性模式",单击"下一步"。

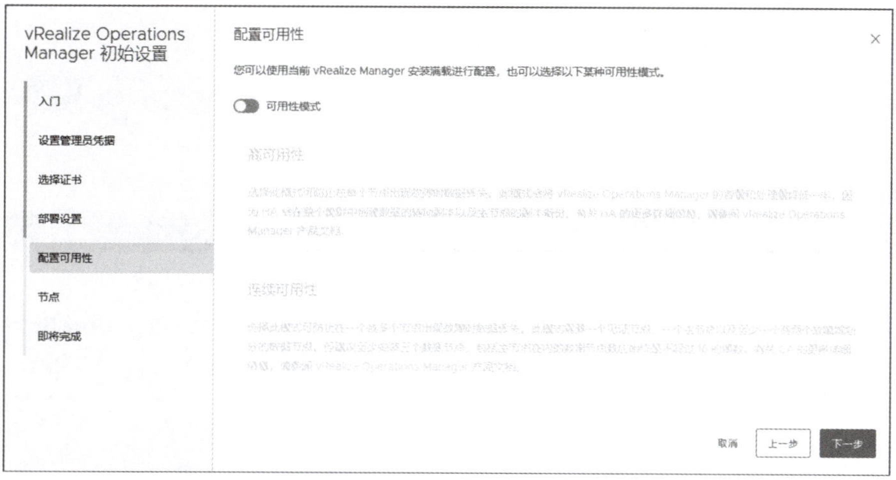

图 8-6　配置 vRealize Operations Manager 6

如图 8-7 所示,进入步骤"节点",实验中仅有主节点,无须添加其他节点,单击"下一步"。

如图 8-8 所示,进入步骤"即将完成",单击"完成"。如图 8-9 所示,弹出 vRealize Operations Manager 初始化设置运行界面,开始执行初始化。

如图 8-10 所示,当 vRealize Operations Manager 初始化完成后,单击界面中"启动

图 8-7　配置 vRealize Operations Manager 7

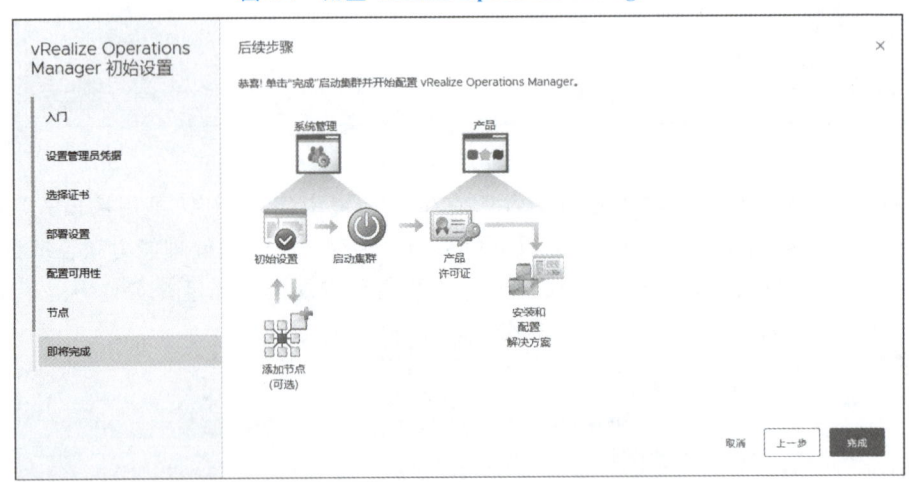

图 8-8　配置 vRealize Operations Manager 8

图 8-9　配置 vRealize Operations Manager 9

vRAELIZE OPERATIONS MANAGER",弹出如图 8-11 所示"确认首次应用程序启动"提示界面,单击"是"。

图 8-10　配置 vRealize Operations Manager 10

图 8-11　配置 vRealize Operations Manager 11

如图 8-12 所示,vRealize Operations Manager 启动完成,初次启动整个过程需要 20 至 30 分钟。

图 8-12　配置 vRealize Operations Manager 12

如图 8-13 所示,待 vRealize Operations Manager 启动完成,读者可以通过 vSphere Web Client,以 Web 控制台的方式使用 root 用户登录 vRealize Operations Manager 虚拟机操作系统,首次登录将提示设置 root 用户密码,读者输入两次 root 密码即可完成密码设置。

```
ops.hnou.com login: root
You are required to change your password immediately (administrator enforced)
New password:
Retype new password:
root@ops [ ~ ]#
```

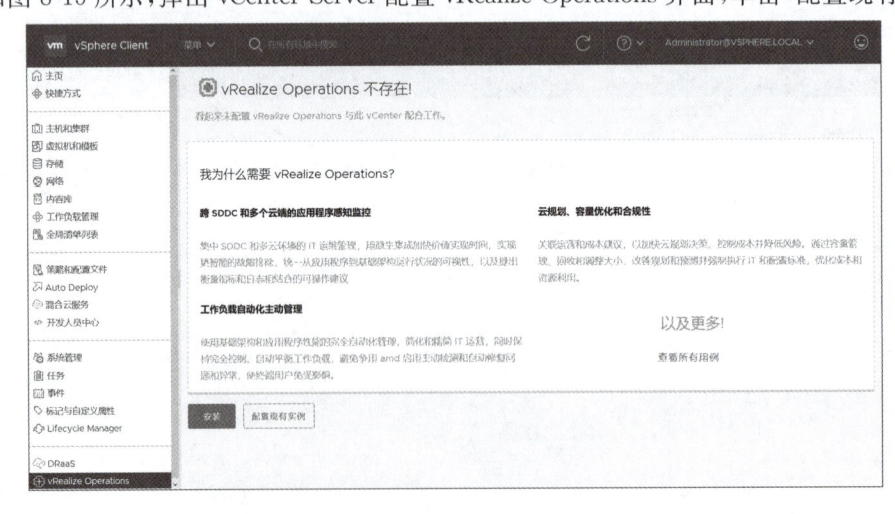

图 8-13　配置 vRealize Operations Manager 13

（2）配置 vRealize Operations Manager 与 vCenter Server 关联

配置 vRealize Operations Manager 与 vCenter Server 关联，使 vRealize Operations Manager 可以采集 vCenter Server 及其管理的所有对象的运行状态数据，如图 8-14 所示，在"菜单"中单击"vRealize Operations"。

图 8-14　配置 vRealize Operations Manager 14

如图 8-15 所示，弹出 vCenter Server 配置 vRealize Operations 界面，单击"配置现有实例"。

图 8-15　配置 vRealize Operations Manager 15

如图 8-16 所示，弹出"配置 vRealize Operations"界面，进入步骤"1 实例详细信息"，输入 vRealize Operations Manager 的 IP 地址、用户名和密码，单击"测试连接"，提示"已成功验证与 vROps 的连接"，单击"下一步"。

图 8-16　配置 vRealize Operations Manager 16

如图 8-17 所示，进入步骤"2 vCenter 详细信息"，输入 vCenter IP 地址、用户名和密码，单击"测试连接"，提示"已成功验证与 vCenter Server 的连接"，单击"下一步"。

图 8-17　配置 vRealize Operations Manager 17

如图 8-18 所示，进入步骤"3 摘要"，核对各个配置项参数值，单击"CONFIGURE"。

图 8-18　配置 vRealize Operations Manager 18

虚拟化技术与应用

如图 8-19 所示，vRealize Operations Manager 与 vCenter Server 关联配置完成，当前 vCenter Server 管理的数据中心、集群、主机、虚拟机和数据存储数量、基本运行状态、资源使用基本情况等概览信息在 vRealize Operations 界面中进行汇总，读者可以便捷地了解整个 vSphere 数据中心的整体运行状态。单击"快速链接－打开 vRealize Operations"。

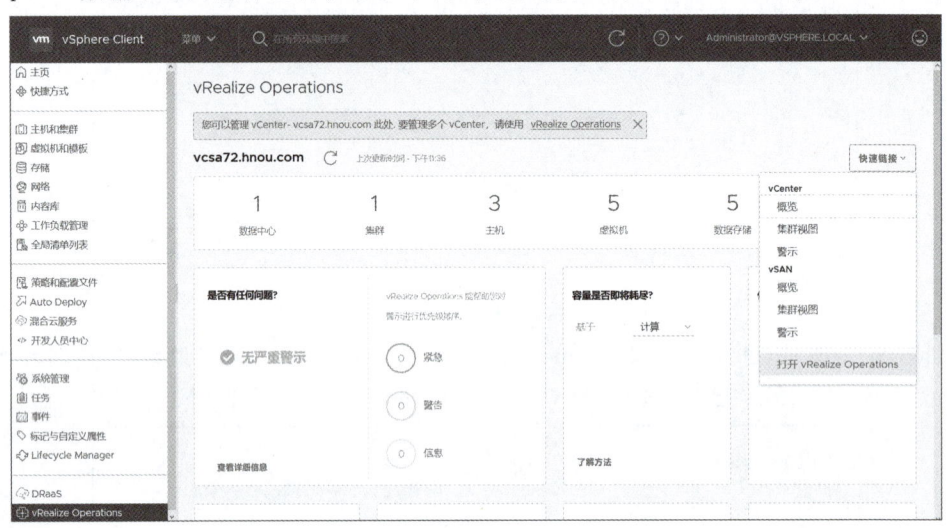

图 8-19　配置 vRealize Operations Manager 19

如图 8-20 所示，弹出"vRealize Operations Manager 配置"界面，进入步骤"1 欢迎使用"，单击"下一步"。

图 8-20　配置 vRealize Operations Manager 20

如图 8-21 所示，进入步骤"2 接收 EULA"，勾选"我接受本协议条款"，单击"下一步"。

如图 8-22 所示，进入步骤"3 输入产品许可证密钥"，选择"产品评估（不需要任何密钥）"，单击"下一步"。

如图 8-23 所示，进入步骤"4 客户体验改善计划"，读者可以自行选择是否勾选"加入 VMware 客户体验改善计划"，单击"下一步"。

图 8-21　配置 vRealize Operations Manager 21

图 8-22　配置 vRealize Operations Manager 22

图 8-23　配置 vRealize Operations Manager 23

如图 8-24 所示，进入步骤"5 即将完成"，单击"完成"。

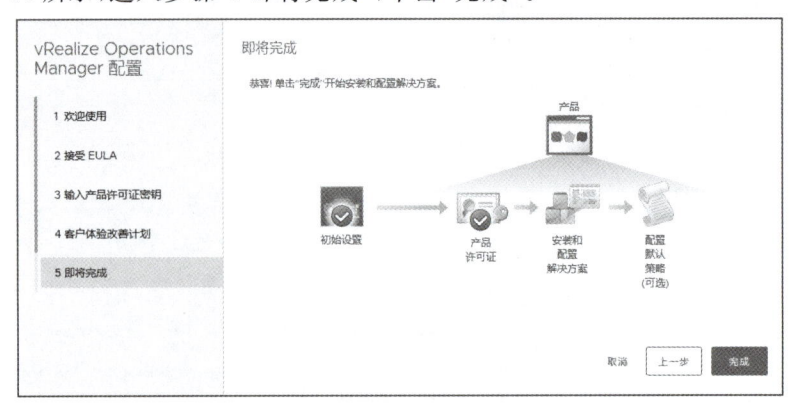

图 8-24　配置 vRealize Operations Manager 24

如图 8-25 所示，vRealize Operations Manager 完成配置和资源加载，登录 vRealize Operations Manager 管理界面，读者可以通过"主页"中"快速启动"对 vRealize Operations Manager 进行详细配置，至此 vRealize Operations Manager 基本配置完成。

图 8-25　配置 vRealize Operations Manager 25

3. 使用 vRealize Operations Manager 监控 vSphere 数据中心

vRealize Operations Manager 是一个功能强大的监控运维管理平台，可设置与监控的内容十分丰富，有兴趣的读者请参阅 VMware 有关 vRealize Operations Manager 文档进行详细配置和使用，本小节仅简单介绍使用 vRealize Operations Manager 监控 vSphere 数据中心的基本操作，详细操作步骤请扫码观看视频或查看文档。

视频：使用 vRealize Operations Manager
监控 vSphere 数据中心

文档：使用 vRealize Operations Manager
监控 vSphere 数据中心

任务 8-2　部署与配置 vRealize Log Insight

任务介绍

vRealize Log Insight 是 vSphere 数据中心强大的日志管理平台，在该平台的支持下，vSphere 管理员的日志采集、检索、可视化和使用的效率将获得极大的提升，本任务详细介绍 vRealize Log Insight 的部署和配置。

任务目标

（1）熟练掌握 vRealize Log Insight 的部署。
（2）熟练掌握 vRealize Log Insight 的配置。
（3）熟悉 vRealize Log Insight 界面和基本使用方法。

任务实施

1. 部署 vRealize Log Insight

部署 vRealize Log Insight 之前，读者需要在 VMware 官方网站下载 vRealize Log Insight OVA 映像，任务中使用 vRealize Log Insight 8.4 OVA 映像，提前规划 vRealize Log Insight 的 IP 地址和域名。部署 vRealize Log Insight 的详细过程请扫码观看视频或查看文档。

视频：部署 vRealize Log Insight　　　　文档：部署 vRealize Log Insight

2. 配置 vRealize Log Insight

（1）初始化配置 vRealize Log Insight

如图 8-26 所示，vRealize Log Insight 启动完成，读者在浏览器输入 https://vRealize Log Insight IP 访问 vRealize Log Insight 配置界面，单击界面中的"下一步"。

图 8-26　配置 vRealize Log Insight 1

如图 8-27 所示，为 vRealize Log Insight 管理员"admin"配置密码，单击"保存并继续"。

图 8-27　配置 vRealize Log Insight 2

如图 8-28 所示，为 vRealize Log Insight 添加许可证，单击"保存并继续"。

图 8-28　配置 vRealize Log Insight 3

如图 8-29 所示，为 vRealize Log Insight 配置邮件通知方式，勾选"加入 VMware 客户体验提升计划"，单击"保存并继续"。

图 8-29　配置 vRealize Log Insight 4

如图 8-30 所示，为 vRealize Log Insight 配置 NTP 服务器，默认 VMware 提供了 4 个 VMware 官方 NTP 服务器，仅当 vRealize Log Insight 通过互联网访问这些 NTP 服务器时，vRealize Log Insight 时间才能同步时间，单击"测试"可以测试 vRealize Log Insight 与 NTP 服务器的服务连通性。如图 8-31 所示，实验环境中部署了专用的 NTP 服务器，因此将专用 NTP 服务器添加进来并验证服务连通性，单击"保存并继续"。

如图 8-32 所示，为 vRealize Log Insight 配置 SMTP 服务器，实验中未配置 SMTP 服务器，单击"保存并继续"。

图 8-30　配置 vRealize Log Insight 5

图 8-31　配置 vRealize Log Insight 6

图 8-32　配置 vRealize Log Insight 7

如图 8-33 所示，为 vRealize Log Insight 配置 SSL，单击"保存并继续"。

图 8-33　配置 vRealize Log Insight 8

如图 8-34 所示，vRealize Log Insight 初始化配置完成，单击"完成"。

图 8-34　配置 vRealize Log Insight 9

(2) 集成 vRealize Log Insight 与 vCenter Server 和 vRealize Operations Manager

如图 8-35 所示，在"已准备好载入数据"界面，单击"vSphere 集成"。

图 8-35　配置 vRealize Log Insight 10

如图 8-36 所示，输入 vCenter Server 相关信息，在"主机名"栏输入 vCenter Server IP 地址，然后输入 vCenter Server 用户名和密码，单击"测试连接"，弹出"不可信 SSL 证书"提示界面，单击"接受"。

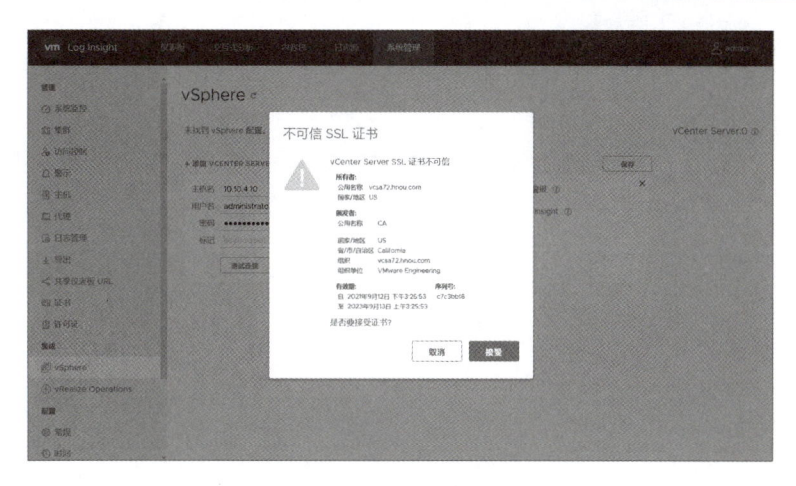

图 8-36　配置 vRealize Log Insight 11

如图 8-37 所示，vRealize Log Insight 与 vCenter Server 集成连接成功，单击"保存"。如图 8-38 所示，配置完成，弹出提示界面，单击"确定"。如图 8-39 所示，vRealize Log Insight 开始正常收集 vCenter Server 及其管理的对象的日志数据。

图 8-37　配置 vRealize Log Insight 12

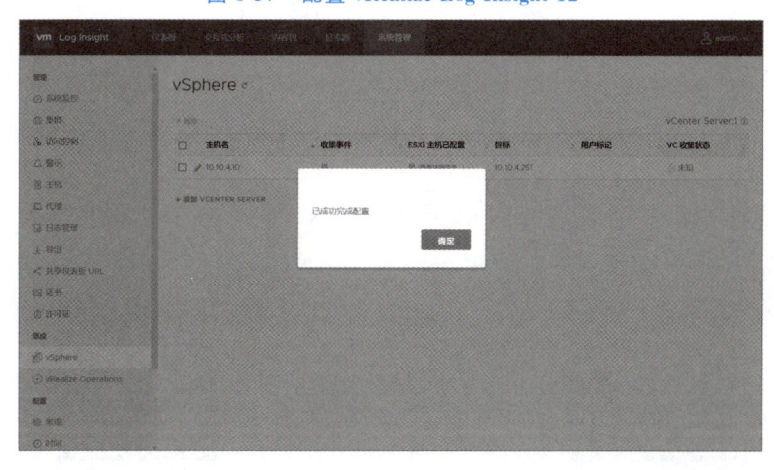

图 8-38　配置 vRealize Log Insight 13

图 8-39　配置 vRealize Log Insight 14

如图 8-40 所示，单击菜单栏"系统管理"，依次单击"集成－vRealize Operations"，输入 vRealize Operations Manager 信息，单击"测试"，弹出"不可信 SSL 证书"界面，单击"接受"。

图 8-40　配置 vRealize Log Insight 15

如图 8-41 所示，连接测试成功后，单击"保存"，如图 8-42 所示，vRealize Log Insight 向 vRealize Operations Manager 注册成功，单击"确定"。

3. 使用 vRealize Log Insight 查询 vSphere 日志

vRealize Log Insight 是一个功能强大的日志管理平台，可收集与管理的日志相关内容十分丰富，有兴趣的读者请参阅 VMware 有关 vRealize Log Insight 文档进行详细配置和使用，本小节仅简单介绍使用 vRealize Log Insight 查看 vSphere 日志的基本操作，详细操作过程请扫码观看视频或查看文档。

视频：使用 vRealize Log Insight 查询 vSphere 日志　　　文档：使用 vRealize Log Insight 查询 vSphere 日志

图 8-41　配置 vRealize Log Insight 16

图 8-42　配置 vRealize Log Insight 17

项目实战练习

1. 请使用 vSphere 集成工具监控 ESXi 主机对象的性能并记录观察结果；请使用 vSphere 集成工具查询 ESXi 主机对象的问题、任务和事件信息并记录。

2. 在 vSphere 环境中部署 vRealize Operations Manager 和 vRealize Log Insight，并配置两者集成，培养使用两者联动定位问题和故障的能力，练习完成一次故障定位和处理，并详细记录。